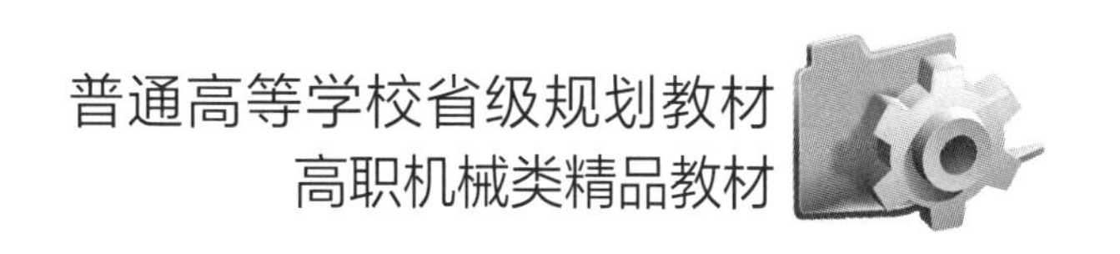

数控机床编程与操作项目化教程

SHUKONG JICHUANG BIANCHENG YU CAOZUO XIANGMUHUA JIAOCHENG

主　审　王家祥
主　编　孙明江　权秀敏
副主编　黄红兵　汪炳森
　　　　王晓明　张本松
　　　　陆玉兵

中国科学技术大学出版社

内 容 简 介

本书根据数控车床、铣床、线切割和数控仿真与自动编程4个不同的工作环境划分为4个相应的教学情景，共确立了数控机床编程与操作概述、数控车床编程与加工、数控铣床(加工中心)编程与操作、线切割加工、数控车削仿真操作、数控铣削仿真操作、自动编程基础7个项目。本书按项目编写，在内容上力求理论知识够用、实用，重点突出与操作技能相关的必备专业训练。

本书可作为高职高专及成人院校数控技术、机电一体化、机械制造及自动化等相关工程专业的教材，也可供有关工程技术人员作为参考资料。

图书在版编目(CIP)数据

数控机床编程与操作项目化教程/孙明江，权秀敏主编. —合肥：中国科学技术大学出版社，2014.12(2021.2修订重印)
安徽省高等学校"十二五"省级规划教材
ISBN 978-7-312-03504-3

Ⅰ.数…　Ⅱ.①孙…　②权…　Ⅲ.①数控机床—程序设计—教材　②数控机床—操作—教材　Ⅳ.TG659

中国版本图书馆CIP数据核字(2014)第247555号

出版　中国科学技术大学出版社
安徽省合肥市金寨路96号，230026
http://press.ustc.edu.cn
印刷　合肥华苑印刷包装有限公司
发行　中国科学技术大学出版社
经销　全国新华书店
开本　787 mm×1092 mm　1/16
印张　17
字数　431千
版次　2014年12月第1版　2021年2月修订
印次　2021年2月第2次印刷
定价　42.00元

前　　言

本书是建立在“项目导向，任务驱动”课程标准上的一本项目化教程。本书改变了传统数控编程教材以指令为主线的章节分配形式，以数控加工中的典型零件为载体介绍数控编程的相关知识，重点突出与操作技能相关的必备专业知识，理论知识以够用、实用为度。本书根据数控车床、铣床、线切割和数控仿真与自动编程4个不同的工作环境划分为4个相应的教学情景，共确立了数控车、铣、线切割等7个项目。

本书的内容组织采用“逆向推导”的思维方法，从“任务实施”中的技能需求向理论方向寻求界定相关知识的外延和内涵，避免出现“遗漏”或者“过多、过深、过难”，尽量缩短教学与生产实际的距离，以项目引领、任务驱动的编写思路做到体例完整，以图代文，以表代文，增强教材的形象化。书中还通过仿真操作的介绍，使学生在实际操作前就对流行的数控系统有较好的认识。这样边学边做有利于学生更积极主动地掌握专业技能。

本书由孙明江、权秀敏主编。参加本书编写的有六安职业技术学院孙明江（项目一、项目三小部分）、陆玉兵（项目二）、黄红兵（项目四）、权秀敏（项目七），厦门城市职业学院汪炳森（项目三大部分），滁州职业技术学院王晓明（项目六）和宣城职业技术学院张本松（项目五）。全书由孙明江统稿。

本书由六安职业技术学院王家祥教授担任主审。王家祥教授认真细致地审阅了本书，对本书的编写工作，提出了许多宝贵意见，编者对此谨致以深切的谢意。

还有很多其他同志对本书的编写提供了许多帮助，在此一并表示感谢。

本书可作为高职高专及成人院校数控技术、机电一体化、机械制造及自动化等相关工程专业的教材，也可供有关工程技术人员作为参考资料。

限于编者的水平与经验，书中难免存在一些错误，恳请读者批评指正。

编　者

前　言

目　录

项目一　数控机床编程与操作概述

任务一　数控机床的基本操作与安全生产

任务目标

(1) 了解数控机床的基本组成、分类、发展历程以及工作原理；

(2) 熟悉与认识机床面板、机床的一般操作步骤和方法；

(3) 了解数控机床的一般操作规程与安全文明生产。

任务描述

观察与认识 CAK50 数控车床的基本结构，练习 CAK50 数控车床基本操作。CAK50 数控车床如图 1.1 所示。

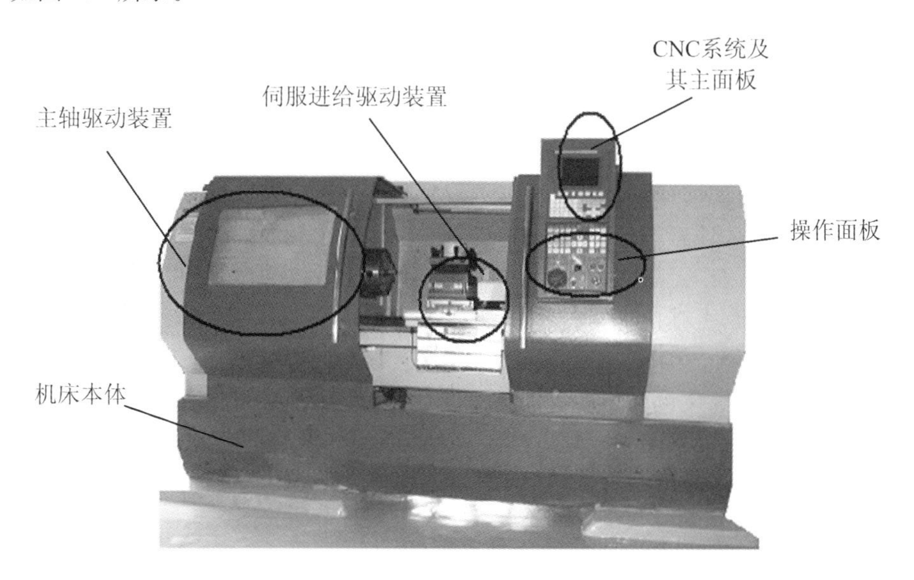

图 1.1　CAK50 数控车床

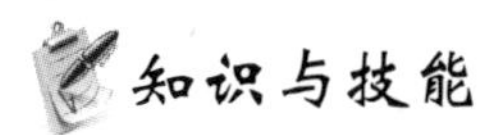

一、数控机床的基本组成及其工作原理

(一) 数控机床的基本组成

现代计算机数控机床一般由输入/输出设备、计算机数控装置(简称 CNC 装置)、伺服单元、驱动装置(或称执行机构)、可编程控制器 PLC 及电气控制装置、辅助装置、机床本体及测量反馈装置组成。图 1.2 是数控机床的组成框图。

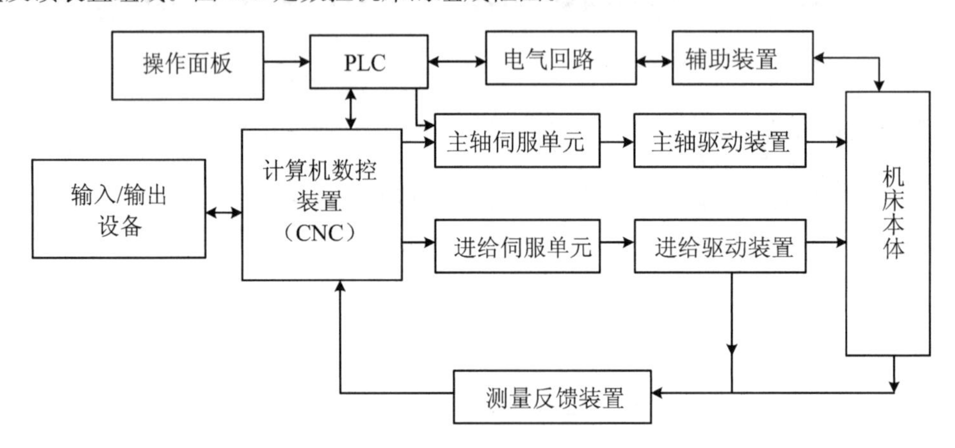

图 1.2　数控机床组成框图

1. 输入/输出设备

输入装置是将各种加工信息传递于计算机的外部设备。在数控机床产生初期,输入装置为穿孔纸带,现已淘汰,后发展成盒式磁带,再发展成键盘、磁盘等便携式硬件,也可通过编程计算机用 RS232C 接口或采用网络通信(DNC)方式传送到数控系统。输出指输出内部工作参数(含机床正常、理想工作状态下的原始参数,故障诊断参数等),一般在机床刚工作状态下需输出这些参数作记录保存,待工作一段时间后,再将输出与原始资料作比较、对照,可帮助判断机床工作是否维持正常。

2. 计算机数控(CNC)装置

CNC 单元是数控机床的核心,CNC 单元由信息的输入、处理和输出三个部分组成。CNC 单元接受数字化信息,经过数控装置的控制软件和逻辑电路进行译码、插补、逻辑处理后,将各种指令信息输出给伺服系统,伺服系统驱动执行部件作进给运动。

3. 伺服单元

伺服单元由驱动器、驱动电机组成,并与机床上的执行部件和机械传动部件组成数控机床的进给系统。它的作用是把来自数控装置的脉冲信号转换成机床移动部件的运动。对于步进电机来说,每一个脉冲信号使电机转过一个角度,进而带动机床移动部件移动一个微小距离。每个进给运动的执行部件都有相应的伺服驱动系统,整个机床的性能主要取决于伺服系统。

4. 驱动装置

驱动装置把经放大的指令信号变为机械运动,通过简单的机械连接部件驱动机床,使工作台精确定位或按规定的轨迹作严格的相对运动，最后加工出图纸所要求的零件。和伺服单元相对应，驱动装置有步进电机、直流伺服电机和交流伺服电机等。伺服单元和驱动装置可合称为伺服驱动系统，它是机床工作的动力装置，CNC 装置的指令要靠伺服驱动系统付诸实施，所以，伺服驱动系统是数控机床的重要组成部分。

5. 可编程控制器

可编程控制器（Programmable Controller，PC）是一种以微处理器为基础的通用型自动控制装置，是专为在工业环境下应用而设计的。由于最初研制这种装置的目的是为了解决生产设备的逻辑及开关控制，故常把它称为可编程逻辑控制器（Programmable Logic Controller，PLC）。当 PLC 用于控制机床顺序动作时，也可称之为编程机床控制器（Programmable Machine Controller，PMC）。PLC 已成为数控机床不可缺少的控制装置。CNC 和 PLC 协调配合，共同完成对数控机床的控制。

6. 测量反馈装置

测量装置也称反馈元件，包括光栅、旋转编码器、激光测距仪、磁栅等。通常安装在机床的工作台或丝杠上，它把机床工作台的实际位移转变成电信号反馈给 CNC 装置，供 CNC 装置与指令值比较产生误差信号，以控制机床向消除该误差的方向移动。

7. 机床本体

数控机床的机床本体与传统机床相似，由主轴传动装置、进给传动装置、床身、工作台以及辅助运动装置、液压气动系统、润滑系统、冷却装置等组成。但数控机床在整体布局、外观造型、传动系统、刀具系统的结构以及操作机构等方面都已发生了很大的变化，这种变化的目的是为了满足数控机床的要求和充分发挥数控机床的特点。

（二）工作原理

在使用数控机床时，首先将被加工零件图纸的几何信息和工艺信息用规定的代码和格式编写成加工程序；然后将加工程序输入到数控装置，按照程序的要求，经过数控系统的信息处理、分配，使各坐标移动若干个最小位移量，实现刀具与工件的相对运动，完成零件的加工。

二、数控机床的分类

数控机床的种类很多，从不同角度对其进行考查，就有不同的分类方法，通常有以下几种不同的分类方法。

（一）按工艺用途分类

（1）切削加工类：数控镗铣床、数控车床、数控磨床、加工中心、数控齿轮加工机床、FMC 等。

（2）成型加工类：数控折弯机、数控弯管机等。

（3）特种加工类：数控线切割机、电火花加工机、激光加工机等。

（4）其他类型：数控装配机、数控测量机、机器人等。

（二）按运动方式分类

1. 点位控制数控系统

仅能实现刀具相对于工件从一点到另一点的精确定位运动，对轨迹不作控制要求，运动

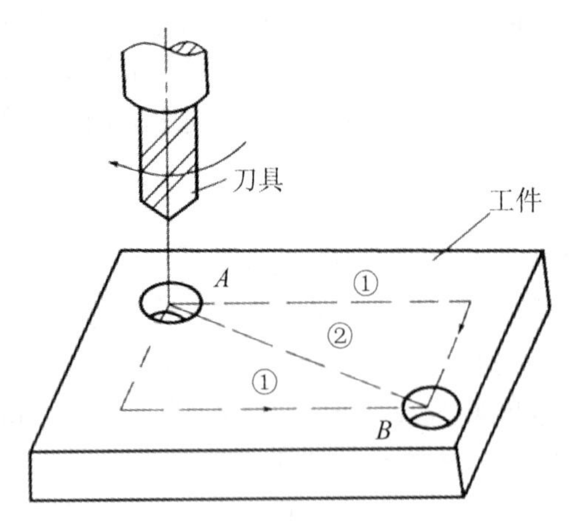

图 1.3 点位控制数控机床加工示意图

过程中不进行任何加工。如图 1.3 所示。

适用范围：数控钻床、数控镗床、数控冲床和数控测量机。

2. 直线控制数控系统

这类机床除了要求控制点与点之间的准确位置外，还需保证刀具的移动轨迹是一条直线，且要进行移动速度控制。如图 1.4 所示。

3. 轮廓控制数控系统

控制几个进给轴同时协调运动（坐标联动），使工件相对于刀具按程序规定的轨迹和速度运动，在运动过程中进行连续切削加工的数控系统。如图 1.5 所示。

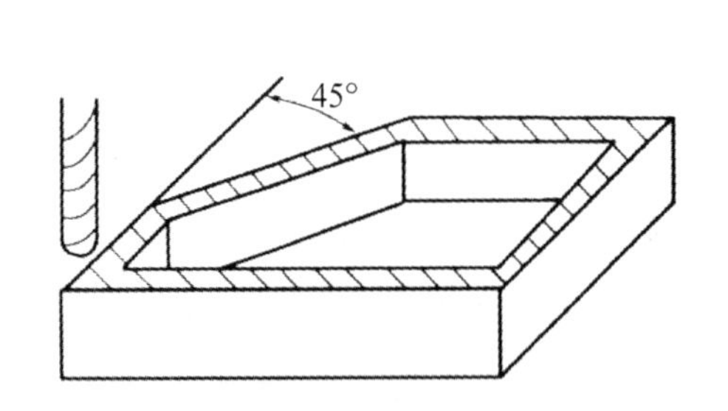

图 1.4 直线控制数控机床加工示意图

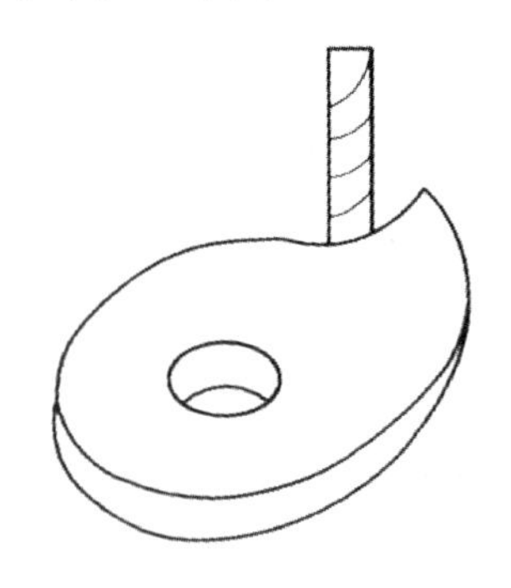
图 1.5 轮廓控制数控机床加工示意图

适用范围：数控车床、数控铣床、加工中心等用于加工曲线和曲面的机床。现代数控机床基本上都装备这种数控系统。

（三）按进给伺服系统的控制方式分类

按数控系统的进给伺服子系统有无位置测量装置可分为开环数控系统和闭环数控系统，在闭环数控系统中根据位置测量装置安装的位置又可分为全闭环和半闭环两种。

1. 开环数控系统

没有位置测量装置，信号流是单向的（数控装置→进给系统），故系统稳定性好。开环系统无位置反馈，相对闭环系统来讲精度不高，其精度主要取决于伺服驱动系统和机械传动机构的性能和精度。一般以功率步进电机作为伺服驱动元件。如图 1.6 所示。

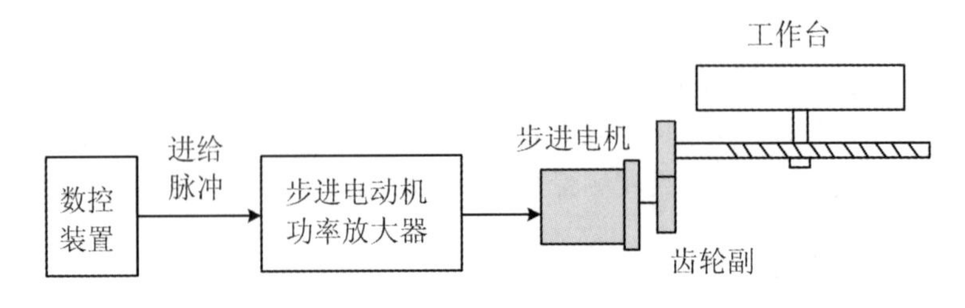

图 1.6 开环数控系统

这类系统具有结构简单、工作稳定、调试方便、维修简单、价格低廉等优点，在精度和速度要求不高、驱动力矩不大的场合得到广泛应用。一般用于经济型数控机床。

2. 半闭环数控系统

半闭环数控系统的位置采样点如图 1.7 所示，是从驱动装置(常用伺服电机)或丝杠引出，采样旋转角度进行检测，不是直接检测运动部件的实际位置。半闭环环路内不包括或只包括少量机械传动环节，因此可获得稳定的控制性能，其系统的稳定性虽不如开环系统，但比闭环系统要好。由于丝杠的螺距误差和齿轮间隙引起的运动误差难以消除，因此，其精度较闭环差，较开环好。但可对这类误差进行补偿，因而仍可获得满意的精度。

半闭环数控系统结构简单、调试方便、精度也较高，因而在现代 CNC 机床中得到了广泛应用。

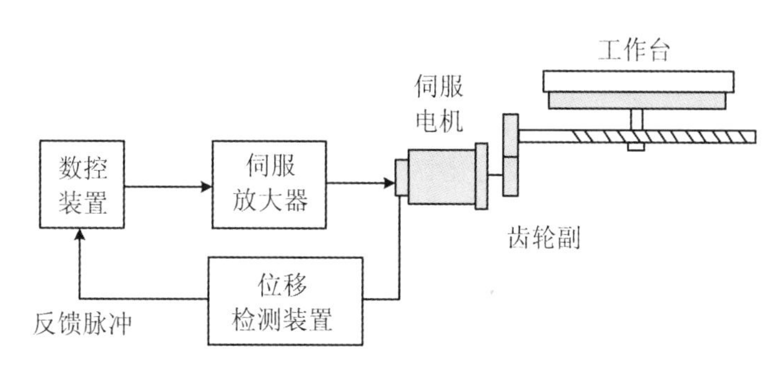

图 1.7　半闭环数控系统

3. 全闭环数控系统

全闭环数控系统的位置采样点如图 1.8 所示，是直接对运动部件的实际位置进行检测。从理论上讲，全闭环数控系统可以消除整个驱动和传动环节的误差、间隙和失动量，具有很高的位置控制精度。该系统主要用于精度要求很高的镗铣床、超精车床、超精磨床以及较大型的数控机床等。

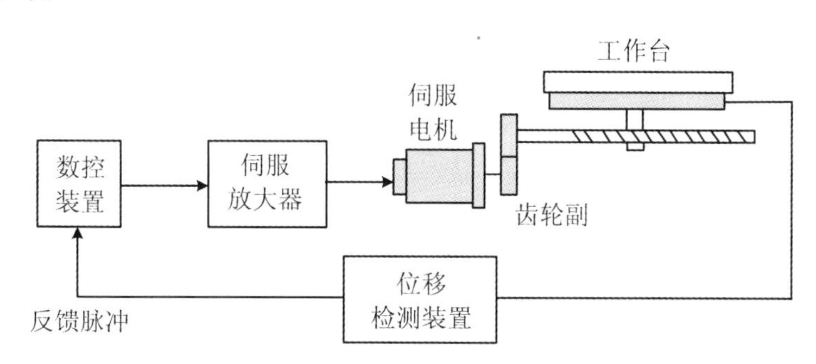

图 1.8　全闭环数控系统

三、数控机床的发展史

数控技术虽然并不附属于数控机床，但它的确是伴随着数控机床发展起来的。1948 年美国 Parsons 公司在制造直升机机翼时，提出了采用电子计算机对加工轨迹进行控制和数据处理的设想，得到了美国空军的支持，并与美国麻省理工学院(MIT)合作，于 1952 年研制出第一台三坐标数控系统——电子管数控系统，由此拉开了数控技术发展的序幕。

20 世纪 50 年代末，以半导体器件晶体管为核心，通过固定布线方式所构成的第二代数控系统——晶体管数控系统研制成功,取代了昂贵的、易损坏的电子管数控系统。

1965年出现了第三代数控系统——集成电路数控系统,不但使数控系统的可靠性得以提高,而且大幅度降低了生产成本。

以上三代数控系统都属于"硬连接"数控,系统的功能主要由硬件实现,灵活性差,可靠性难以进一步提高。

1970年诞生了第四代数控系统——小型计算机数控系统,宣布了硬连接数控时代的结束,使得数控系统的许多功能可以通过软件来实现,由此开创了计算机数控(CNC)新纪元。但由于受成本等因素的影响,小型机数控系统发展缓慢,实际应用较少。

1974年,随着微处理器的出现,产生了第五代数控系统——微型计算机数控系统,这才使CNC得到快速发展和广泛使用。

到了20世纪80年代,CPU芯片的集成化程度越来越高,PC机的功能越来越强,美国首先推出了基于PC的数控系统,由此催生了第六代数控系统——PC数控系统。

随着计算机技术、微电子、信息、自动控制、精密检测和机械制造技术的飞速发展,机床数控技术正朝着高速度、高精度、高复合化、高可靠性和智能化方向发展。

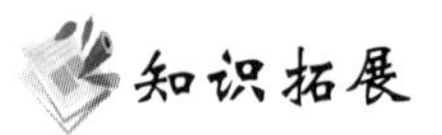

一、数控机床文明生产的要求

文明生产是企业管理中的一项十分重要的内容,它直接影响产品质量,关系设备和工卡量具的使用效果和寿命,还关系到操作工人的技能发挥。职业学校的学生是工厂的后备力量,从开始学习本课程时,就要重视培养文明生产的良好习惯,因此,要求操作者在整个过程中必须做到以下几点:

(一)进入实习车间后,应服从安排,听从指挥,不得擅自启动或操作车床数控系统

(1)开车前,应仔细检查车床各部位机构是否完好,各传动手柄、变速手柄的位置是否正确,还应按要求认真检查数控系统及各电器部件的插头、插座是否可靠连接。

(2)对车床主体,应按照普通机床的有关要求进行维护保养。

(3)开启机床后,应检查机床散热风机是否工作正常,以保证良好的散热效果。

(4)操作数控系统时,对各按键及开关的操作不得用力过猛,更不允许用扳手或其他工具进行操作。

(5)机床运转过程中,不得远离机床。

(6)实习结束时,必须按规定关机,清理清扫机床及保持环境卫生。

(二)安全操作技术

操作时,必须自觉遵守纪律,严格遵守安全技术要求及各项安全操作规章制度。

(1)按规定穿戴好劳动保护用品。

(2)不许穿高跟鞋、拖鞋上岗,不许戴手套和围巾操作。

(3)完成对刀后,要做模拟操作,以防止正式加工时发生碰撞或扎刀。

(4)在数控车削过程中,关好防护门,选择合理的站立位置,确保安全。

二、数控机床一般安全操作规程

(1) 工作时，请穿好工作服、安全鞋，并戴上安全帽及防护镜，不允许戴手套操作数控机床，也不允许扎领带。

(2) 开车前，应检查数控机床各部件机构是否完好、各按钮是否能自动复位。开机前，操作者应按机床使用说明书的规定给相关部位加油，并检查油标、油量。

(3) 不要在数控机床周围放置障碍物，工作空间应足够大。

(4) 更换保险丝之前应关掉机床电源，千万不要用手去接触电动机、变压器、控制板等有高压电源的场合。

(5) 一般不允许两人同时操作机床。某项工作如需要两个人或多人共同完成时，应注意相互动作协调一致。

(6) 上机操作前应熟悉数控机床的操作说明书，数控车床的开机、关机顺序，一定要按照机床说明书的规定操作。

(7) 主轴启动开始切削之前一定要关好防护门，程序正常运行中严禁开启防护门。

(8) 在每次电源接通后，必须先完成各轴的返回参考点操作，然后再进入其他运行方式，以确保各轴坐标的正确性。

(9) 机床在正常运行时不允许打开电气柜的门。

(10) 加工程序必须经过严格检查方可进行操作运行。

(11) 手动对刀时，应注意选择合适的进给速度；手动换刀时，刀架距工件要有足够的转位距离不至于发生碰撞。

(12) 加工过程中，如出现异常危机情况可按下“急停”按钮，以确保人身和设备的安全。

(13) 不允许采用压缩空气清洗机床、电气柜及 NC 单元。

任务实施

(1) 熟悉数控系统主面板(主面板及其各按键功能参见项目五中的任务二)；

(2) 熟悉数控机床操作面板(机床操作面板及其各按键功能参见项目五中的任务二)；

(3) 观察与了解数控机床的一般操作方法和操作过程。

数控机床接通电源并复位后，首先一般要进行回参考点操作(带绝对编码器机床可不做此操作)以建立机床坐标系，然后才能正确地手动控制或自动控制机床的运行。在自动运行之前，一般需要对刀以建立工件坐标系，并正确设定工作参数和刀具偏置值；在进行新零件的加工时，一般应先进行程序测试，以防发生人身事故、损坏刀具或工件；在运行过程中可能需要暂停或重新运行，在出现紧急情况时，应能熟练地进行相应的处理；为了更好地观察加工过程，应设定合适的显示方式；在加工完成后，应用相应测量工具对零件进行检测，检查是否达到加工要求。

数控机床的一般操作过程如下：

① 开机，各坐标轴手动回机床参考点。

② 刀具安装：根据加工要求选择刀具，将其装到主轴(数控铣床)或回转刀架上(数控车床)。

③ 清洁工作台(数控铣床)或主轴(数控车床)，安装夹具和工件。

④ 对刀设定加工坐标系。

⑤ 设置工作参数和刀具偏置值。

⑥ 输入加工程序：将外部计算机生成好的加工程序通过数据线传输到机床数控系统的内存中，或直接通过 MDI 键盘输入。

⑦ 调试加工程序，确保程序正确无误。

⑧ 自动加工：按下循环启动键运行程序，开始加工，加工时，通过选择合适的进给倍率和主轴倍率来调整主轴转速和进给速度，并注意监控加工状态，保证加工正常。

⑨ 取下工件，进行尺寸检测。

⑩ 清理加工现场。

⑪ 关机。

在上述操作过程中，离不开手动进给和手动机床动作控制以及紧急情况的处理，而所有这些操作均是通过机床操作装置(MDI 键盘和机床控制面板等)完成的。

(4) 机床开机后主要做以下训练：

① 回参考点操作。

(a) 按一下操作面板上的【参考点】键，启动回零运行方式，此时“原点”指示灯闪烁。

(b) 在“快速倍率”处选择回参考点时进给轴的速度，一般选择“25%”挡或“F0”挡。

(c) 按下【Z+】键，“Z 原点”指示灯以更快的频率闪烁，表示回零正在进行，碰到行程开关的参考点时，Z 轴以较小的速度回零，同时在 LCD 上显示参考点的坐标(可设定或偏置，参考点坐标默认为 0)。

(d) Z 轴回到参考点后，“X 原点”指示灯闪烁，再按下【X+】键，使 X 轴回参考点。

② 手动操作。

(a) 按一下操作面板的【手动】键，启动手动运行方式。

(b) 按住【−Z】键或【+Z】键对 Z 轴操作。

(c) 按住【−X】键或【+X】键对 X 轴操作。

(d) 在 X、Z 轴运行过程中，切换“进给倍率”的设定，观察进给速度的变化；注意不要使用较高的倍率，以免瞬间碰到限位开关。

(e) 按一下【冷却】键，冷却电机运行，冷却液开启，再按一下【冷却】键，冷却停止。

(f) 按一下【润滑】键，润滑开启，再按一下【润滑】键，润滑结束。

(g) 按一下【照明】键，机床照明灯变亮，再按一下【照明】键，机床照明灯熄灭。

③ MDI 方式运行。

在 MDI 方式中，通过 MDI 键盘最多可以编制十行程序并被执行，而且程序格式和通常程序是一样的。MDI 方式一般用于机床动作的测试操作，如主轴定位、轴移动等。虽然最多可有十行程序输入并被执行，但在进行一般测试或进行维修保养时，为安全起见，建议每次只输入和执行一行程序，确认后再输入和执行下一行程序。

(a) 按操作面板的【MDI】键切换到 MDI 方式。

(b) 按一下系统上的功能键【PROG】进入程序编辑画面，输入“M03S500”，再按【EOB】和【INSERT】键将程序显示在数控系统屏幕上。

(c) 按一下【循环启动】按钮，启动程序，观察主轴的运行情况。

(d) 输入“M05；”，按下【INSERT】键，再按一下【循环启动】按钮，使主轴停止。

(e) 输入“G00X-30. Z-10.；”，按下【INSERT】键，再按一下【循环启动】按钮，观察各轴的运行情况。

(f) 如果要中途停止 MDI 的操作，按一下【进给保持】按钮，进给操作减速并最后停止，当操作面板上的【循环启动】按钮再次按下时，机床继续运行。

(g) 如果要中途结束 MDI 的操作，按一下 MDI 面板上的【RESET】键，MDI 运行结束，并进入复位状态。

在 MDI 方式下，运行程序时，注意机床坐标系和各轴的行程，确保安全！

训练完毕，关机并切断电源。

任务评价

序号	能　力　点	掌握情况	序号	能　力　点	掌握情况
1	安全操作		4	熟悉数控机床的工作过程	
2	回零与手动操作能力		5	认识数控机床的组成、结构及各部分功用的能力	
3	MDI 方式操作能力				

思考与练习

1. 数控机床由哪几部分组成？简述各部分的作用。
2. 数控机床的工作原理是什么？
3. 数控机床按工艺方法分类有哪几种？
4. 数控机床的加工步骤一般有哪些？
5. 数控机床的开环、半闭环和全闭环控制系统的优缺点各有哪些？如何正确使用？
6. 数控机床文明生产中需做到哪几点？

任务二　数控机床编程指令基础

任务目标

(1) 掌握与了解数控编程的方法与步骤；

(2) 熟悉数控程序的结构与格式以及常用功能字的意义；

(3) 掌握数控机床有关坐标系建立的方法与原则，能够区分机床坐标系、编程坐标系和加工坐标系之间的差别。

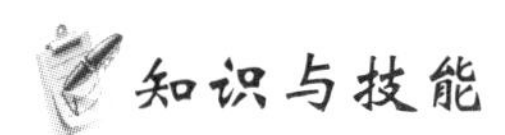

知识与技能

一、数控编程的方法与步骤

(一) 数控程序编制步骤

编制数控加工程序是使用数控机床的一项重要技术工作，理想的数控程序不仅应该保证加工出符合零件图样要求的合格零件，还应该使数控机床的功能得到合理的应用与充分的发挥，使数控机床能安全、可靠、高效地工作。

数控编程是指从零件图纸到获得数控加工程序的全部工作过程。如图1.9所示，编程工作主要包括：

1. 分析零件图样和制定工艺方案

这项工作的内容包括：对零件图样进行分析，明确加工的内容和要求；确定加工方案；选择合适的数控机床；选择或设计刀具和夹具；确定合理的走刀路线及选择合理的切削用量等。这一工作要求编程人员能够对零件图样的技术特性、几何形状、尺寸及工艺要求进行分析，并结合数控机床使用的基础知识，如数控机床的规格、性能、数控系统的功能等，确定加工方法和加工路线。

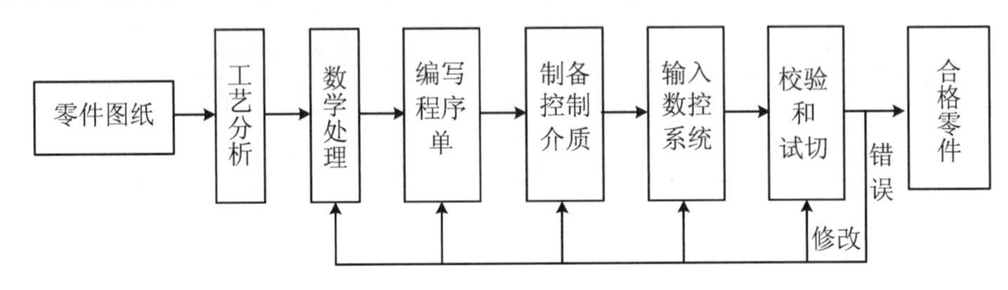

图1.9　数控程序编制的内容及步骤

2. 数学处理

在确定了工艺方案后，就需要根据零件的几何尺寸、加工路线等，计算刀具中心运动轨迹，以获得刀位数据。数控系统一般均具有直线插补与圆弧插补功能，对于加工由圆弧和直线组成的较简单的平面零件，只需要计算出零件轮廓上相邻几何元素交点或切点的坐标值，得出各几何元素的起点、终点、圆弧的圆心坐标值等(如图1.10中点 A、B、C、D、E)，就能满足编程要求。当零件的几何形状与控制系统的插补功能不一致时，就需要进行较复杂的数值计算，一般需要使用计算机辅助计算，否则难以完成。

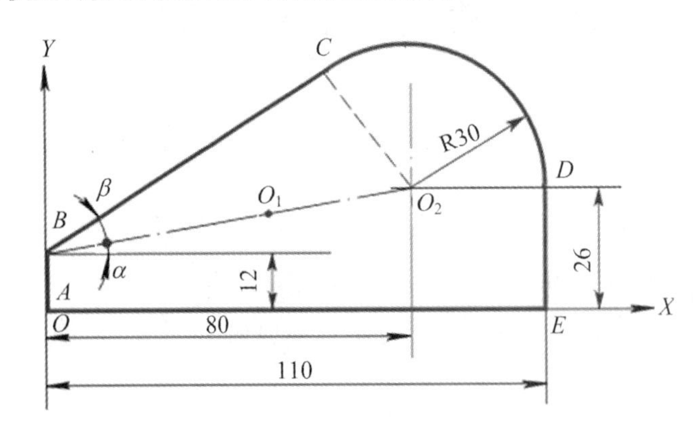

图1.10　零件图样

3. 编写零件加工程序

在完成上述工艺处理及数值计算工作后，即可编写零件加工程序。程序编制人员使用数控系统的程序指令，按照规定的程序格式，逐段编写加工程序。程序编制人员应对数控机床的功能、程序指令及代码十分熟悉，才能编写出正确的加工程序。

4. 程序检验

将编写好的加工程序输入数控系统，就可控制数控机床的加工工作。一般在正式加工之前，要对程序进行检验。通常可采用机床空运转的方式，来检查机床动作和运动轨迹的正确性，以检验程序。在具有图形模拟显示功能的数控机床上，可通过显示走刀轨迹或模拟刀具对工件的切削过程，对程序进行检查。对于形状复杂和要求高的零件，也可采用铝件、塑料或石蜡等易切材料进行试切来检验程序。通过检查试件，不仅可确认程序是否正确，还可知道加工精度是否符合要求。若能采用与被加工零件材料相同的材料进行试切，则更能反映实际加工效果，当发现加工的零件不符合加工技术要求时，可修改程序或采取尺寸补偿等措施。

（二）编制方法

数控加工程序的编制方法主要有两种：手工编制程序和自动编制程序。

1. 手工编程

手工编程指主要由人工来完成数控编程中各个阶段的工作。

一般对几何形状不太复杂的零件，所需的加工程序不长，计算比较简单，用手工编程比较合适。

手工编程的特点：耗费时间较长，容易出现错误，无法胜任复杂形状零件的编程。据国外资料统计，当采用手工编程时，一段程序的编写时间与其在机床上运行加工的实际时间之比，平均约为 30∶1，而数控机床不能开动的原因中有 20%～30%是由于加工程序编制困难，编程时间较长。

2. 计算机自动编程

自动编程是指在编程过程中，除了分析零件图样和制定工艺方案由人工进行外，其余工作均由计算机辅助完成。

二、数控程序的结构与格式

一个数控加工零件程序是一组被传送到数控装置中去的指令和数据。

一个零件程序是由遵循一定结构、句法和格式规则的若干个程序段组成的，而每个程序段是由若干个指令字组成的。如图 1.11 所示。

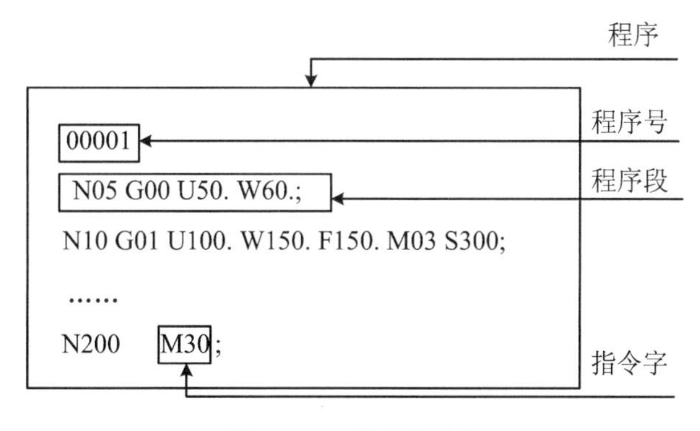

图 1.11　程序的结构

(一) 指令字的格式

在现代数控系统中，指令字一般是由地址符(或称指令字符)和数字数据组成的，在数控系统中完成特定的功能。

在数控程序段中包含的主要指令字符及其含义如表 1.1 所示。

表 1.1　指令字符一览表

功　能	地　址	意　义
零件程序号	%或 O	程序编号
程序段号	N	程序段编号
准备功能	G X,Y,Z A,B,C	指令动作方式(直线、圆弧等) 坐标轴的移动命令值
尺寸字	U,V,W R I,J,K	 圆弧的半径,固定循环的参数 圆心参数,固定循环的参数
进给速度	F	主轴旋转速度的指定
主轴功能	S	主轴旋转速度的指定
刀具功能	T	刀具编号的指定
辅助	M	机床开/关控制的指定
补偿号	H,D	刀具补偿号的指定
暂停	P,X	暂停时间的指定
程序号的指定	P	子程序号的指定
重复次数	L	子程序及固定循环的重复次数
参数	P,Q,R	固定循环的参数

(二) 程序段格式

一个程序段(行)定义一个将由数控装置执行的指令行。

程序段格式如图 1.12 所示，即若干个字母、数字和符号等各信息代码组成的一系列指令字的排列顺序。

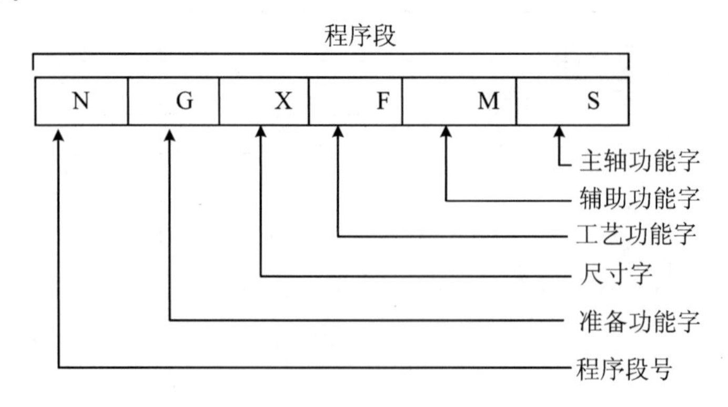

图 1.12　程序段格式

每个指令字前的地址符，用以指示其功能。因此对不需要的指令字或与上一程序段相同的指令字，可省略；程序段内各指令字也可不按顺序排列，编程直观灵活。

（三）零件程序的一般结构

一个完整的零件程序必须包括起始部分、中间部分和结束部分。

零件程序的起始部分一般由程序起始符%（或 O）后跟程序号组成，如图 1.13 的第一行。

零件程序的中间部分是整个程序的主体，由若干程序段组成，表示数控机床要完成的全部动作。常用程序段号区分不同的程序段，程序段号是可选项，一般只在重要的程序段前书写，以便检索或作为条件转移的目标及子程序调用的入口等。

一个零件程序是按程序段的输入顺序执行的，而不是按程序段号的顺序执行的，但书写程序时，建议按升序书写程序段号。

零件程序的结束部分常用 M02 或 M30 构成程序的最后一段。

除上述零件程序的正文部分外，有些数控系统可在每个程序段后用程序注释符加入注释字符，如括号()内或分号;后的内容为注释文字。

加工程序的一般格式如图 1.13。

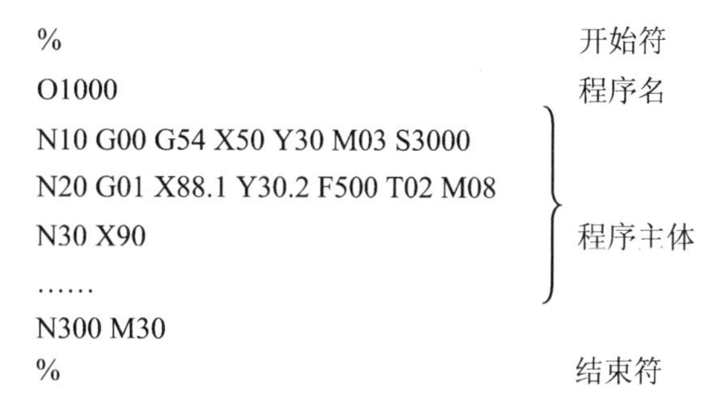

图 1.13　加工程序的一般结构

三、指令系统认识

（一）字符与代码

字符是用来组织、控制或表示数据的一些符号，如数字、字母、标点符号、数学运算符等。数控系统只能接受二进制信息，所以必须把字符转换成 8BIT 信息组合成的字节，用“0”和“1”组合的代码来表达。国际上广泛采用两种标准代码：

（1）ISO 国际标准化组织标准代码；

（2）EIA 美国电子工业协会标准代码。

这两种标准代码的编码方法不同，在大多数现代数控机床上这两种代码都可以使用，只需用系统控制面板上的开关来选择，或用 G 功能指令来选择。

（二）字

在数控加工程序中，字是指一系列按规定排列的字符，作为一个信息单元存储、传递和操作。字是由一个英文字母与随后的若干位十进制数字组成，这个英文字母称为地址符。

如:“X2500”是一个字,X 为地址符,数字“2500”为地址中的内容。

(三) 字的功能

组成程序段的每一个字都有其特定的功能含义,以下是以 FANUC-0M 数控系统的规范为主来介绍的,实际工作中,请遵照机床数控系统说明书来使用各个功能字。

1. 顺序号字 N

顺序号又称程序段号或程序段序号。顺序号位于程序段之首,由顺序号字 N 和后续数字组成。顺序号字 N 是地址符,后续数字一般为 1~4 位的正整数。数控加工中的顺序号实际上是程序段的名称,与程序执行的先后次序无关。数控系统不是按顺序号的次序来执行程序,而是按照程序段编写时的排列顺序逐段执行。

顺序号的作用:对程序的校对和检索修改;作为条件转向的目标,即作为转向目的程序段的名称。有顺序号的程序段可以进行复归操作,这是指加工可以从程序的中间开始,或回到程序中断处开始。

一般使用方法:编程时将第一程序段冠以 N10,以后以间隔 10 递增的方法设置顺序号,这样,在调试程序时,如果需要在 N10 和 N20 之间插入程序段时,就可以使用 N11、N12 等。

2. 准备功能字 G

准备功能字的地址符是 G,又称为 G 功能或 G 指令,后续数字一般为 1~3 位正整数,见表 1.2,是用于建立机床或控制系统工作方式的一种指令。它分为续效指令(模态指令)和非续效指令(非模态指令)两类。模态指令是指程序段中一旦指定了 G 功能字,在此之后的程序段中也一直有效;非模态指令限定在所在指定的程序段中有效。

表 1.2 G 功能字含义表

G 功能字	FANUC 系统	SIEMENS 系统	G 功能字	FANUC 系统	SIEMENS 系统
G00	快速移动点定位	快速移动点定位	G43	刀具长度补偿——正	—
G01	直线插补	直线插补	G44	刀具长度补偿——负	—
G02	顺时针圆弧插补	顺时针圆弧插补	G49	刀具长度补偿注销	—
G03	逆时针圆弧插补	逆时针圆弧插补	G50	主轴最高转速限制	—
G04	暂停	暂停	G54~G59	加工坐标系设定	零点偏置
G05	—	通过中间点圆弧插补	G70	精加工循环	英制
G17	XY 平面选择	XY 平面选择	G71	外圆粗切循环	米制
G18	ZX 平面选择	ZX 平面选择	G72	端面粗切循环	—
G19	YZ 平面选择	YZ 平面选择	G73	封闭切削循环	—
G32	螺纹切削	—	G74	深孔钻循环	—
G33	—	恒螺距螺纹切削	G75	通过中间点圆弧插补	—
G40	刀具补偿注销	刀具补偿注销	G76	复合螺纹切削循环	—
G41	刀具补偿——左	刀具补偿——左	G80	撤销固定循环	撤销固定循环
G42	刀具补偿——右	刀具补偿——右	G81	定点钻孔循环	固定循环

续表

G功能字	FANUC系统	SIEMENS系统	G功能字	FANUC系统	SIEMENS系统
G91	增量值编程	增量尺寸	G96	恒线速控制	恒线速度
G92	螺纹切削循环	主轴转速极限	G97	恒线速取消	注销G96
G94	每分钟进给量	直线进给率	G98	返回起始平面	—
G95	每转进给量	旋转进给率	G99	返回 R 平面	—

3. 尺寸字

尺寸字用于确定机床上刀具运动终点的坐标位置。

其中,第一组X,Y,Z,U,V,W,P,Q,R用于确定终点的直线坐标尺寸;第二组A,B,C,D,E用于确定终点的角度坐标尺寸;第三组I,J,K用于确定圆弧轮廓的圆心坐标尺寸。在一些数控系统中,还可以用P指令暂停时间、用R指令圆弧的半径等。尺寸字分为绝对坐标尺寸字和相对坐标尺寸字。

① 绝对坐标尺寸字。绝对坐标是指刀具(或机床)运动轨迹的坐标值是以相对固定的坐标原点 O 给出的,如图1.14所示,A、B、C 三点的坐标均从固定的坐标原点 O 开始计算,其值为 $A(X_A=10,Y_A=10)$;$B(X_B=35,Y_B=50)$;$C(X_C=90,Y_C=50)$。

② 增量(相对)坐标尺寸字。相对坐标是指刀具(或机床)运动轨迹的坐标值是相对于前一个位置(或起点)来计算的。如图1.14所示,B 点的坐标以相对坐标 A 点来计算 $B(U_B=35-10=25,V_B=50-10=40)$。

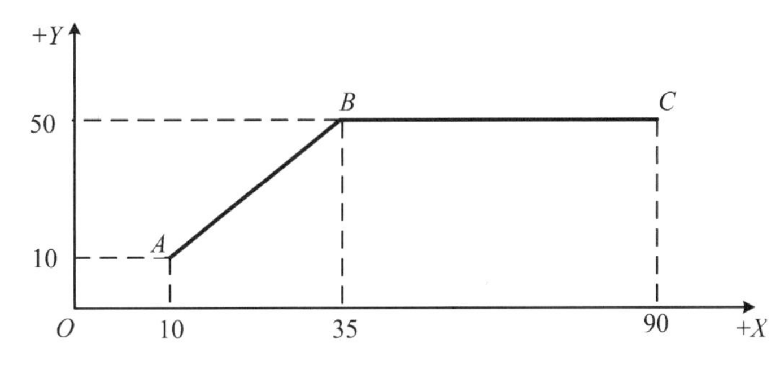

图1.14 刀心运动轨迹

增量坐标尺寸字通常用代码U、V、W表示,分别表示与 X、Y、Z 轴平行同向的坐标轴。增量坐标系在编程时常根据加工精度或编程方便等需要选用。绝对坐标与相对坐标可以单独使用,也可以混合使用(车床编程时),用G90和G91分别进行绝对编程和增量编程的指定。

多数数控系统可以用准备功能字来选择坐标尺寸的制式,如FANUC诸系统可用G21/G22来选择米制单位或英制单位,也有些系统用系统参数来设定尺寸制式。采用米制时,一般单位为mm,如X100指令的坐标单位为100 mm。当然,一些数控系统可通过参数来选择不同的尺寸单位。

4. 进给功能字F

进给功能字的地址符是F,又称为F功能或F指令,用于指定切削的进给速度。对于车床，F可分为每分钟进给和主轴每转进给两种，对于其他数控机床，一般只用每分钟进给。F指令在螺纹切削程序段中常用来指令螺纹的导程。

5. 主轴转速功能字S

主轴转速功能字的地址符是S，又称为S功能或S指令，用于指定主轴转速。单位为r/min。对于具有恒线速度功能的数控车床，程序中的S指令用来指定车削加工的线速度。

6. 刀具功能字T

刀具功能字的地址符是T，又称为T功能或T指令，用于指定加工时所用刀具的编号。对于数控车床，其后的数字还兼作指定刀具长度补偿和刀尖半径补偿用。

7. 辅助功能字M

辅助功能字的地址符是M，后续数字一般为1～3位正整数，又称为M功能或M指令，用于指定数控机床辅助装置的开关动作，如表1.3所示。

表1.3　M功能字含义表

M功能字	含　义	M功能字	含　义
M00	程序停止	M07	2号冷却液开
M01	计划停止	M08	1号冷却液开
M02	程序停止	M09	冷却液关
M03	主轴顺时针旋转	M30	程序停止并返回开始处
M04	主轴逆时针旋转	M98	调用子程序
M05	主轴旋转停止	M99	返回子程序
M06	换刀		

四、数控机床坐标系

在数控编程时，为了描述机床的运动，简化程序编制的方法及保证记录数据的互换性，数控机床的坐标系和运动方向均已标准化，ISO和我国都拟定了命名的标准。为了便于认识与掌握数控机床坐标系，我们将其划分为机床坐标系、编程坐标系和加工坐标系，分述如下：

（一）机床坐标系

1. 机床坐标系的确定

（1）机床相对运动的规定

在机床上，我们始终认为工件静止，而刀具是运动的。这样编程人员在不考虑机床上工件与刀具具体运动的情况下，就可以依据零件图样，确定机床的加工过程。

（2）机床坐标系的规定

标准机床坐标系中X、Y、Z坐标轴的相互关系用右手笛卡尔直角坐标系决定。在数控机床上，机床的动作是由数控装置来控制的，为了确定数控机床上的成形运动和辅助运动，必须先确定机床上运动的位移和运动的方向，这就需要通过坐标系来实现，这个坐标系被称为机床坐标系。

例如铣床上，有机床的纵向运动、横向运动以及垂向运动，如图1.15所示。在数控加工中就应该用机床坐标系来描述。

标准机床坐标系中 X、Y、Z 坐标轴的相互关系用右手笛卡尔直角坐标系决定：

① 伸出右手的大拇指、食指和中指，并互为 90°。则大拇指代表 X 坐标，食指代表 Y 坐标，中指代表 Z 坐标。

② 大拇指的指向为 X 坐标的正方向，食指的指向为 Y 坐标的正方向，中指的指向为 Z 坐标的正方向。

③ 围绕 X、Y、Z 坐标旋转的旋转坐标分别用 A、B、C 表示，根据右手螺旋定则，大拇指的指向为 X、Y、Z 坐标中任意轴的正向，则其余四指的旋转方向即为旋转坐标 A、B、C 的正向，如图 1.16 所示。

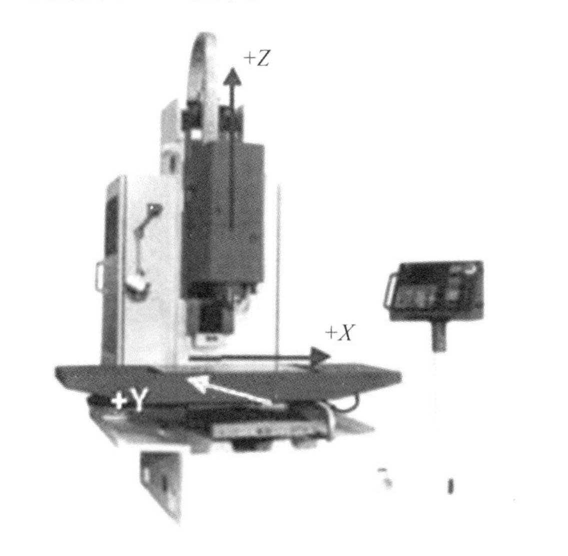

图 1.15　立式数控铣床

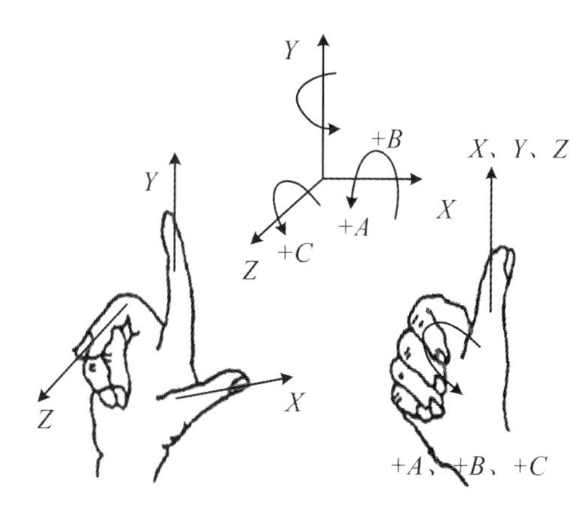

图 1.16　直角坐标系

(3) 运动方向的规定

增大刀具与工件距离的方向即为各坐标轴的正方向，图 1.17 所示为数控车床两个运动的正方向。

2. 坐标轴方向的确定

(1) Z 坐标

Z 坐标的运动方向是由传递切削动力的主轴所决定的，即平行于主轴轴线的坐标轴即为 Z 坐标，Z 坐标的正向为刀具离开工件的方向。

如果机床上有几个主轴，则选一个垂直于工件装夹平面的主轴方向为 Z 坐标方向；如果主轴能够摆动，则选垂直于工件装夹平面的方向为 Z 坐标方向；如果机床无主轴，则选垂直于工件装夹平面的方向为 Z 坐标方向。图 1.18 所示为数控车床的 Z 坐标。

(2) X 坐标

X 坐标平行于工件的装夹平面，一般在水平面内。确定 X 轴的方向时，要考虑两种情况：

① 如果工件做旋转运动，则刀具离开工件的方向为 X 坐标的正方向。

② 如果刀具做旋转运动，则分为两种情况：Z 坐标水平时，观察者沿刀具主轴向工件看时，$+X$ 运动方向指向右方；Z 坐标垂直时，观察者面对刀具主轴向立柱看时，$+X$ 运动方向

指向右方。图 1.17 所示为数控车床的 X 坐标。

③ Y 坐标

在确定 X、Z 坐标的正方向后,可以用根据 X 和 Z 坐标的方向,按照右手直角坐标系来确定 Y 坐标的方向。图 1.17 所示为数控车床的 Y 坐标。

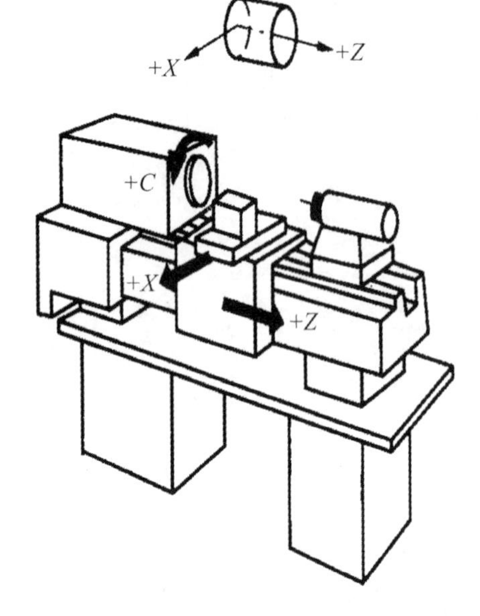

图 1.17 机床运动的方向

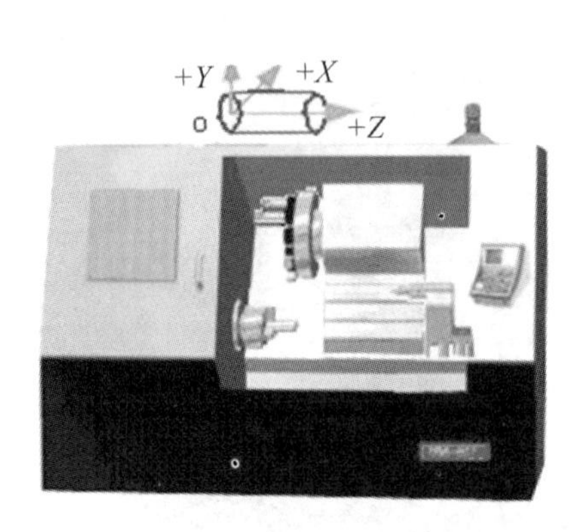

图 1.18 数控车床的坐标系

3. 机床原点的设置

机床原点是指在机床上设置的一个固定点,即机床坐标系的原点。它在机床装配、调试时就已确定下来,是数控机床进行加工运动的基准参考点。

(1) 数控车床的原点

在数控车床上,机床原点一般取在卡盘端面与主轴中心线的交点处,见图 1.19。同时,通过设置参数的方法,也可将机床原点设定在 X、Z 坐标的正方向极限位置上。

(2) 数控铣床的原点

在数控铣床上,机床原点一般取在 X、Y、Z 坐标的正方向极限位置上,见图 1.20。

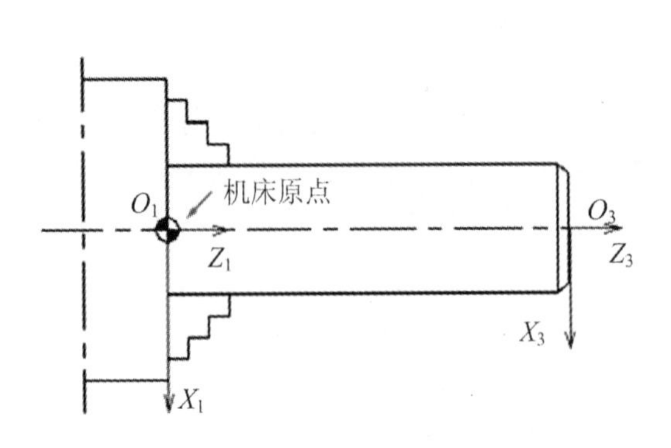

图 1.19 车床的机床原点

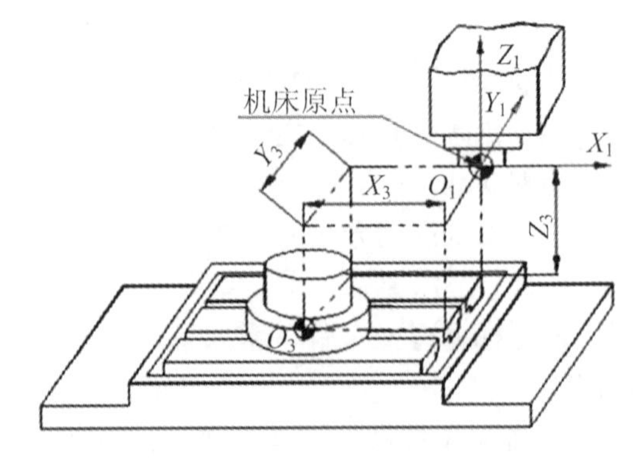

图 1.20 铣床的机床原点

4. 机床参考点

机床参考点是用于对机床运动进行检测和控制的固定位置点。

机床参考点的位置是由机床制造厂家在每个进给轴上用限位开关精确调整好的，坐标值已输入数控系统中。因此参考点对机床原点的坐标是一个已知数。

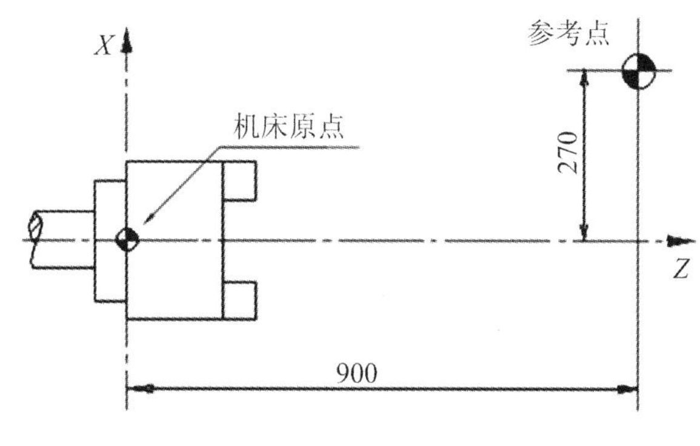

图 1.21　数控车床的参考点

通常在数控铣床上机床原点和机床参考点是重合的；而在数控车床上机床参考点是离机床原点最远的极限点。图 1.21 所示为数控车床的参考点与机床原点。

数控机床开机时，必须先确定机床原点，而确定机床原点的运动就是刀架返回参考点的操作，这样通过确认参考点，就确定了机床原点。只有机床参考点被确认后，刀具（或工作台）移动才有基准。

（二）编程坐标系

编程坐标系是编程人员根据零件图样及加工工艺等建立的坐标系。

编程坐标系一般供编程使用，确定编程坐标系时不必考虑工件毛坯在机床上的实际装夹位置。如图 1.22 所示，其中 O_2 即为编程坐标系原点。

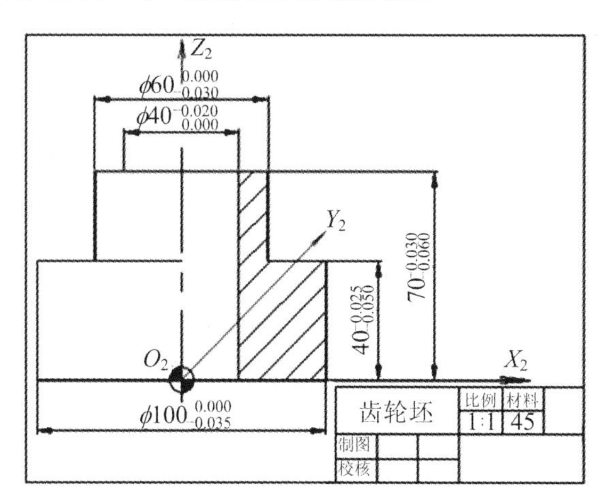

图 1.22　编程坐标系

编程原点是根据加工零件图样及加工工艺要求选定的编程坐标系的原点。

编程原点应尽量选择在零件的设计基准或工艺基准上，编程坐标系中各轴的方向应该与所使用的数控机床相应的坐标轴方向一致，如图 1.23 所示为车削零件的编程原点。

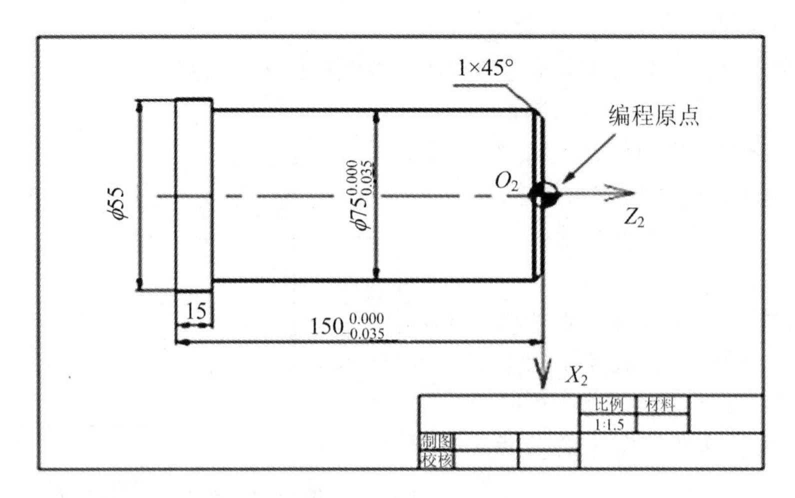

图 1.23　确定编程原点

（三）加工坐标系

加工坐标系是指以确定的加工原点为基准所建立的坐标系。

加工原点也称为程序原点，是指零件被装夹好后，相应的编程原点在机床坐标系中的位置。

在加工过程中，数控机床是按照工件装夹好后所确定的加工原点位置和程序要求进行加工的。编程人员在编制程序时，只要根据零件图样就可以选定编程原点、建立编程坐标系、计算坐标数值，而不必考虑工件毛坯装夹的实际位置。对于加工人员来说，则应在装夹工件、调试程序时，将编程原点转换为加工原点，并确定加工原点的位置，在数控系统中给予设定（即给出原点设定值），设定加工坐标系后就可根据刀具当前位置，确定刀具起始点的坐标值。在加工时，工件各尺寸的坐标值都是相对于加工原点而言的，这样数控机床才能按照准确的加工坐标系位置开始加工。图 1.19 和图 1.20 中 O_3 点为加工原点。

任务评价

序号	能　力　点	掌握情况	序号	能　力　点	掌握情况
1	熟悉数控编程的方法与步骤		3	认识常用功能字的意义	
2	熟悉数控程序的结构与格式		4	数控机床有关坐标系建立的方法与原则	

思考与练习

1. 数控机床加工程序的编制步骤有哪些？
2. 数控机床加工程序的编制方法有哪些？它们分别适用什么场合？
3. 试述数控加工程序、程序段和指令字的结构与组成。

4. 数控编程一般有哪些功能字？各功能字有什么功用？
5. 什么是模态指令？什么是非模态指令？
6. 尺寸字分为哪几种？
7. 数控机床坐标系一般分为哪几种？简述各坐标系建立原则和方法。
8. 数控机床原点与参考点有何区别？

项目二　数控车床编程与加工

任务一　车削阶梯轴类零件

任务目标

（1）掌握阶梯轴类零件的结构特点和工艺性能的综合分析方法，正确分析阶梯轴类零件的技术要求；

（2）掌握数控机床加工程序编程规则与编辑程序的方法；

（3）掌握数控加工程序开始与结束一般指令；

（4）掌握运用 G00 和 G01 指令编程方法；

（5）掌握外圆加工刀具的选用、安装及切削参数选用方法。

任务描述

如图 2.1 所示的阶梯轴零件，已知材料为 45＃钢，毛坯尺寸为 ϕ28 mm×100 mm。要求分析零件的加工工艺，编写零件的数控加工程序，并通过仿真调试优化程序，最后进行零件的加工检验。

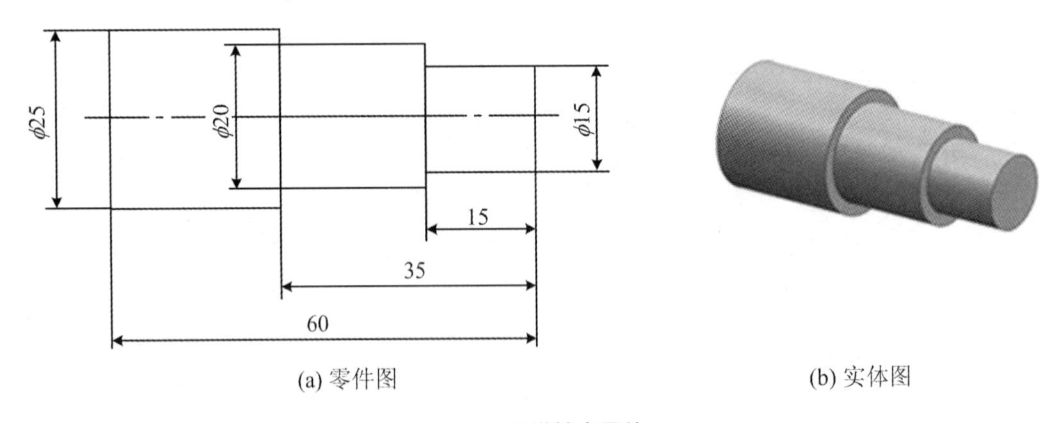

(a) 零件图　　(b) 实体图

图 2.1　阶梯轴类零件

知识与技能

一、阶梯轴类零数控车床编程特点与加工工艺特点

（一）加工顺序的确定

数控车削加工顺序一般按照下列两个原则来确定。

1. 先粗后精原则

所谓先粗后精，就是按照粗车→半精车→精车的顺序，逐步提高加工精度。粗车可在较短时间内将工件表面上的大部分加工余量切掉。一方面提高加工效率，另一方面使精车的加工余量均匀。如粗车后所留余量的均匀性满足不了精车加工的要求，则应安排半精车。为保证加工精度，精车时，要按照图样尺寸一刀出零件轮廓。

2. 先近后远原则

这里所指的远与近，是按加工部位相对于对刀点的距离而言的。离刀点远的部位后加工，可以缩短刀具的移动距离，减少空行程时间。对于车削而言，先近后远还有利于保持零件的刚性，改善切削条件。

（二）走刀路线的确定

精加工的走刀路线基本上是沿其零件轮廓顺序进行的。因此重点在于确定粗加工及空行程的走刀路线。

1. 最短空行程路线

图 2.2(a)所示为采用矩形循环方式进行粗车的一般情况，其对刀点 A 设置在较远的位置，是考虑到加工过程中需方便换刀，同时，将起刀点与对刀点重合在一起。

按三刀粗车的走刀路线安排：第 1 刀为 $A\to B\to C\to D\to A$；第 2 刀为 $A\to E\to F\to G\to A$；第 3 刀为 $A\to H\to I\to J\to A$。

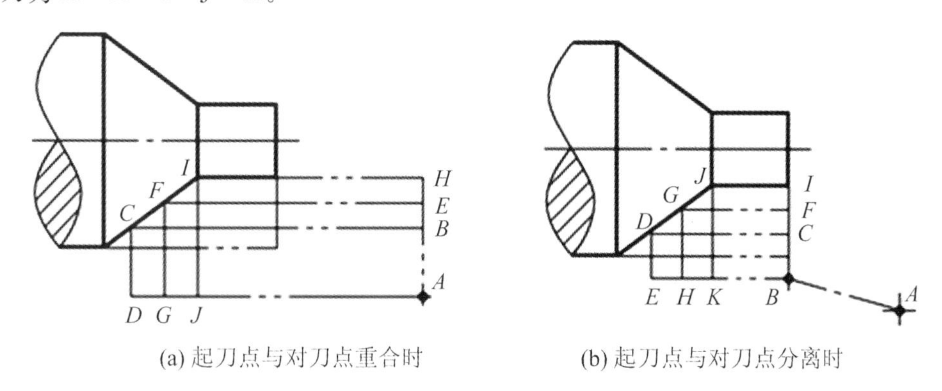

(a) 起刀点与对刀点重合时　　(b) 起刀点与对刀点分离时

图 2.2　最短行程路线示意图

图 2.2(b)所示则是将起刀点与对刀点分离，并设于 B 点位置，仍按相同的切削有量进行三刀粗车，其走刀路线安排：

对刀点 A 到起刀点 B 的空行程为 $A\to B$；第 1 刀为 $B\to C\to D\to E\to B$；第 2 刀为 $B\to F\to G\to H\to B$；第 3 刀为 $B\to I\to J\to K\to B$；起刀点 B 到对刀点 A 的空行程 $B\to A$。

显然，图 2.2(b)所示的走刀路线短。

2. 大余量毛坯的切削路线

图 2.3(a)所示为车削大余量工件走刀路线。在同样的背吃刀量情况下，按图 2.3(a)所示的 1～5 顺序切削，使每次所留余量相等。

按照数控车床加工的特点，还可以放弃常用的阶梯车削法，改用顺毛坯轮廓进给的走刀路线，如图 2.3(b)所示。

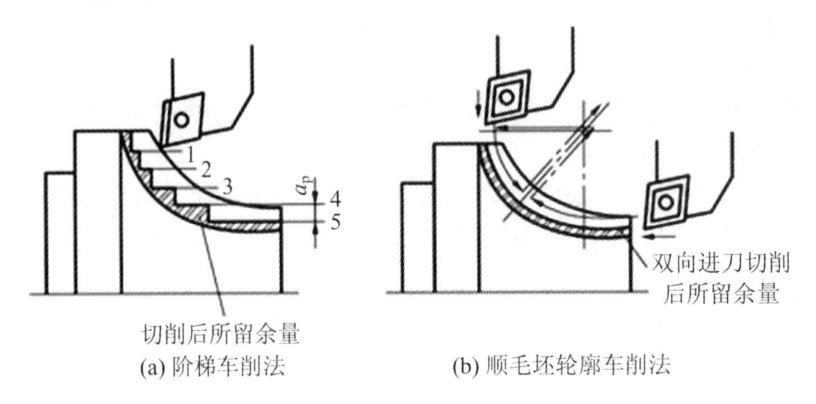

(a) 阶梯车削法　　(b) 顺毛坯轮廓车削法

图 2.3　大余量毛坯的切削路线

二、快速点位移动 G00

(一) 指令格式

格式：G00 X(U)_Z(W)_；

其中，X(U)_、Z(W)_为目标点坐标值。

G00 指令是模态代码，它命令刀具以点定位控制方式从刀具所在点快速运动到下一个目标位置。它只是快速定位，而无运动轨迹要求，也无切削加工过程。

(二) 指令应用说明

(1) 执行该指令时，刀具移动速度不能用程序指令设定，各轴的快移速度可以相同，也可以不相同，刀具以机床规定的进给速度从所在点以点位控制方式移动到目标点。移动速度不能由程序指令设定，它的速度已由生产厂家预先调定。若编程时设定了进给速度 F，则对 G00 程序段无效。

(2) G00 的执行过程为刀具由程序起始点加速到最大速度，然后快速移动，最后减速到终点，实现快速点定位。

(3) G00 为模态指令，只有遇到同组指令时(如 G01、G02、G03 等)才会被取替。

(4) 在执行 G00 指令时，由于各轴以各自速度移动，不能保证各轴同时到达终点，联动直线轴的合成轨迹多数情况是折线，操作者要十分小心，避免刀具与工件发生碰撞。

(5) X、Z 后面跟的是绝对坐标值，U、W 后面跟的是增量坐标值。

(6) X、U 后面的数值应乘以 2，即以直径方式输入，且有正、负号之分。

(7) G00 指令一般用于加工前的快速定位或加工后的快速退刀。

（三）G00 指令应用举例

如图 2.4 所示，要实现从起点 A 快速移动到目标点 B。

绝对值编程：G00 X120.0 Z100.0；（X 坐标值为 60×2=120，即直径值）

增量值编程：G00 U80.0 W80.0；（U 坐标值为(60−20)×2=80）

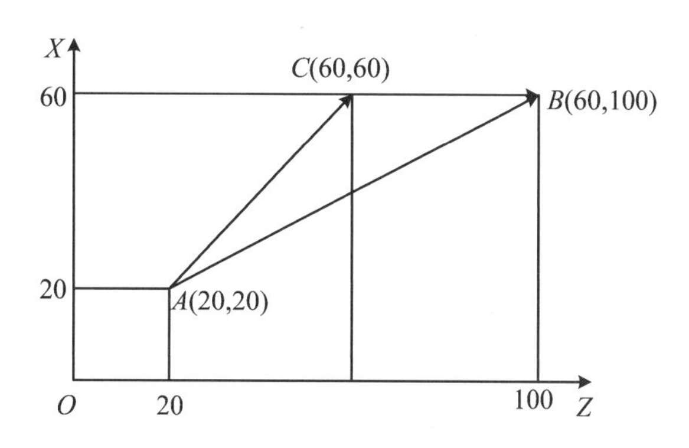

图 2.4　快速点定位

执行上述程序段时，刀具实际的运动路线不是一条直线，而是一条折线，首先刀具从点 A 以快速进给速度运动到点 C，然后再运动到点 B。因此，在使用 G00 指令时要注意刀具是否和工件及夹具发生干涉，对不适合联动的场合，两轴可单动。如果忽略这一点，就容易发生碰撞，而在快速状态下的碰撞就更加危险。

三、直线插补 G01

直线插补也称直线切削，该指令使刀具在两坐标或三坐标间以插补联动方式按 F 指定的进给速度作任意斜率的直线运动，移动速度由进给功能指令 F 来设定。

（一）具体指令

指令格式：G01　X(U)_Z(W)_ F_；

其中，X(U)、Z(W)为目标点坐标，F 为进给速度。

（二）指令应用说明

(1) G01 指令是模态指令，可加工任意斜率的直线，规定刀具在两坐标或三坐标间以插补联动方式按 F 指定的进给速度作任意斜率的直线运动。

(2) 绝对值编程时，刀具以 F 指令的进给速度进行直线插补，运动到工件坐标系 X、Z 点；增量值编程时，刀具以 F 进给速度运动到距离现有位置为 U、W 的点。

(3) G01 指令进给速度由模态指令 F 决定，在没有新的 F 指令以前一直有效，不必在每个程序段中都写入 F 指令。如果在 G01 程序段之前的程序段中没有 F 指令，而当前的 G01 程序段中也没有 F 指令，则机床不运动，机床倍率开关在 0%位置时机床也不运动。因此，为保险起见 G01 程序段中必须含有 F 指令。

(4) G01 指令前若出现 G00 指令，而该句程序段中未出现 F 指令，则 G01 指令的移动速度按照 G00 指令的速度执行。

（三）G01 指令应用举例

如图 2.5 所示，要实现从零件轮廓点 A 切削进给到目标点 E（最后一次切削，不考虑前序加工），数控编程如下：

……

G00 X16.0 Z2.0；刀具快速到达切削点

G01 X26.0 Z-3.0 F60.0；

Z-48.0；

X60.0 Z-58.0；

X80.0 Z-73.0；

X90.0； 刀具以进给速度退到安全点

G00 X100.0 Z10.0；

……

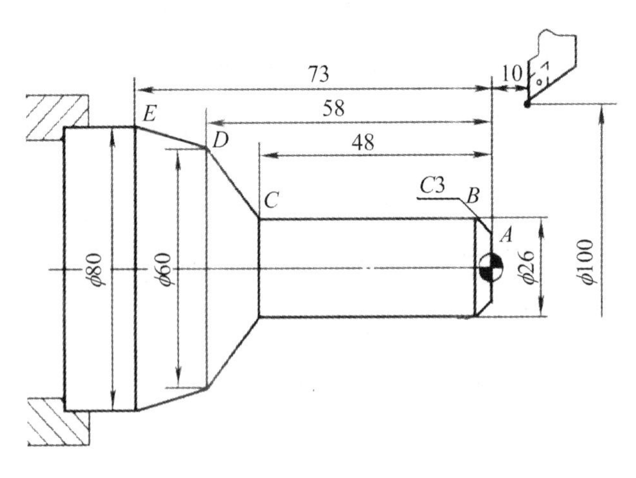

图 2.5

四、G01 指令的特殊用法

（一）倒角

G01 倒角指令在编程中一种特殊用法，是指在两相邻轨迹之间插入倒角。

指令格式：G01 X_ Z_ C_；

1. 指令说明

(1) 运用 G01 指令完成如图 2.6 所示直线倒角，刀具运动轨迹：从 A 点到 B 点，然后到 C 点。

(2) X_、Z_：在 G90 时，是两相邻直线的交点，即 G 点的坐标值；在 G91 时，是 G 点相对于起始直线轨迹的始点 A 点的移动距离。

(3) C_：是相邻两直线的交点 G 相对于倒角始点 A 的距离。

2. G01 倒角指令应用举例

如图 2.7 所示，要实现从零件轮廓起点切削进给到目标点（最后一次切削，不考虑前序加工)，数控编程如下：

……

G01 X30.0　Z2.0；

G01 X30.0　Z-20.0　C4.0；

G01 X50.0　Z-20.0　C2.0；

……

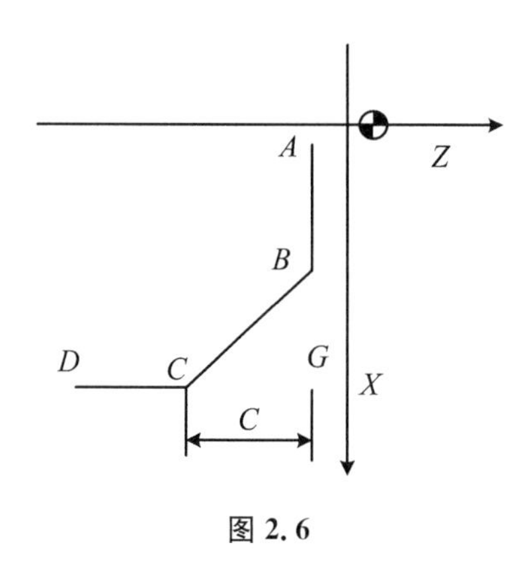

图 2.6

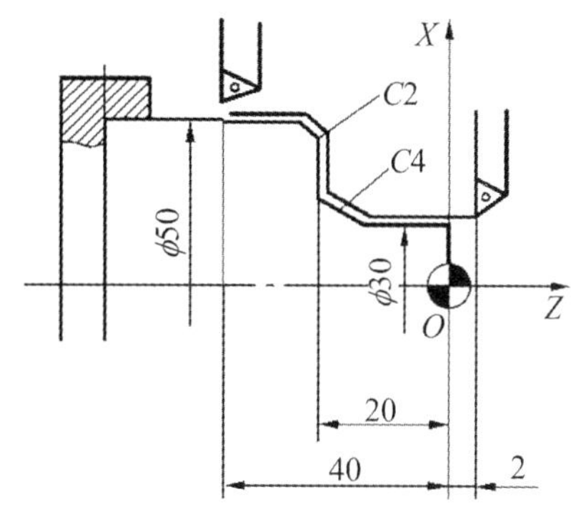

图 2.7　用 G01 指令倒角

(二) 倒圆角

G01 倒圆角指令在编程中另一种特殊用法，是指在两相邻轨迹之间插入一段圆弧。

指令格式：G01 X_ Z_ R_；

1. 指令说明

(1) 运用 G01 指令完成如图 2.8 所示圆角，刀具运动轨迹：刀具从 A 点到 B 点，然后到 C 点。

(2) X、Z：在 G90 时，是两相邻直线的交点，即 G 点的坐标值；在 G91 时，是 G 点相对于起始直线轨迹的始点 A 点的移动距离。

(3) R：是倒角圆弧的半径值。

2. G01 倒圆角指令应用举例

如图 2.9 所示，要实现从零件轮廓起点切削进给到目标点(最后一次切削，不考虑前序加工)，数控编程如下：

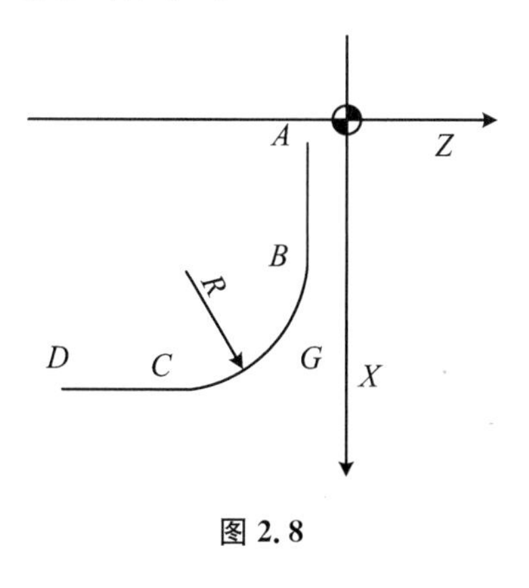

图 2.8

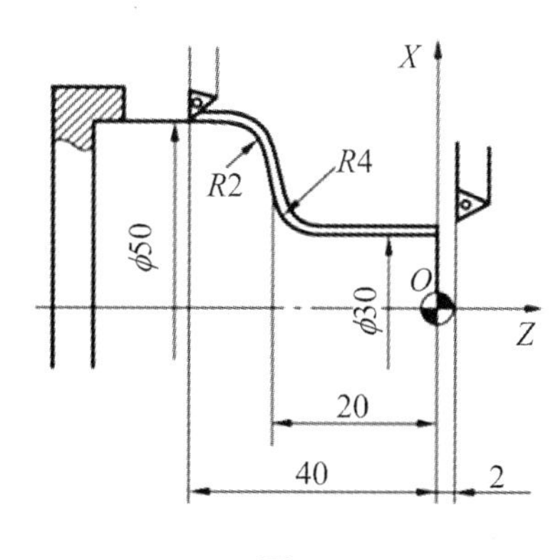

图 2.9

```
……
G01  X30.0  Z2.0;
G01  X30.0  Z-20.0  R4.0;
G01  X50.0  Z-20.0  R2.0;
……
```

五、辅助功能

地址“M”和两位数字组成的字表示辅助功能，也称之为M功能。各M功能指令意义见表2.1。

表2.1 辅助功能指令

代码	意 义	代码	意 义
M00	停止程序运行	M06	换刀指令
M01	选择性停止	M08	冷却液开启
M02	结束程序运行	M09	冷却液关闭
M03	主轴正向转动开始	M30	结束程序运行且返回程序开头
M04	主轴反向转动开始	M98	子程序调用
M05	主轴停止转动	M99	子程序结束

六、主轴转速

主轴转速功能是由地址S后跟数字组成，数字表示主轴转速(r/min)。

格式：S_

若机床有恒线速功能，G96是接通恒线速度控制的指令，当G96执行后，S后面的数值为切削速度(m/min)。例如：G96 S100表示切削速度100 m/min。

G97是取消G96的指令。执行G97后，S后面的数值表示主轴每分钟转数(r/min)。例如：G97 S800表示主轴转速为800 r/min，系统开机状态为G97指令。

七、进给功能

进给功能是由地址F后跟数字组成，数字表示进给速度，有两种单位使用方法。

格式：F_

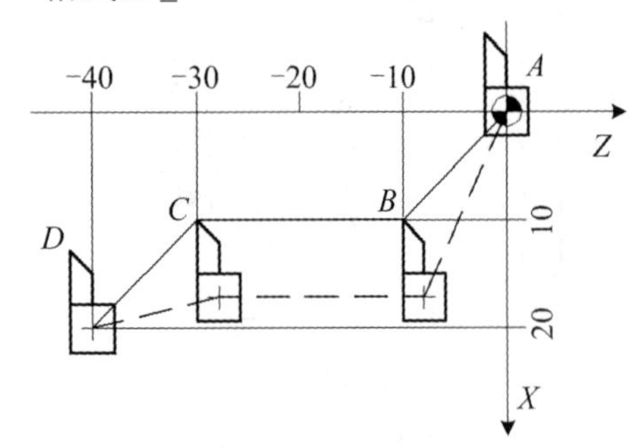

图2.10 刀具位置补偿

在含有G99程序段后面，再遇到F指令时，则认为F所指定的进给速度单位为mm/r。系统开机状态为G99，只有输入G98指令后，G99才被取消。而G98为每分钟进给，单位为mm/min。

八、刀具功能

刀具功能是由地址T后跟四位数字。

格式：T××××

T 功能应用说明：

图 2.10 表示刀具 T0202(刀具号为 02，补偿号为 02)位置补偿的过程，*AB* 段为补偿建设段，*BC* 段为补偿进行段，*CD* 段为补偿取消段。

图中的实线是刀架中心点的编程轨迹线，虚线是执行位置补偿时点的实际轨迹线，实际轨迹的方位和 *X*、*Z* 轴的补偿值有关，其程序为：

```
……；
N05   G01   X10.0   Z-10.0   T0202；
N10   G01           Z-30.0；
N15   G01   X20.0   Z-40.0   T0200；
……
```

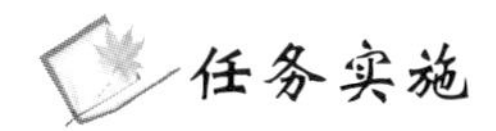

任务实施

一、任务工艺分析

1. 零件图分析

图 2.1 所示零件由阶梯状的圆柱面组成，零件的尺寸精度要求一般。从右至左，零件的外径尺寸依次增大。

2. 确定装夹方案

该零件为轴类零件，轴心线为工艺基准，加工外表面用三爪自定心卡盘夹持 ϕ28 mm 外圆一次装夹完成加工。

3. 加工工艺路线设计

(1) 车削轴端面(此内容也可在对刀过程中完成，如对刀已经完成轴端面车削并能保证精度要求，程序中车削端面程序可省略)；

(2) 粗车 ϕ25 mm、ϕ20 mm、ϕ15 mm 轴段外圆，预留精加工余量 0.5 mm；

(3) 从右至左精依次加工各段；

(4) 割断，完成加工。

4. 刀具选择及切削用参数选择

(1) 选用 90°外圆车刀 T0101，车削轴端面和粗、精车外圆；

(2) 选用切槽刀(宽为 3 mm)T0202，切断。

刀具及切削用参数选择如表 2.2。

表 2.2　刀具及切削用参数

工步号	工 步 内 容	刀具	切 削 用 量		
			切削深度(mm)	主轴转速(r/min)	进给速度(mm/r)
1	车削端面	T01		600	0.2
2	粗加工零件外形尺寸至要求	T01	留余量 0.5 后各段一次切除	600	0.3
3	精加工	T01	0.5	800	0.08
4	切断加工	T02		600	0.25(光整)

二、编制加工程序

工件原点设在零件的右端面,程序如下:

程序	程序说明
O0001;	程序号
N10 M03 S600 T0101;	主轴正转,转速 600 r/min,选 1 号刀,使用 1 号刀补
N20 G00 X30.0 Z0;	快速进给到切削点
N30 G01 X0 F0.2;	车削端面
N40 G01 X25.5;	退刀
N50 G01 Z-62.0 F0.3;	粗车外圆(第一刀)
N60 G01 X26.0;	
N70 G00 Z2.0;	
N80 G00 X20.5;	
N90 G01 Z-35.0;	粗车外圆(第二刀)
N100 G01 X26.0;	
N110 G00 Z2.0;	
N120 G00 X15.5;	
N130 G01 Z-15.0;	粗车外圆(第三刀)
N140 G01 X21.0;	
N150 G00 Z2.0;	
N160 G00 X15.0 S800;	精车 ϕ15 mm 外圆,转速 800 r/min
N170 G01 Z-15.0 F0.08;	
N180 G01 X20.0;	精车 ϕ20 mm 外圆
N190 G01 Z-35.0;	
N200 G01 X25.0;	精车 ϕ25 mm 外圆
N210 G01 Z-62.0;	
N220 G01 X26.0;	
N230 G00 X50.0; Z50.0	退回到换刀点
N235 T0202	换 2 号切槽刀,使用 2 号刀补
N240 G00 X32.0 Z-63.0 S600	
N250 G01 X-0.5 F0.04;	切断
N260 G01 X32.0;	
N270 G00 X50.0 Z50.0;	切槽刀退回
N270 M05;	主轴停止转动
N280 M02	程序结束

三、仿真加工

使用数控加工仿真软件对加工程序进行检验,正确进行数控加工仿真的操作,完成零件的仿真加工。

对刀指依次在工件毛坯上对好每一把刀在 X、Z 方向的坐标值。

(1) X 方向对刀:回零→【MDI】→输入“S400 M03;T0101;”→按下【CYCLE START】键转动主轴。

【手摇】→切削外圆→沿 Z 轴退刀→停车测量外径→按【OFS/SET】键→按【偏置】键→【形状】里→输入“X 外圆直径值”→按【测量】软键→刀具 X 向补偿值自动输入到几何形状里。

（2）Z 方向对刀:【手摇】→刀具切削端面→沿 X 轴正方向退刀→【形状】→输入“Z0” →按【测量】软键→刀具 Z 向补偿值自动输入到几何形状里。

（3）自动运行程序,加工工件。

（4）粗车后测量零件尺寸,根据工件图样要求的尺寸精度修改刀具磨损量;再次运行程序,加工出合格工件。

四、车间实际加工

通过仿真加工后，确定零件程序的正确性后，在实训车间对该零件进行实际操作加工。具体步骤如下：

（1）零件的夹紧。零件的夹紧操作要注意夹紧力与装夹部位,是毛坯时夹紧力可大些;是已加工表面,夹紧力就不可过大,以防止夹伤零件表面,还可用铜皮包住表面进行装夹;有台阶的零件尽量让台阶靠着卡爪端面装夹;带孔的薄壁件需用专用夹具装夹,以防止变形。

（2）刀具的装夹。刀尖高度与工件的回转中心线等高,刀尖伸出长度约为刀具厚度的1.5 倍。

（3）通过机床面板手动输入加工程序或通过存储设备导入加工程序。

（4）机床程序检验和调试。

（5）单段运行或自动运行程序,完成零件加工。

任务评价

利用游标卡尺、外径千分尺、内径千分尺、表面粗糙度工艺样板等量具测量工件,学生对自己加工的零件进行检测,包括尺寸精度的检测和零件加工质量的检测。

序号	能　力　点	掌握情况	序号	能　力　点	掌握情况
1	安全操作		4	对刀操作过程	
2	回零与手动操作能力		5	程序运行	
3	MDI 方式操作能力		6	零件检测	

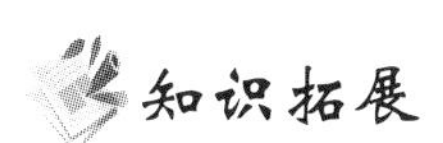

知识拓展

一、外圆切削循环(G90)

当零件的内、外圆柱面上毛坯余量较大时,用 G90 可以去除大部分毛坯余量。

（一）具体指令

外圆切削循环指令格式：

G90　X(U)_ Z(W)_ F_;

（二）指令说明

（1）如图 2.11 所示,刀具从循环起点开始按矩形循环,最后又回到循环起点。图中虚

线表示按 R 快速移动，实线表示按 F 指定的工件进给速度移动。

（2）X、Z 为圆柱面切削终点坐标值；U、W 为圆柱面切削终点相对循环起点的坐标分量。

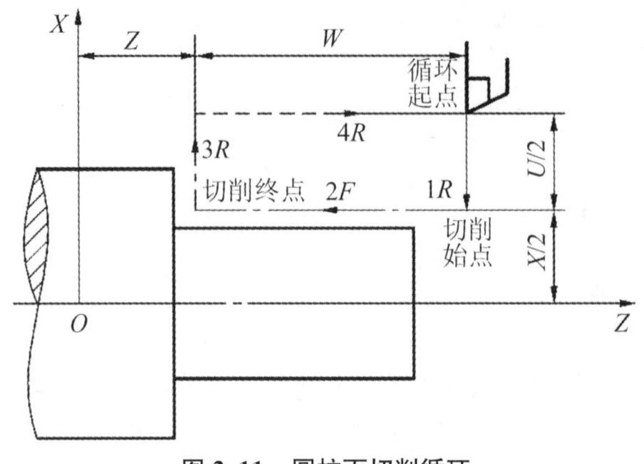

图 2.11　圆柱面切削循环

二、端面切削循环(G94)

当零件的端面上毛坯余量较大时，用 G94 可以去除大部分毛坯余量。

（一）具体指令

切削端平面时格式为：

G94　X(U)_Z(W)_F_;

（二）指令说明

（1）如图 2.12 所示，刀具从循环起点开始按矩形循环，最后又回到循环起点。图中虚线表示按 R 快速移动，实线表示按 F 指定的工件进给速度移动。

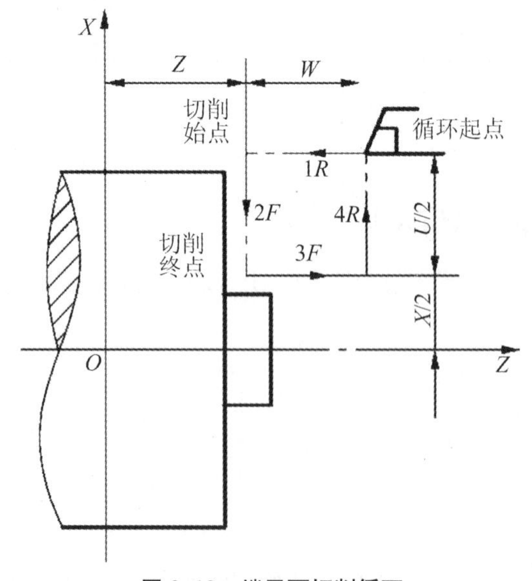

图 2.12　端平面切削循环

（2）X、Z 为端平面切削终点坐标值，U、W 为端面切削终点相对循环起点的坐标分量。

思考与练习

1. 数控机床零件装夹有哪几种方式？简述各装夹方式运用在什么场合。

2. 数控车削加工顺序的原则有哪几种？试分析其优缺点。

3. 数控编程指令 G00 和 G01 格式是什么？有什么异同点？

4. 如图 2.13 所示，毛坯为 ϕ90 mm 的棒料，材料为 45＃钢，要求完成零件的数控程序编制与加工。

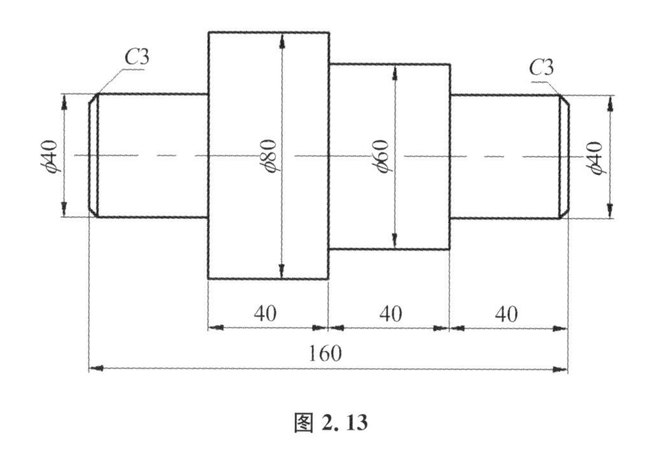

图 2.13

任务二　曲面轴类零件

任务目标

（1）掌握曲面轴零件的结构特点、加工工艺特点和工艺性能，正确分析曲面轴类零件的技术要求；

（2）掌握数控系统的 G02 、G03、G41 、G42、G40 等指令的编程格式及应用；

（3）能正确选择设备、刀具、夹具与切削用量加工带圆弧的阶梯轴零件；

（4）掌握曲面轴零件的工艺编制和手工编制方法。

任务描述

如图 2.14 所示的圆弧阶梯轴零件，已知材料为 45＃钢，毛坯尺寸为 ϕ40 mm×100 mm。要求分析零件的加工工艺，编写零件的数控加工程序，并通过仿真调试优化程序，最后进行零件的加工检验。

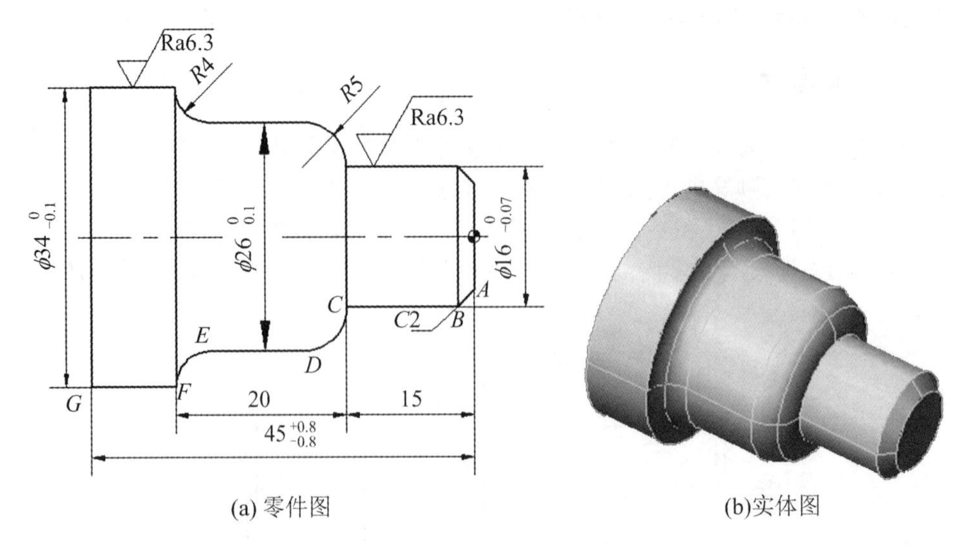

(a) 零件图　　(b)实体图

图 2.14　曲面轴类零件

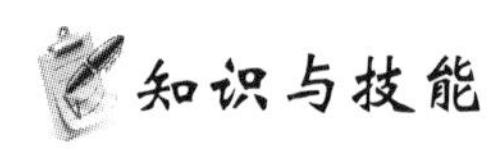

一、圆弧常用加工方法

1. 阶梯法

先粗车阶梯,最后一刀精车圆弧,如图 2.15 为车圆弧的阶梯切削路线。

2. 同心圆法

用不同的半径圆来车削,最后将所需圆弧加工出来,如图 2.16 为车圆弧的同心圆弧切削路线。

3. 车锥法

先车一个圆锥,再车圆弧,如图 2.17 为车圆弧的车锥法切削路线。

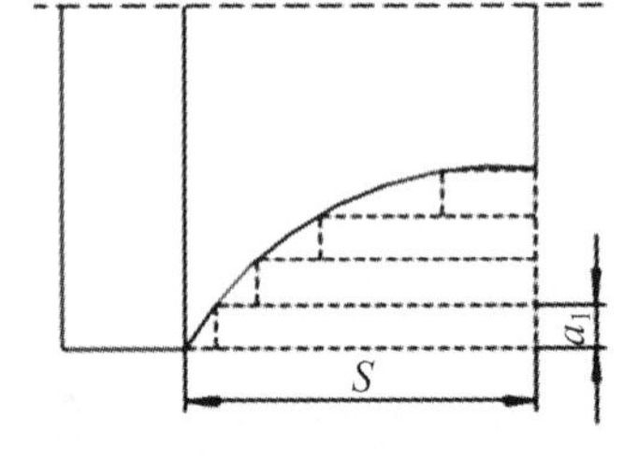

图 2.15　阶梯法

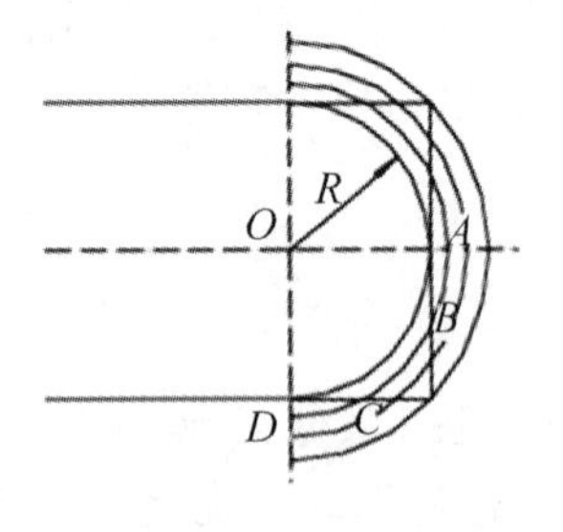

图 2.16　同心圆法

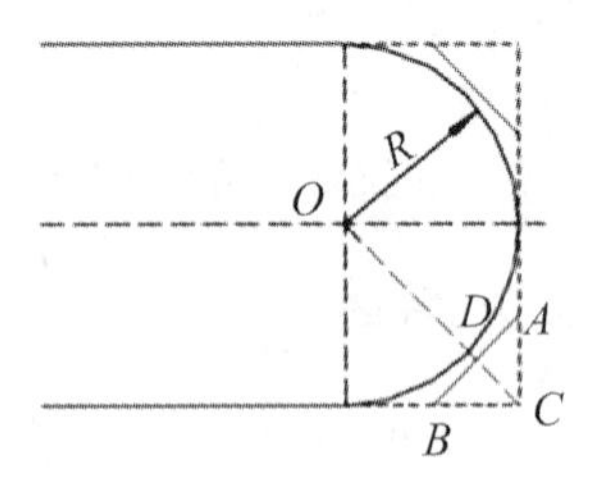

图 2.17　车锥法

4. 凹圆弧加工方法

凹圆弧的加工方法通常有同心法、等径法、三角形法和梯形法四种,凹圆弧的加工方法的车削路线如图 2.18 所示。

上述各种加工方法中:

（1）程序段数最少的为同心圆及等径圆形式；

（2）走刀路线最短的为同心圆形式，其余依次为三角形、梯形及等径圆形式；

（3）计算和编程最简单的为等径圆形式（可利用程序循环功能），其余依次为同心圆、三角形和梯形形式；

（4）金属切除率最高、切削力分布最合理的为梯形形式；

（5）精车余量最均匀的为同心圆形式。

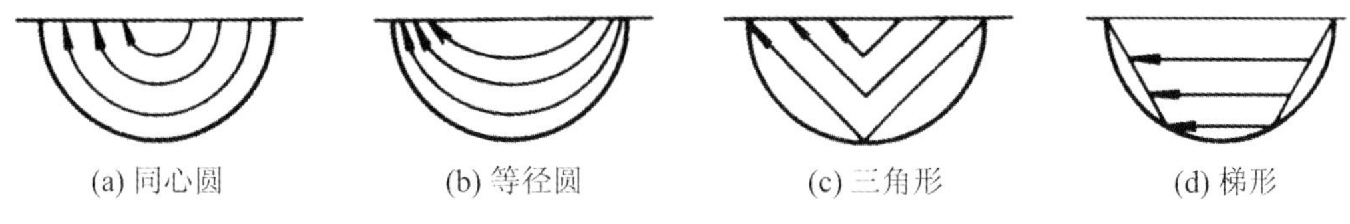

图 2.18　凹圆弧加工方法

二、圆弧顺逆的判断

（1）圆弧插补的顺逆方向判断原则：沿圆弧所在平面（XZ 平面）的垂直坐标轴的负方向看去，顺时针方向为 G02，逆时针方向为 G03，如图 2.19 所示。

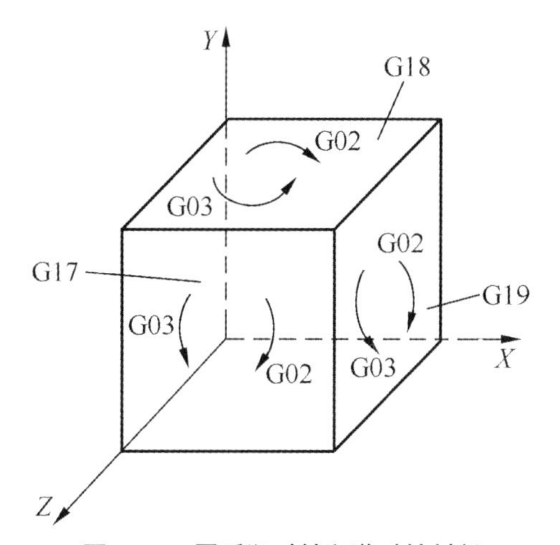

图 2.19　圆弧顺时针和逆时针判断

（2）根据刀架的位置判断圆弧插补的顺逆如图 2.20 所示。

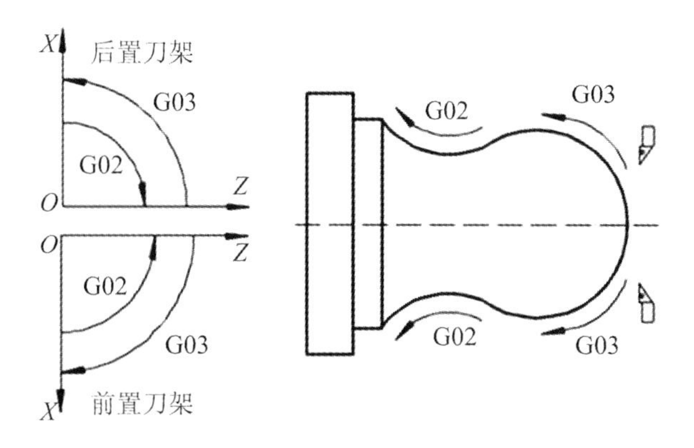

图 2.20　圆弧的顺逆方向与刀架位置的关系

三、圆弧插补指令 G02/G03

$$\begin{Bmatrix} G02 \\ G03 \end{Bmatrix} X\_Z\_ \begin{Bmatrix} I\_K\_ \\ R\_ \end{Bmatrix} F\_$$

1. 圆弧半径 R 编程法

顺时针圆弧插补指令:G02 X(U)_ Z(W)_ R_F_;

逆时针圆弧插补指令:G03 X(U)_ Z(W)_ R_ F_;

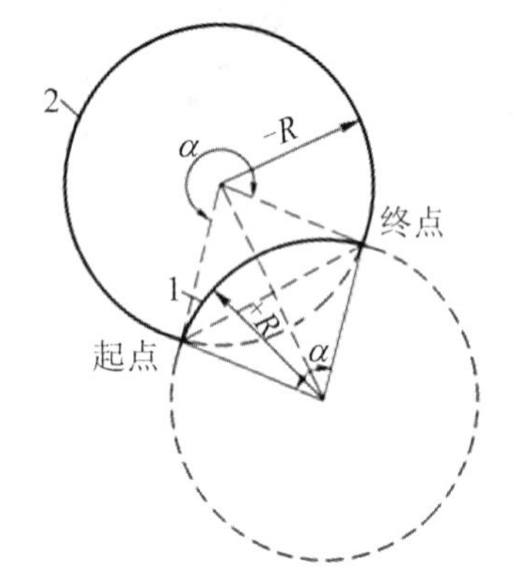

图 2.21 用 R 编程时±R 的判断

注意:

(1) 参数:X、Z 为绝对编程时,圆弧终点在工件坐标系中的坐标值;U、W 为增量编程时,圆弧终点相对于圆弧起点的位移量;*R* 为圆弧的半径;*F* 为进给速度。

(2) 当圆弧对应圆心角 $\alpha \leqslant 180°$时 *R* 取正值,当圆弧对应圆心角 $180° < \alpha < 360°$时 *R* 取负值,如图 2.21 所示。

(3) 半径编程方法,只能用于非整园编程,不适于整圆编程,整圆编程时需要用 I、K 编程法。

2. 说明

如果在数控车里面,圆弧圆心角 $\alpha \leqslant 180°$,同时 *R* 值我们是知道的,就不必用 I、K 方式编程,用 R 方式编程即可。

四、刀尖圆弧自动补偿功能

(一) 刀位点的概念

所谓刀位点是指编制程序和加工时,用于表示刀具特征的点,也是对刀和加工的基准点。如图 2.22 所示。

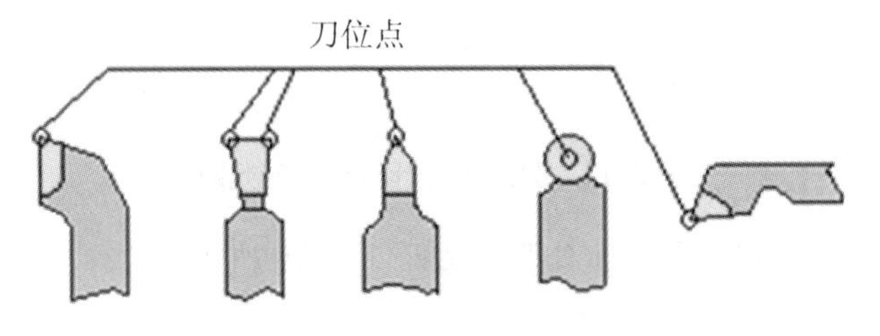

图 2.22 刀位点

(二) 刀尖圆弧半径补偿的概念

数控车床加工是以车刀理想刀尖为基准编写数控轨迹代码的,假想刀具刀尖沿着工件轮廓切削加工,一般将刀尖看做一个点来考虑,对刀时也希望能以理想刀尖来对刀。但实际加工中,为了降低被加工工件表面的粗糙度,减缓刀具磨损,提高刀具寿命,一般在车刀刀尖处磨成圆弧过渡刃,这样就产生了假想刀尖,如图 2.23 中 *A* 点所示。

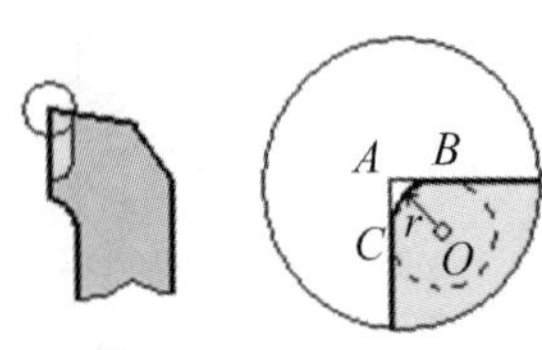

图 2.23 假想刀尖示意图

由于刀尖圆角的存在,*X* 向、*Z* 向对刀所获得的刀尖位置是一个假想刀尖。用假想的刀尖编制出的程序进行端面、外径、内径等与轴线平行或垂直的表面加工时,是不会产生误差的。但是在进行倒角、锥面及圆弧切削时,则会产生少切或过切现象,造成加工误差,影响尺寸精度,如图 2.24 所示。

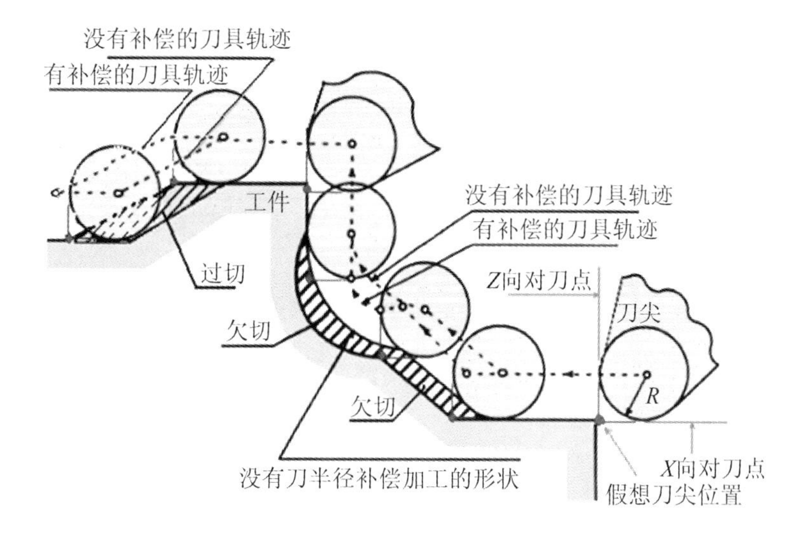

图 2.24　过切与少切

编程时若以圆弧中心编程,可以避免过切和少切现象,但刀位点计算比较麻烦,并且如果刀尖圆弧半径值发生变化时,程序也需要改变。因此,必须通过刀具半径补偿功能来补偿刀尖圆角带来的加工误差。现在,一般数控系统都有刀具半径自动补偿功能,编程时,只需按工件的实际轮廓尺寸编程即可,不必考虑刀尖圆弧半径的大小,加工时数控系统能根据刀尖圆弧半径自动计算出补偿量,避免少切或过切现象的产生。

需要注意的是,当加工轨迹到达圆弧或圆锥部位时并不马上执行所读入的程序段,而是再读入下一段程序,判断两段程序之间的转接情况,然后根据转接情况计算相应的运动轨迹。由于多读了一段程序进行预处理,故能进行精确的补偿,自动消除车刀存在刀尖圆弧带来的加工误差,从而提高加工精度。

(三) 刀尖圆弧半径补偿的类型及判断方法

根据刀具运动方向以及刀具与工件的相对位置,半径补偿指令可分为刀具半径左补偿指令 G41 和刀具半径右补偿指令 G42,取消刀具补偿用 G40 指令。

G41、G42 的选择与刀架位置、工件形状及刀具的类型有关。判断方法是在后置刀架坐标系里沿着刀具前进的方向看,刀具位于工件的左侧,补偿指令为 G41,刀具位于工件的右侧,补偿指令为 G42,取消刀具半径补偿指令为 G40,如图 2.25 所示。

(四) 假想刀尖方位号

假想车刀刀尖相对圆弧中心的方位与刀具移动方向有关,它直接影响圆弧车刀补偿计算结果。图 2.26 是圆弧车刀假想刀尖方位及代码。从图 2.26 可以看出,刀尖的方位有八种,分别用数字代码 1～8 表示,同时规定,刀尖取圆弧中心位置时,代码为 0 或 9,可以理解为没有圆弧补偿。

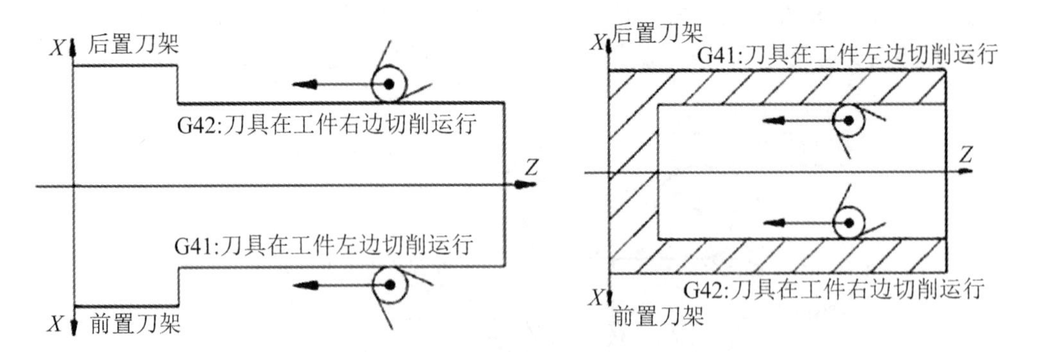

图 2.25　刀尖圆弧半径补偿类型判断

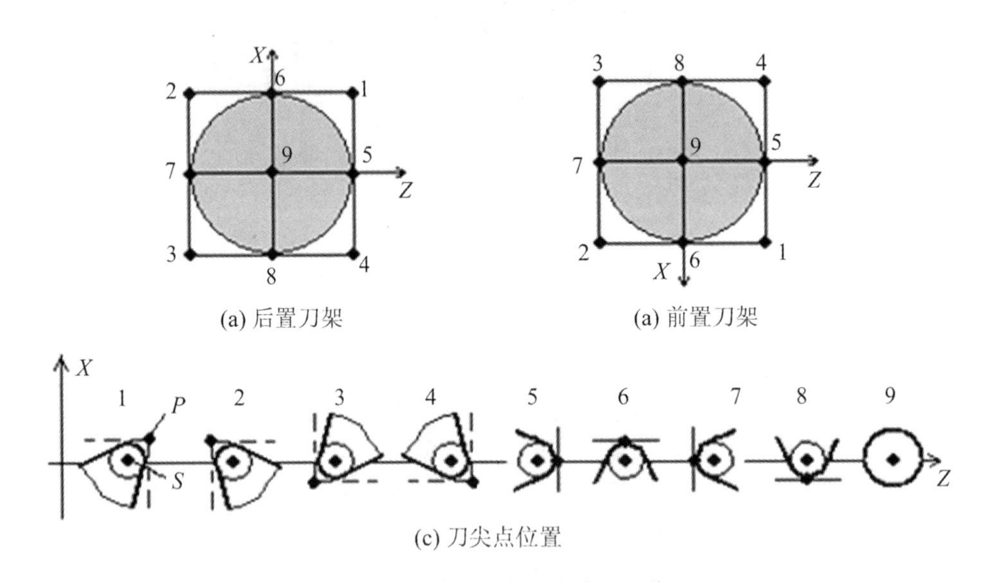

图 2.26　圆弧车刀假想刀尖方位及代码

（五）刀尖圆弧半径补偿过程

当系统执行到含 T 代码的程序指令时，仅仅是从中取得了刀具补偿的寄存器地址号（其中包括刀具几何位置补偿和刀具半径大小），此时并不会开始实施刀具半径补偿。只有在程序中遇到 G41、G42 指令时，才开始从刀库中提取数据并实施相应的刀径补偿。

（1）格式：G41/G42/G40　G01/G00 X(U)_Z(W)_，其中 X(U)、Z(W)为建立或撤销刀具半径补偿程序段中刀具移动的终点坐标。

（2）数控车床刀尖圆弧半径补偿功能的设置

刀尖圆弧半径补偿值可以通过刀具补偿设定界面设定，T 指令要与刀具补偿编号相对应，并且要输入刀尖位置序号，如图 2.27

工具补正　　O　　N

番号	X	Z	R	T
01	-194.767	-181.300	0.800	3
02	-195.977	-187.600	0.400	3
03	0.000	0.000	0.000	0
04	0.000	0.000	0.000	0
05	0.000	0.000	0.000	0
06	0.000	0.000	0.000	0
07	0.000	0.000	0.000	0
08	0.000	0.000	0.000	0

现在位置(相对座标)
U　-194.767　W　-187.600
> ^　　S 0　　T
JOG **** *** ***
[NO检索] [测量] [C.输入] [+输入] [输入]

图 2.27　刀尖圆弧半径补偿设置

所示。

在刀具补偿设定画面中，在刀具代码 T 中的补偿号对应的存储单元中，存放一组数据，除 X 轴、Z 轴的长度补偿值外，还有圆弧半径补偿值和假想刀尖位置序号(0～9)，操作时，可以将每一把刀具的 4 个数据分别输入刀具补偿号对应的存储单元中，即可实现自动补偿，图 2.27 所示的 01 号刀具的刀尖圆弧半径值为 0.8 mm，刀尖方位序号为 3。02 号刀具的刀尖圆弧半径值为 0.4 mm，刀尖方位序号为 3。

(3) 刀具补偿模式的过程

刀尖圆弧半径补偿的过程分为三步：即刀补的建立、刀补的进行和刀补的取消，如图 2.28所示。

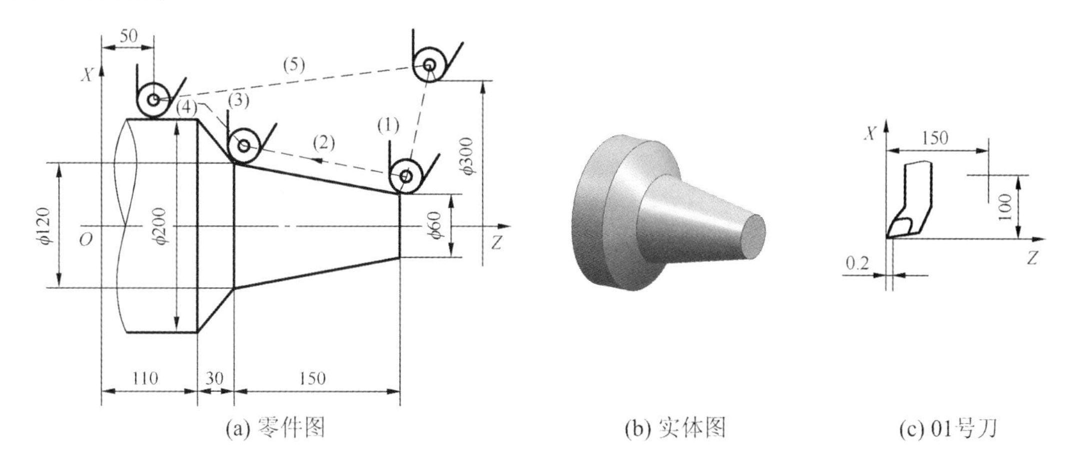

图 2.28　刀尖圆角半径补偿编程实例

刀具补偿数控加工程序编制举例：

……

N10　G00　X300.0　Z330.0　T0101；	调用 01 号刀和 1 号刀补，刀具快速定位
N15　G42　G00　X60.0　Z290.0；	刀补引入程序段
N20　G01　X120.0　W-150.0　F0.3；	圆锥外圆面车削
N25　X200.0　W-30.0；	锥形台阶车削
N30　Z50.0；	车削 ϕ200 外圆
N35　G40　G00　X300.0　Z330；	取消刀补

……

(六) 刀尖圆弧半径补偿的注意事项

(1) G40、G41、G42 都是模态指令，可相互注销。

(2) G40、G41、G42 只能用 G00、G01 结合编程，刀具半径补偿的建立和取消不应在 G02、G03 圆弧轨迹程序段上进行。

(3) 在编入 G40、G41、G42 的 G00 与 G01 前后的两个程序段中，X、Z 值至少有一个值变化，否则产生报警。

(4) 工件上有锥度、圆弧时，必须在精车锥度或圆弧的前一程序段建立半径补偿，一般在切入工件时的程序段建立半径补偿。

(5) 在调用新刀前，必须取消刀具补偿，否则产生报警。

(6) 必须在刀具补偿参数设定页面的刀尖圆弧半径处填入该把刀具的刀尖圆弧半径值,即 R0.8、R0.4 项,这时机床的数控装置会自动计算出应该移动的补偿量,作为刀尖圆弧半径补偿的依据。

(7) 必须在刀具补偿参数设定页面的假想刀尖方向处填入该把刀具的假想刀尖号码,如图 2.27 中的 T 项,作为刀尖圆弧半径补正之依据。

(8) 刀尖圆弧半径补偿 G41 或 G42 指令后,刀具路径必须是单向递增或单向递减。即指令 G42 后刀具路径如向 Z 轴负方向切削,不允许往 Z 轴正方向移动。即 Z 轴正方向移动前,必须用 G40 指令取消刀尖圆弧半径补偿。

(9) 在 MDI 方式下,不能进行刀尖 R 补偿。

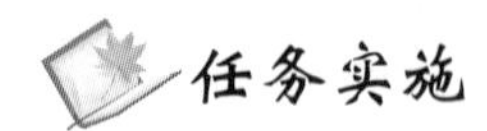

一、任务工艺分析

1. 零件图分析

如图 2.29 所示,该零件由三处外圆(ϕ34 mm、ϕ26 mm、ϕ16 mm)、两段倒圆(R4、R5)、一段倒角(C2)组成。经计算各基点的坐标从右到左依次为 A(12,0)、B(16,−2)、C(16,−15)、D(26,−20)、E(26,−31)、F(34,−35)、G(34,−45)。毛坯尺寸为 ϕ40 mm×100 mm,编程原点设置在工件右端面的中心。

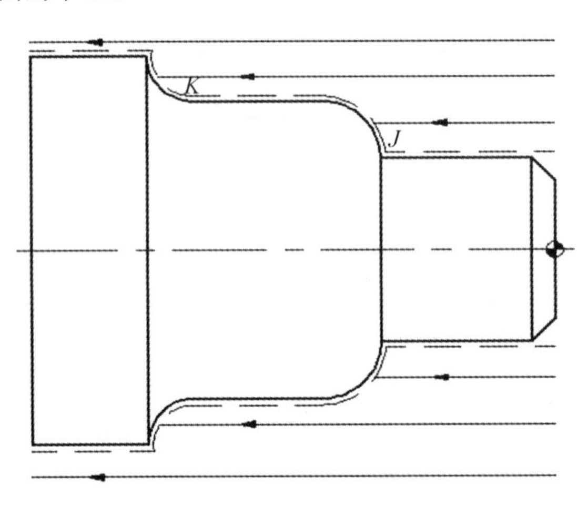

图 2.29 加工路线

2. 确定装夹方案

该零件为轴类零件,轴心线为工艺基准,加工外表面用三爪自定心卡盘夹持 ϕ34 mm 外圆一次装夹完成加工。

3. 确定加工顺序及加工路线

(1) 加工顺序:按先主后次,先粗后精,先外后内的加工原则确定加工路线。

① 装夹 ϕ34 mm 外圆、找正,手动车削端面;

② 粗加工 ϕ34 mm、ϕ26 mm、ϕ16 mm 外圆,留精加工余量 0.5 mm;

③ 精加工 R5、R10 圆弧面和 ϕ34 mm、ϕ26 mm、ϕ16 mm 外圆。

(2) 加工路线:加工路线如图 2.29 所示,经计算粗加工 J、K 节点坐标分别为(17.0,

—15.49)、(27.0,—31.0)。

4. 刀具及切削用参数选择

刀具数量及切削用参数选择如表2.3(工序卡)所示。其中,T01为45°端面车刀,T02为外圆粗、精车车刀,T03为切断刀。

表2.3　工序卡

步号	工步内容	刀具		切削用量		
		类型	材料	切削深度(mm)	主轴转速(r/min)	进给速度(mm/r)
1	车端面	T01	硬质合金	由余量确定	600	0.5
2	粗车外圆	T01	硬质合金	由余量确定	600	0.5
3	精加工	T02	硬质合金	0.5	1000	0.3
4	割断	T03	硬质合金		600	0.1

二、编制加工程序(毛坯尺寸 ϕ40 mm×100 mm)

```
O0002 ;
N10   G21  G40  G99  T0101;                    初始化
N20   G00  X100.0  Z100.0  M03  S600;          移至换刀点
N30   G00  X42.0   Z0;                         快速靠近工件
N40   G01  X-0.5             F0.5;             车端面
N50   G01  X35.0;                              粗车φ34外圆
N60   G01          Z-48.0;
N70   G01  X37.0;
N80   G00          Z0;
N90   G01  X27.0;                              粗车φ26外圆
N100  G01          Z-31.0;
N110  G01  X35.0;
N120  G00          Z0;
N130  G01  X17.0;                              粗车φ16外圆
N140  G01          Z-14.5;
N150  G01  X27.0;
N160  G00  X100.0  Z100.0;                     移至换刀点
N170  T0202;                                   换精车刀
N180  M03  S1000;
N190  G00  X12.0   Z2.0;
N200  G01  X16.0   Z-2.0   F0.5;               倒角
N210  G01          Z-15.0;                     精车φ16外圆
N220  G03  X26.0   Z-21.0  R5. 0;
N230  G01          Z-31.0;                     精车φ26外圆
```

```
N240  G02  X34.0   Z-34.0  R4.0;          精车ϕ34外圆
N250  G01  Z-48.0
N260  G01  X35.0;
N270  G00  X100.0  Z100.0;
N280  T0303;                              换切断刀
N290  M03  S600;
N300  G00  X37.0  Z-48.0;
N310  G01  X-0.5  F0.1;                   切断工件
N320  G00  X50.0;
N330  G00  Z50.0;
N340  M05;
N350  M30;
```

三、仿真加工

使用数控加工仿真软件对加工程序进行检验，正确进行数控加工仿真的操作，完成零件的仿真加工。

四、车间实际加工

通过仿真加工，确定零件程序的正确性后，在实训车间对该零件进行实际操作加工。其具体步骤如下：

（1）零件的夹紧。零件的夹紧操作要注意夹紧力与装夹部位，是毛坯时夹紧力可大些；是已加工表面，夹紧力就不可过大，以防止夹伤零件表面，还可用铜皮包住表面进行装夹；有台阶的零件尽量让台阶靠着卡爪端面装夹；带孔的薄壁件需用专用夹具装夹，以防止变形。

（2）刀具的装夹。刀尖高度与工件的回转中心线等高，刀尖伸出长度约为刀具厚度的1.5倍。

（3）通过机床面板手动输入加工程序或通过存储设备导入加工程序。

（4）机床程序检验和调试。

（5）单段运行或自动运行程序，完成零件加工。

任务评价

（1）利用游标卡尺、外径千分尺、内径千分尺、表面粗糙度工艺样板等量具测量工件，学生对自己加工的零件进行检测，包括尺寸精度的检测和零件加工质量的检测。

（2）利用圆弧规检测圆弧。半径规也称半径样板或R规，是一种测量精度要求不高的圆弧的常用量具。测量范围有1～6.5 mm、7～14.5 mm、5～15 mm三种。根据初估被测圆弧半径大小，将半径规上标有相应半径值的样板与被测圆弧采用光隙法进行比较。

序号	能　力　点	掌握情况	序号	能　力　点	掌握情况
1	安全操作		4	对刀操作过程	
2	回零与手动操作能力		5	程序运行	
3	MDI方式操作能力		6	零件检测	

知识拓展

圆弧顺时针插补：G02 X(U)_ Z(W)_ I_ K_ F_；

圆弧逆时针插补：G03 X(U)_ Z(W)_ I_K_ F_；

（一）注意

（1）参数：I、K 表示圆弧圆心相对于圆弧起点在 *X*、*Z* 方向的坐标增量，它们是增量值，并带有正负情况，即圆心的坐标值减去圆弧起点的坐标值，在绝对、增量编程时都是以增量方式指定，如图 2.30 所示。当 I0 和 K0 时可以省略。

（2）*I*、*K* 方向是从圆弧起点指向圆心，其正负取决于该方向与坐标轴 *X*、*Z* 方向的异同，相同为正，反之为负。如图 2.31 所示。

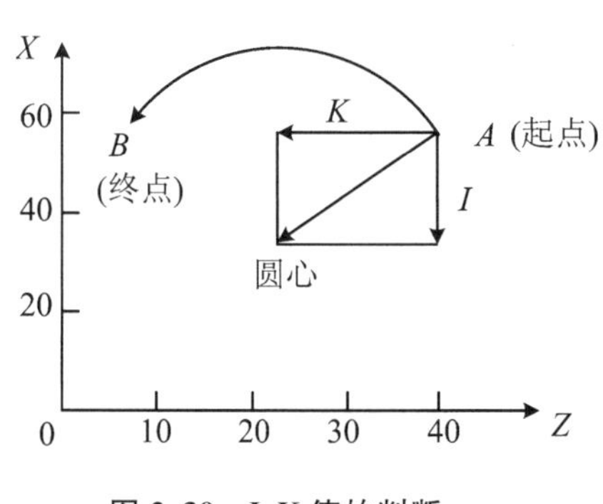

图 2.30　I、K 值的判断

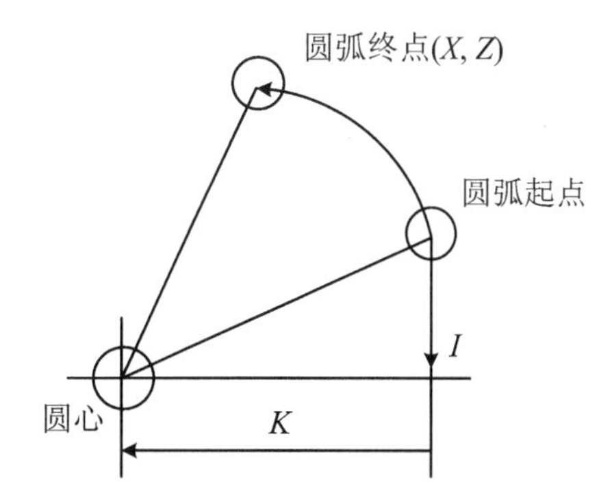

图 2.31　圆弧起点与矢量方向

（3）若在程序中同时出现 I、K 和 R 时，以 R 为优先，I、K 无效，即以半径 R 方式编程。

（4）I、K 这种编程方法适用于任何圆弧。

（二）指令应用举例

（1）如图 2.32，编写圆弧部分数控加工程序。

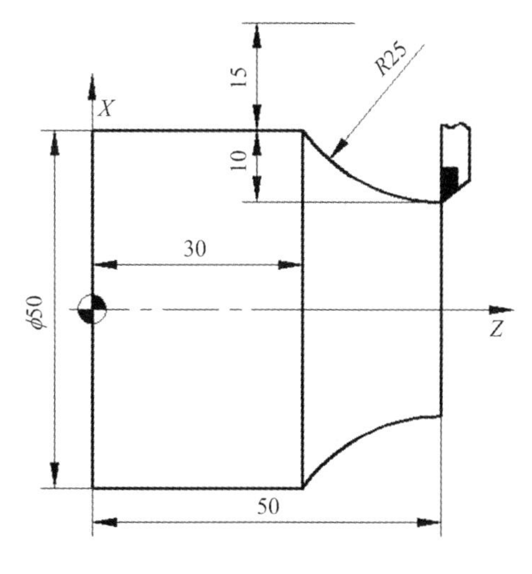

图 2.32　编程举例

用 R 编程： G03 X50.0 Z-20.0 R25.0；

用 I、K 编程：G03 X50.0 Z-20.0 I25.0 K0；

思考与练习

1. 简述圆弧加工的方法有哪些。

2. 简述刀具半径补偿过程。

3. 数控编程指令 G02 和 G03 格式是什么？有什么异同点？

4. 如图 2.33 所示，毛坯为 ϕ50 mm 的棒料，材料为 45＃钢，要求完成零件的数控程序编制与加工。

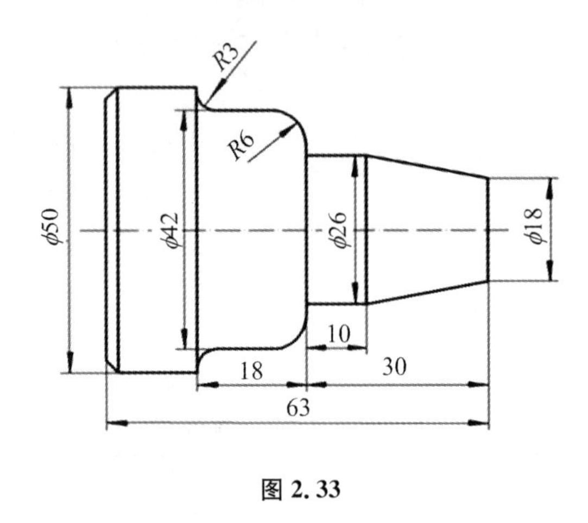

图 2.33

任务三 螺纹轴类零件

任务目标

(1) 掌握的结构特点、加工工艺特点和工艺性能，正确分析螺纹轴类零件的加工工艺；

(2) 掌握数控系统的 G32 和 G92 等螺纹加工指令的编程格式及应用；

(3) 能正确选择设备、刀具、夹具与切削用量加工螺纹轴零件；

(4) 掌握带螺纹轴零件的工艺编制和手工编制方法。

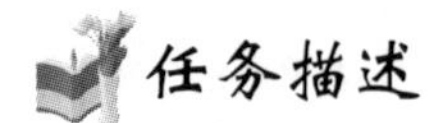

任务描述

如图 2.34 所示的螺纹零件，已知材料为 45＃钢，毛坯尺寸为 ϕ40 mm×60 mm。要求分析零件的加工工艺，编写零件的数控加工程序，并通过仿真调试优化程序，最后进行零件的加工检验。

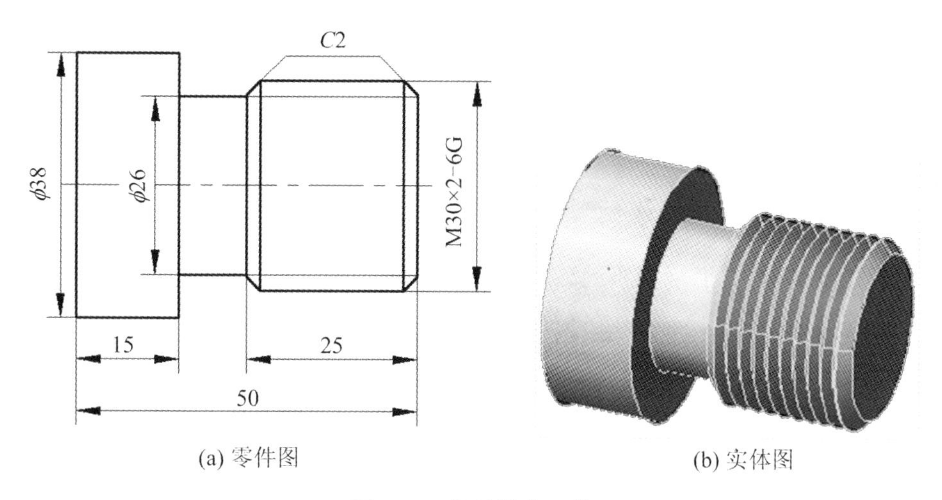

(a) 零件图　　(b) 实体图

图 2.34　螺纹轴类零件

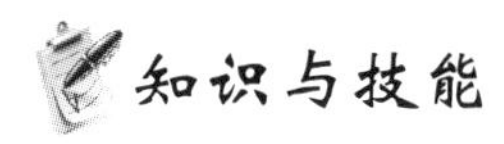

知识与技能

一、螺纹的加工方法

（一）低速车削普通螺纹

主要有直进法、左右切削法和斜进法三种加工方法，如图 2.35 所示。

1. 直进法

加工过程中，刀具只朝 X 方向进给，在几次行程后，把螺纹加工到所需尺寸和表面粗糙度，如图 2.35(a)所示。

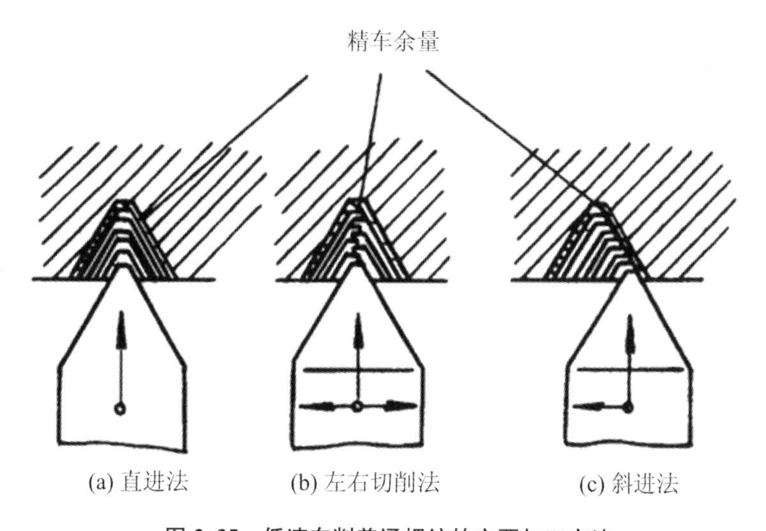

(a) 直进法　　(b) 左右切削法　　(c) 斜进法

图 2.35　低速车削普通螺纹的主要加工方法

2. 左右切削法

加工过程中，刀具除了朝 X 方向进行切削外，同时还进行了 Z 方向左右的微量进给，经过几次切削后，把螺纹加工到尺寸，如图 2.35(b)所示。

3. 斜进法

当螺距较大，螺纹槽较深，切削余量较大时，粗车为了加工方便，刀具除了朝 X 方向进行切削外，同时还进行了 Z 方向一个方向的微量进给，经过几次切削后，把螺纹加工到尺寸，如图 2.35(c)所示。

（二）高速车削普通外螺纹

高速车削螺纹时，只能采用直进法对螺纹进行加工，否则会影响螺纹精度。

二、常用螺纹切削的进给次数与背吃刀量

螺纹的牙型高度是指在螺纹的牙型上，牙顶到牙底的垂直于螺纹的轴线的距离，是车刀的总的切入深度。螺纹切削加工过程是一个挤压、塑性变形、断裂的过程，加工外螺纹时直径会变大，加工内螺纹时直径会变小。所以对于三角形普通螺纹，其牙型高度可按下式计算：

$$h = 0.6495P$$

式中，P 为螺距。

由于螺纹牙型较深，加工时不能一次切削完成，所以在螺纹加工过程中，可分数次进给，每次进给的背吃刀量用螺纹深度减精加工背吃刀量所得的差按递减规律分配，如表 2.4 所示。

表 2.4　公制螺纹　　单位：mm

螺　　距		1.0	1.5	2	2.5	3	3.5	4
牙深(半径量)		0.649	0.974	1.299	1.624	1.949	2.273	2.598
切削次数和每次切削深度(直径量)	1 次	0.7	0.8	0.9	1.0	1.2	1.5	1.5
	2 次	0.4	0.6	0.6	0.7	0.7	0.7	0.8
	3 次	0.2	0.4	0.6	0.6	0.6	0.6	0.6
	4 次		0.16	0.4	0.4	0.4	0.6	0.6
	5 次			0.1	0.4	0.4	0.4	0.4
	6 次				0.15	0.4	0.4	0.4
	7 次					0.2	0.2	0.4
	8 次						0.15	0.3
	9 次							0.2

三、加工螺纹时应注意的工艺问题

(1) 加工螺纹时，主轴功能应使用恒转速(G97)。螺纹不能一次加工到尺寸 d，直径“X”是变化的，加工外螺纹时“X”逐渐变小、加工内螺纹时“X”逐渐变大，此时，若使用 G96 恒线速度，随着直径的变化，为保证恒线速度，转速会发生变化，从而发生乱扣。

(2) 加工螺纹时,应限制主轴转速。由于螺距一定,随着转速的增大,进给速度($V_f=nf$)会随之增大,相应的惯性也会增大,若数控系统加减速性能较差,就会产生较大的误差,因此对经济型数控车床,加工螺纹时,转速一般取值为:$n\times P\leqslant 3500\sim4000$,其中 n 为主轴转速,P 为螺纹的螺距,通常 $n=1200/P-80$。

(3) 系统若无"退尾"功能,螺纹加工前,应先加工出退刀槽,"退尾"功能的作用是在加工到终点前,刀具沿 45°方向退出。加工退刀槽的目的是保证切屑能够及时落下,防止堆积,产生过大的抗力造成崩刀。

(4) 切削螺纹时,刀具应该有足够的引入、引出长度 δ_1、δ_2。数控伺服系统本身有"滞后性",在螺纹加工的"起始段"和"结束段"会出现螺距不规则现象,故应有引入、引出长度。计算公式如下:

$$\delta_1=n\times p/400,\quad \delta_2=n\times p/1800$$

通常

$$\delta_1=2\sim5\ \text{mm},\quad \delta_2=1\sim2\ \text{mm}$$

四、G32 单行程螺纹插补指令

(一) 指令格式

格式:G32　X(U)_ Z(W)_ F_　;

其中,F 为公制螺纹导程,单位是 mm;X(U)、Z(W)为螺纹终点的绝对或相对坐标,X(U)省略时为圆柱螺纹切削,Z(W)省略时为端面螺纹切削,X(U)、Z(W)都编入时可加工圆锥螺纹。

该指令的运动轨迹如图 2.36 所示。

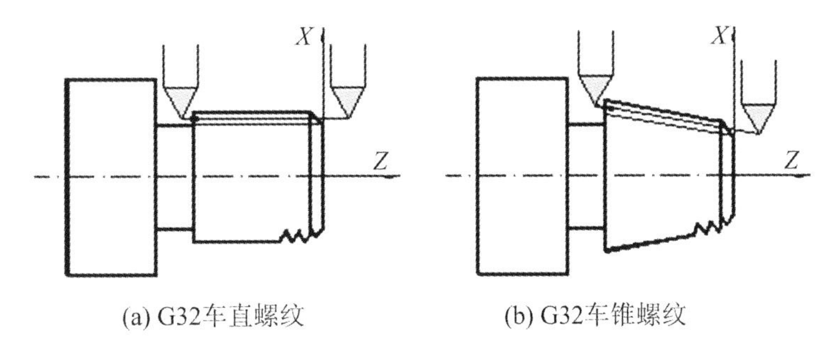

(a) G32车直螺纹　(b) G32车锥螺纹

图 2.36　G32 螺纹指令的加工运动轨迹

(二) 指令应用说明

(1) 主轴转速不应过高,尤其是大导程螺纹,过高的转速使进给速度太快而引起不正常,最高转速一般可取:$n\leqslant1200/P-80$。

(2) 为了能在伺服电机正常运转的情况下切削螺纹,螺纹切削应注意在两端设置足够的升速进刀段 δ_1 和降速退刀段 δ_2,即在 Z 轴方向有足够的切入、切出的空刀量,如图 2.37 所示。切入与切出的空刀量通常可取:$\delta_1\geqslant2P$;$\delta_2\geqslant0.5P$。

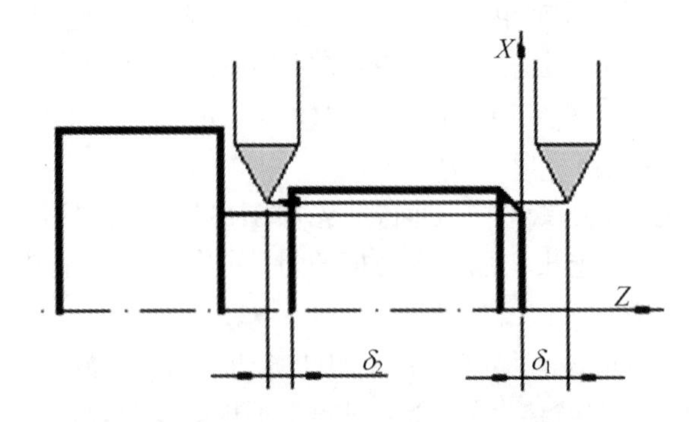

图 2.37 切螺纹的升速进刀段和降速退刀段

(三) G32 指令应用举例

如图 2.38,用 G32 加工 M20×1.5 圆柱螺纹(为减少程序段数量,假设分两次走刀)。

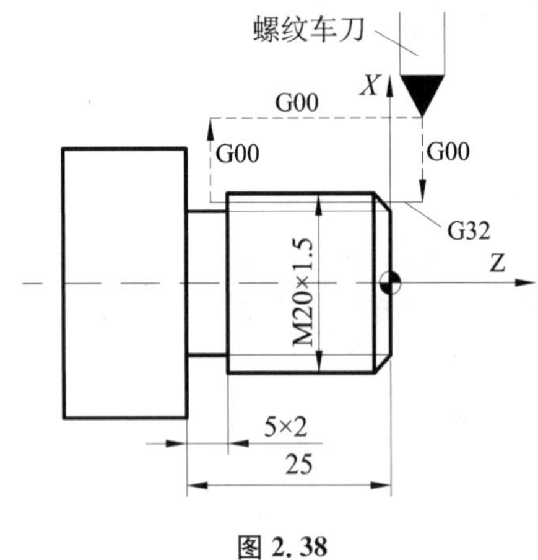

图 2.38

数控编程如下:

```
……
G00    X28.0    Z3.0;
G01    X18.5;
G32             Z-22.0   F1.5;
G00    X28.0;
G00             Z3.0;
G00    X18.2;
G32             Z-22.0   F1.5;
G00    X28.0;
G00             Z3.0;
……
```

五、G92 螺纹切削单一固定循环指令

（一）指令格式

格式:G92　X(U)_ Z(W)_ F_ R_;

其中,X(U)、Z(W)为螺纹终点坐标值;F 为螺纹导程;R 为螺纹切削路线的半径差。

（二）指令应用说明

G32 指令是一个单一进给指令,即指令结束后。刀尖停在 G32 指定的坐标值不返回。这显然不符合常规的加工工艺。因此相比较 G32 而言,G92 指令具有下列优势:

(1) G92 为模态指令,具有自保性。

(2) G92 指令实际上是把“快速进刀—螺纹切削—快速退刀—返回起点”四个动作作为一个循环。

(3) 它在螺纹切削结束时有退尾倒角功能,如图 2.39 所示,倒角长度根据所指定的参数在 0.1～12.7 L 的范围里设置。

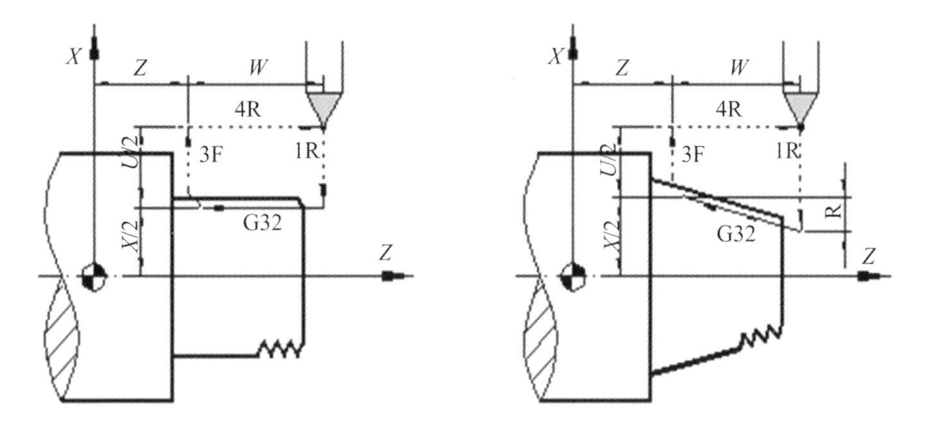

图 2.39　G92 螺纹切削指令的进刀路线

(4) 圆锥螺纹循环与圆柱螺纹循环过程基本相同,R 指定的数值可正可负,其正负号的判断方法如图 2.40 所示。

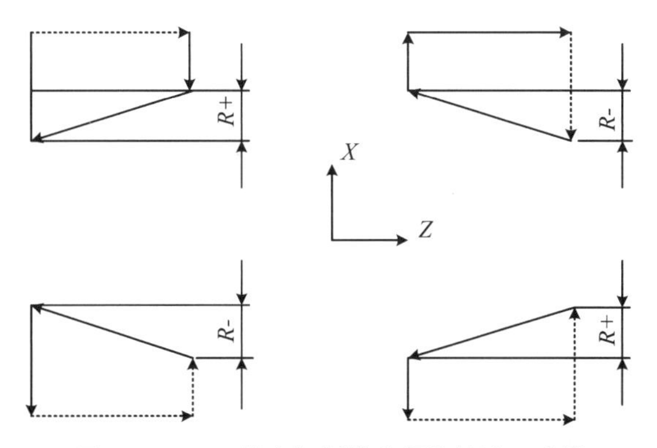

图 2.40　G92 指令切削锥度螺纹的进刀路线

(三) G92 指令应用举例

举例1:如图2.41所示,用G92加工M20×1.5圆柱螺纹(为减少程序段数量,假设分两次走刀)。

数控编程如下:

```
……
G00    X28.0    Z3.0;
G92    X19.2    Z-23.0    F1.5;
       X18.6;
       X18.2;
       X18.04;
……
```

举例2:如图2.42所示,用G92加工M20×1.5圆锥螺纹(为减少程序段数量,假设分两次走刀)。

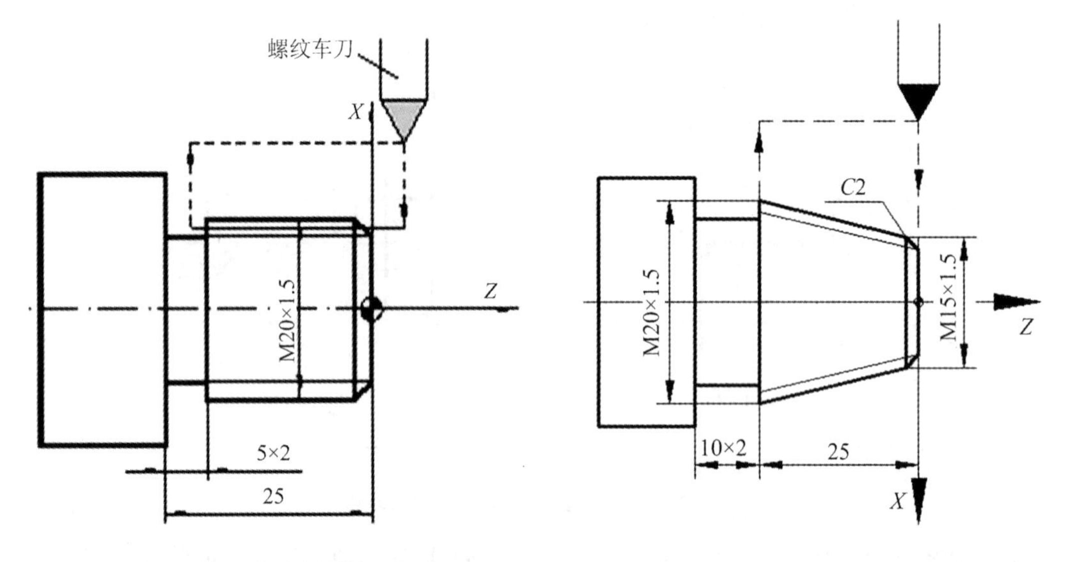

图2.41　G92指令切削普通螺纹

图2.42　G92指令切削锥度螺纹

数控编程如下:

```
……
G00    X28.0    Z2.0;
G92    X19.2    Z-22.0    R-3.0    F1.5;
       X18.6;
       X18.2;
       X18.04;
……
```

(四) 螺纹切削单一固定循环(G92)使用注意事项

(1) 在螺纹切削期间,按下进给保持时,刀具将在完成一个螺纹切削循环后再进入进给保持状态。

(2) 如果在单段方式下执行 G92 循环，则每执行一次循环必须按四次循环起动按钮。

(3) G92 指令是模态指令，当 Z 轴移动量没有变化时，只需对 X 轴指定移动指令即可重复固定循环。

(4) 执行 G92 循环，在螺纹切削的收尾处，沿接近 45°的方向斜向退刀，退刀 Z 向距离。

(5) 在 G92 指令执行期间，进给速度倍率、主轴速度倍率均无效。

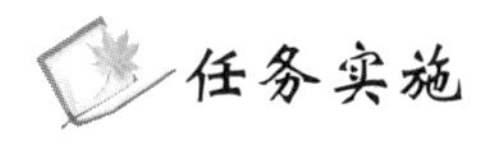

一、任务工艺分析

(一) 零件图分析

如图 2.34 所示，该任务零件由外圆、倒角、槽、螺纹等表面组成。其中外圆、倒角、槽需要先加工好，然后用 G92 循环指令加工 M30×2-6G 螺纹。

(二) 确定装夹方案

该工件采用三爪自定心卡盘装夹定位，零件将一次装夹完成，编程原点设置在工件前端面的中心处，螺纹的车削将采用单行程螺纹切削指令加以完成。

(三) 确定加工顺序及加工路线

加工顺序：按先主后次，先粗后精，先外后内的加工原则确定加工路线。先由粗到精加工 M30×2 零件外轮廓；然后加工螺纹的退刀槽；最后进行螺纹的切削加工。

(四) 刀具及切削用参数选择

刀具及切削用参数选择如表 2.5 所示。

表 2.5　加工工艺参数

工步号	工 步 内 容	刀　具	切 削 用 量		
			切削深度(mm)	主轴转速(r/min)	进给速度(mm/r)
1	粗加工零件外形尺寸至要求	T01	1.5	600	0.25
2	精加工	T02	0.5	800	0.08
3	退刀槽、切断加工	T03(刀宽 5 mm)	5	600	0.25(光整)
4	螺纹加工	T04	0.7～1.2	800	

二、编制加工程序

数控加工程序编制如下：

```
O0003 ;
N10    M03    S600    M08    T0101;
```

```
N20   G00   X38.5   Z2.0;
N30   G01           Z-55.0   F0.25;
N40   G01   X40.0;
N50   G00   X100.0  Z100.0;             移至换刀点
N60   S800  T0202;                      换精车刀
N70   G00   X38.0   Z2.0;
N80   G01           Z-53.0   F0.08;
N90   G01   X40.0;
N100  G00   X100.0  Z100.0;
N110  S600  T0303;                      换切槽刀
N120  G00   X30.0   Z-30.0;             切槽
N130  G01   X20.0;
N140  G01   X30.0;
N150  G01           Z-33.0;
N160  G01   X20.0;
N170  G01   X30.0;
N180  G01           Z-35.0;
N190  G01   X20.0;
N200  G01           Z-25.0   F0.25;
N210  G01   X30.0;
N220  G00   X100.0  Z100.0;
N230  T0404;                            换螺纹车刀
N250  G00   X28.0   Z3.0;
N260  S600;
N270  G92   X19.2   Z-23.0   F1.5;      切螺纹
            X18.6;
            X18.2;
            X18.04;
N280  G00   X100.0  Z100.0;
N290  T0303;                            换切槽刀
N300  G00   X40.0   Z-55.0;
N310  G01   X-0.5   F0.25;              切断工件
N320  G01   X40.0;
N330  G00   X100.0  Z100.0;
N340  M05   M09;
N350  M30;
```

三、仿真加工

使用数控加工仿真软件对加工程序进行检验，正确进行数控加工仿真的操作，完成零件的仿真加工。

四、车间实际加工

通过仿真加工后，确定零件程序的正确性后，在实训车间对该零件进行实际操作加工。

任务评价

(1) 利用游标卡尺、外径千分尺、内径千分尺、表面粗糙度工艺样板等量具测量工件，学生对自己加工的零件进行检测，包括尺寸精度的检测和零件加工质量的检测。

(2) 教师对学生加工零件进行检测，并做出点评。

序号	能　力　点	掌握情况	序号	能　力　点	掌握情况
1	安全操作		4	对刀操作过程	
2	回零与手动操作能力		5	程序运行	
3	MDI 方式操作能力		6	零件检测	

知识拓展

一、螺纹切削复合循环指令 G76

当螺纹的螺距较大、牙型较深时，直进法螺纹会由于刀具两边切削产生较大切削抗力，也因此会引起工件振动，影响加工精度和表面粗糙度。而且由于所需刀具较多，用 G32 或 G92 编程的程序冗长，编程效率较低，这时我们可以采用 G76 指令进行螺纹加工。

G76 指令既可以用于内螺纹的加工，也可以用于外螺纹的加工。既可以用于单线螺纹加工，也可以用于多线螺纹的加工。既可以用于直螺纹加工，也可以用于锥螺纹的加工。既可用于三角螺纹加工，也可以用于梯形螺纹的加工。

(一) G76 螺纹切削复合循环轨迹

由图 2.43 可知，根据前“螺纹的加工方法”所述可知，加工螺距较大、牙型较深的螺纹，以斜进法分层切削螺纹更适合。G76 指令进行螺纹加工路线如图 2.44 所示。

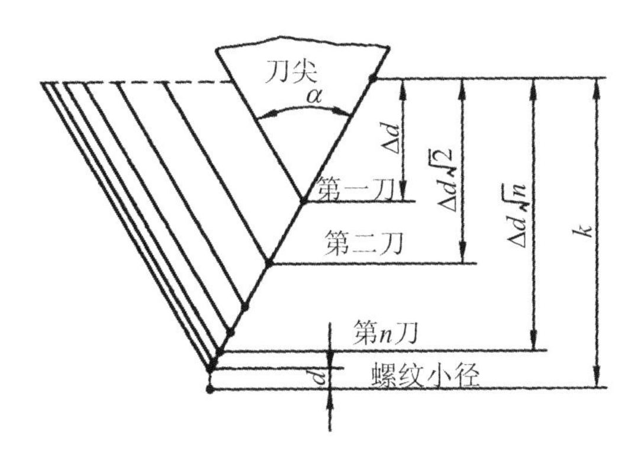

图 2.43　斜进法分层切削螺纹

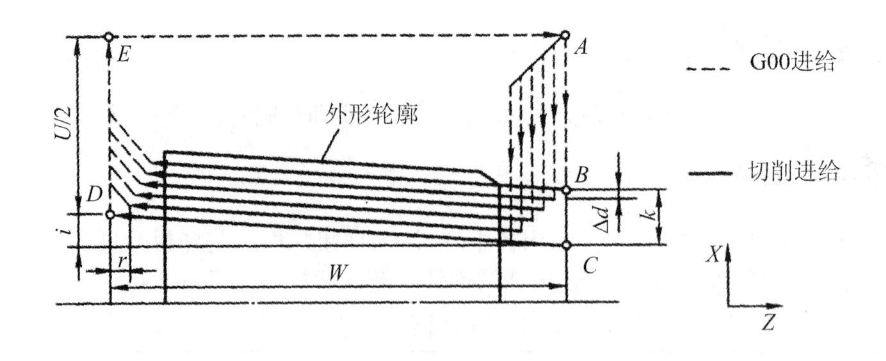

图 2.44　G76 指令螺纹加工路线

（二）螺纹切削复合循环指令 G76 的格式

螺纹切削复合循环 G76 指令通过多次螺纹粗车、螺纹精车完成规定牙高（总切深）的螺纹加工，如果定义的螺纹角度不为 0°，螺纹粗车的切入点由螺纹牙顶逐步移至螺纹牙底，使得相邻两牙螺纹的夹角为规定的螺纹角度。G76 指令可加工带螺纹退尾的直螺纹和锥螺纹，可实现单侧刀刃螺纹切削，吃刀量逐渐减少，有利于保护刀具、提高螺纹精度。

1. 指令格式

G76　P（m）（r）（α）　Q（Δdmin）　R（d）；

G76　X（U）　Z（W）　R（i）　P（k）　Q（Δd）　F；

其中：m：精加工重复次数 01～99；

r：倒角量，即螺纹切削收尾处斜 45°的 Z 向退刀量，设定范围 01～99，单位为 0.1P（P 为导程）。

α：刀尖角度（螺纹牙型角），可选择 80°、60°、55°、30°、29°、0°；

Δdmin：最小切深，该值用不带小数点半径值表示，单位 μm；

d：精加工余量，该值用小数点半径值表示；

X（U）、Z（W）：螺纹切削终点处的坐标；

i：螺纹半径差，方向与 G92 的 R 相同，如果 $i=0$，则进行直螺纹切削；

k：螺牙高度，该值用不带小数点半径值表示；

Δd：第一刀切削深度，该值用不带小数点半径值表示，单位 μm；

F：导程，如果是单线螺纹，则该值为螺距。

2. G76 指令应用举例

举例 1：用 G76 指令加工图 2.45 所示 M20×1.5 普通三角外螺纹，并写出程序段。

编写程序段如下：

```
……
G00 X26 Z4;
G76 P010060 Q100 R0.05;
G76 X18.04  Z-27.0  P974 Q400 F1.5;
……
```

举例 2：用 G76 指令加工图 2.46 所示 M(20－15)×1.5 锥度螺纹，并写出程序段。

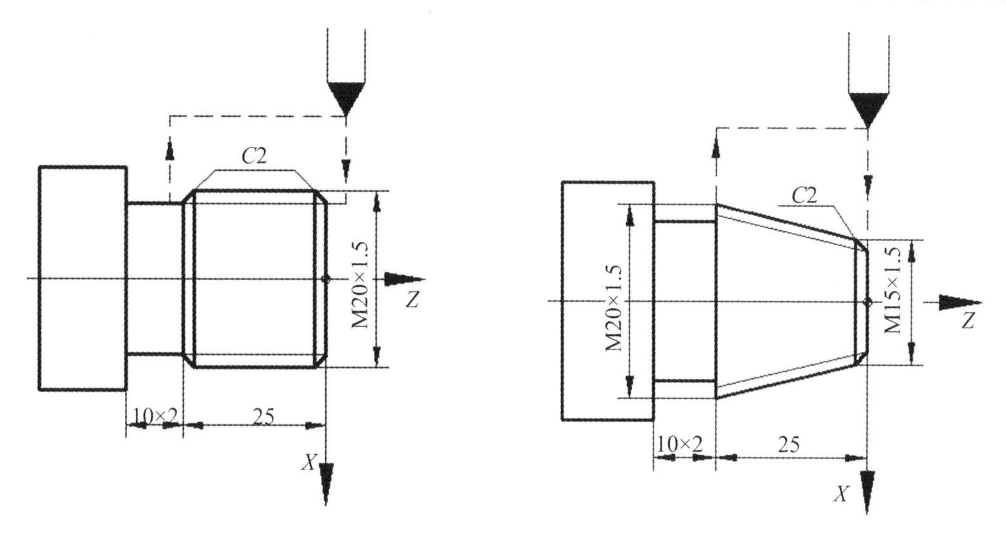

图 2.45　运用 G76 指令加工 M20×1.5 普通螺纹　　**图 2.46　G76 指令加工 M(20−15)×1.5 锥度螺纹**

编写程序段如下：

```
……
G00 X26 Z4
G76 P010060 Q100 R0.05 ;
G76 X18.04  Z-27.0 R-0.75 P974 Q400 F1.5;
……
```

二、内螺纹零件加工

如图 2.47 所示的零件，毛坯为 ϕ62 mm×30 mm 棒料，左右端面和外圆已加工，材料为 45＃钢。要求分析零件的加工工艺，编写零件的数控加工程序，并通过仿真调试优化程序，最后进行零件的加工检验。

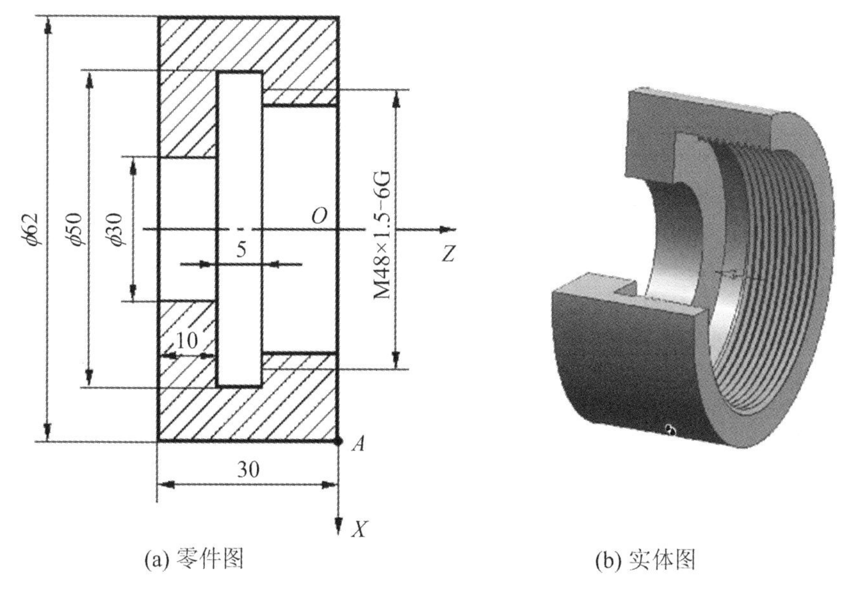

(a) 零件图　　(b) 实体图

图 2.47　内螺纹加工

（一）任务工艺分析

1. 零件图分析

图 2.47 所示零件由孔、内槽和内螺纹组成。

2. 确定装夹方案

该零件为典型的车床加工零件，轴心线及右端面为工艺基准，用三爪及工件右端面定位工件，用三爪自定心卡盘夹持外圆，一次装夹完成所有加工。

3. 加工工艺路线设计

（1）手动钻中心孔及 ϕ30 mm 孔；

（2）粗加工螺纹底孔；

（3）切螺纹退刀槽；

（4）精加工螺纹底孔；

（5）车螺纹。

4. 刀具选择

根据加工要求，选用 6 把刀具，T01 为盲孔车刀，粗加工 M48×1.5-6G 螺纹底孔；T02 为精加工 M48×1.5-6G 螺纹底孔用盲孔车刀；T03 为内槽车刀，刀宽为 5 mm；T04 为 60°内螺纹车刀；T05 为中心钻，钻中心孔；T06 为 ϕ30 mm 的钻头。

（二）程序编制

1. 数值计算

螺纹大径（螺纹底径）：$D_{大}=D_{底}=d=48$ mm。

车内螺纹前的孔径，毛坯材料为 45＃钢，为塑性金属，故 $D_{孔}=d-P=48-1.5=46.5$ mm。

2. 编制程序

工件原点设在零件的右端面，程序如下：

```
O0003;
N10  M03  S600  T0101;                 换粗加工用盲孔车刀
N20  G00  X80.0  Z65.0;                设置换刀点
N30  M08;                              冷却液开
N40  G00  X32.0  Z2.0;
N50  G90  X34.0  Z-18.0  F0.08;        粗加工 M48×1.5-6G 螺纹底孔
N60  X36.0;
N70  X38.0;
N80  X40.0;
N90  X42.0;
N100  X44.0;
N110  X46.0;
N120  G00  X80.0  Z65.0;               回换刀点
N130  T0303                            换内槽车刀
N140  G00  X28.0  Z2.0  S400;
```

```
N150  Z-20.0;
N160  G01  X50.0  F0.05;              切螺纹退刀槽
N170  G00  X28.0;                     退刀
N180  Z2.0;
N190  X80.0  Z65.0;                   回换刀点
N200  T0202;                          换精加工用盲孔车刀
N210  G00  X46.5  Z2.0  S800;
N220  G90  X46.5  Z-16.0  F0.05;      精加工 M48×1.5-6G 螺纹底孔
N230  G00  X80.0  Z65.0;              回换刀点
N240  T0404;                          换内螺纹车刀
N250  G00  X45.0  Z3.0  S200;
N260  G92  X47.1  Z-16.5  F1.5;       车削内螺纹
N270  X47.8  Z-16.5  F1.5;
N280  X48.0  Z-16.5  F1.5;
N290  X48.0;                          光整加工一次
N300  G00  X80.0  Z65.0;              回换刀点
N310  M09  M05;
N320  M30;
```

思考与练习

1. 简述螺纹加工的方法有哪些。

2. 简述螺纹加工切削用量选取方法。

3. 数控编程指令 G32 和 G92 格式是什么？有什么异同点？

4. 如图 2.48 所示螺纹零件，毛坯为 ϕ30 mm 的棒料，材料为 45＃钢，要求完成零件的数控程序编制与加工。

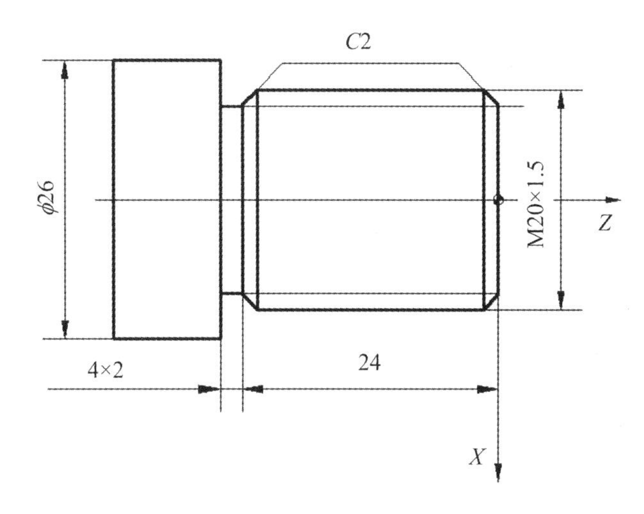

图 2.48　螺纹的加工

注意：(1) 螺纹加工完抽退刀距离不要超过提前加工完成的退刀槽宽度；

(2) 螺纹加工之前应先完成外圆及倒角加工；

(3) 分别用 G92 和 G32 完成上述的螺纹加工操作。

任务四 轴类综合零件

任务目标

(1) 掌握锥度轴零件的结构特点和工艺性能的综合分析方法，正确分析锥度轴零件的技术要求；

(2) 掌握数控系统的 G71、G72、G70 等粗、精复合循环指令的编程格式及应用；

(3) 能正确选择设备、刀具、夹具与切削用量加工锥度轴零件；

(4) 掌握锥度轴零件的工艺编制和手工编制方法。

任务描述

锥度轴类零件的总体特点就是零件沿着一个坐标轴(一般都是向 Z 轴负方向)方向看去，零件在另一个坐标轴(X 轴)上的外形坐标值都是逐渐增大或减小的。即沿着 Z 轴负方向看零件的 X 值总是在增大或减小的。如图 2.49 所示的圆弧和锥度的阶梯轴零件，已知材料为 45 钢，毛坯尺寸为 ϕ52 mm×100 mm，要求分析零件的加工工艺，编写零件的数控加工程序，并通过仿真调试优化程序，最后进行零件的加工检验。

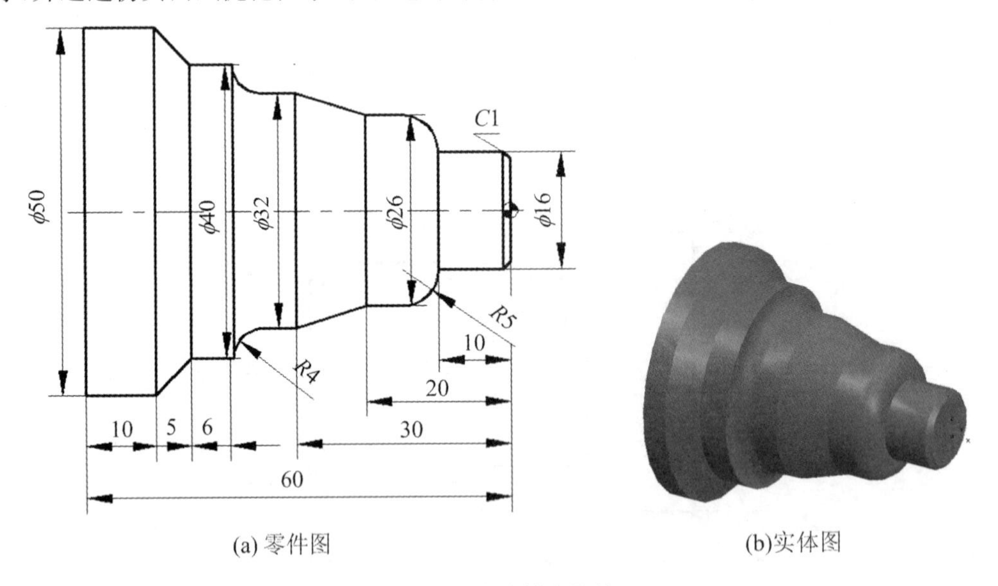

(a) 零件图　　(b)实体图

图 2.49　锥度轴类零件

知识与技能

使用 G01、G02 和 G03 编制程序时，对于零件结构比较简单的轴类零件可以使用，但对于既有圆柱又有圆锥表面、曲线回转体表面轴时就会显得程序段数量过多，粗加工时坐标节点计算过于复杂，甚至有点粗加工时的节点无法计算，因此这就需要一个复合指令来简化程序编制。复合固定循环功能指令，就是能使这种编程进一步简化，使用这些复合固定循环时，只需对零件的轮廓定义，就可以完成从粗加工到精加工的全过程。

一、毛坯内(外)径粗车复合循环指令 G71

（一）指令格式

格式：G71 U(Δd) R(e)

G71 P(ns) Q(nf) U(Δu) W(Δw) F(f) S(s) T(t)

其中：Δd：每次 X 向循环的切削深度（半径值，无正负号）；e：每次 X 向退刀量（半径值，无正负号）；ns：精加工轮廓程序段中的开始程序段号；nf：精加工轮廓程序段中的结束程序段号；Δu：X 方向精加工余量（直径值）；Δw：Z 方向精加工余量；f、s、t：F、S、T 指令。

G71 为纵向切削复合循环，使用于纵向粗车量较多的情况，内、外径加工皆可使用，G71 指令的循环加工路线如图 2.50 所示。

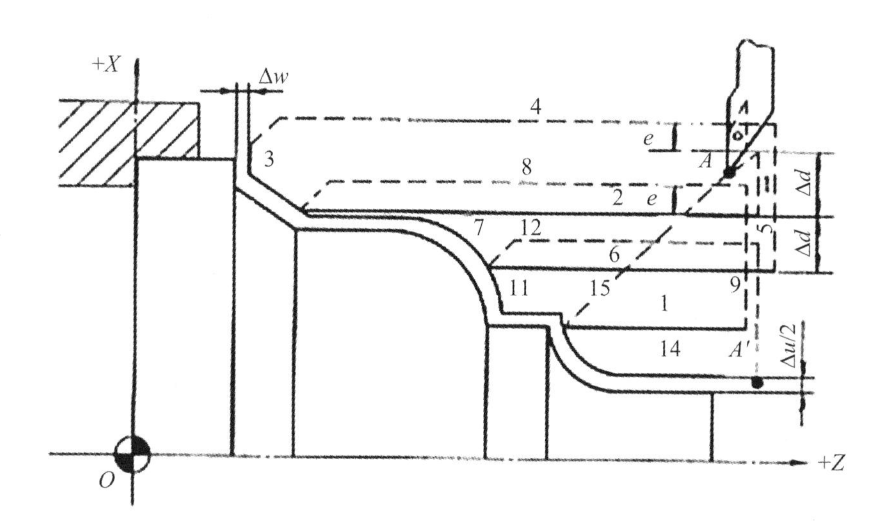

图 2.50　G71 内、外径粗切复合循环指令行刀路线

（二）指令应用说明

（1）CNC 装置首先根据用户编写的精加工轮廓，在预留出 X、Z 向的精加工余量 Δu、Δw 后，计算出粗加工实际轮廓的各个坐标值，刀具按层切法将加工余量去除，首先刀具 X 向进刀 Δd，Z 向切削后按 e 值 45°方向退刀，如此循环直至粗加工余量切除。此时工件斜面和圆弧部分形成台阶状表面，然后再按精加工轮廓光整表面，最终形成工件在 X、Z 向留有 Δu、Δw 的精加工余量。

（2）在使用 G71 进行粗加工时，只有含在 G71 程序段中的 F、S、T 功能才有效，而包含在 ns～nf 程序段中的 F、S、T 指令对粗车循环无效。

（3）G71 指令必须带有 P、Q 地址 ns、nf，且与精加工路径起、止顺序号对应，否则不能进行加工。

（4）ns、nf 的程序段必须为 G00/G01 指令，即从 A 互 A'的动作必须是直线或点定位运动且程序段中不应编有 Z 向移动指令。

(5) 在顺序号为 ns 到顺序号为 nf 的程序段中不能调用子程序。

(6) 在进行外形加工时 Δu 取正，内孔加工时 Δu 取负值，从右向左加工 Δu 取正值，从左向右加工 Δu 取负值。

(7) 当用恒表面切削速度控制时，$ns \sim nf$ 的程序段中指定的 G96、G97 无效，应在 G71 程序段以前指定。

(8) 循环起点的选择应在接近工件处以缩短刀具行程和避免空进给。

(9) G71 指令适合于型材棒料的粗车加工，将工件切削至精加工之前的尺寸，粗加工后可使用 G70 指令完成精加工。

(三) G71 指令应用举例

如图 2.51 所示，毛坯为 ϕ75 mm 的棒料，材料为 45＃钢，要求用 G71 指令完成零件的数控加工，车削尺寸至图中要求。

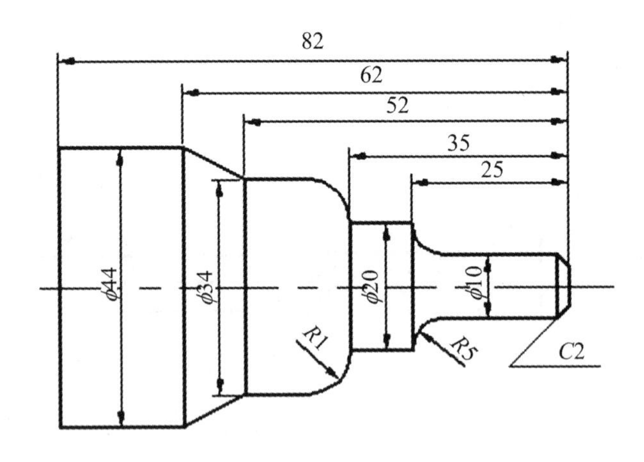

图 2.51 G71 指令应用

程序编制如下：

```
……
G00   X50.0   Z1.0;  到循环起点
G71   U3.0  R3.0;
G71   P10  Q20   U0.2   W0.1   F0.2;
N10   G00      X4.0   S800;
G01   X10.0    Z-2.0   F0.1;
               Z-20.0;
G02   X20.0    Z-25.0   R5.0;
G01            Z-35.0;
G03   X34.0    Z-32.0   R7.0;
G01            Z-52.0;
G01   X44.0    Z-62.0;
N20   G01      Z-82.0;
……
```

二、端面粗车复合循环指令 G72 介绍

端面粗车复合循环指令 G72 与 G71 类似，不同的是 G72 首先 Z 向进刀 Δd，X 向切削后按 e 值 45°方向退刀，如此循环直至粗加工余量切除。

（一）指令格式

格式：G72 U(Δd) R(e)

G72 P(ns) Q(nf) U(Δu) W(Δw) F(f) S(s) T(t)

其中：Δd：每次 Z 方向循环的切削深度（无正负号）；e：每次 Z 向切削退刀量；ns：精加工轮廓程序段中的开始程序段号；nf：精加工轮廓程序段中的结束程序段号；Δu：X 方向精加工余量（直径量）；Δw：Z 方向精加工余量；f、s、t：F、S、T 指令。

（二）指令应用说明

（1）G72 为横向切削复合循环，使用于横向粗车量较多的情况，G72 指令的循环加工路线如图 2.52 所示。

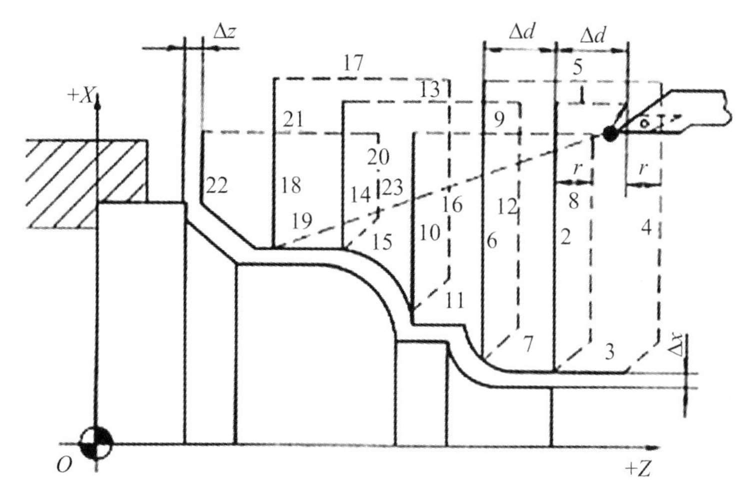

图 2.52　G72 内、外径粗切复合循环指令行刀路线

（2）在使用 G72 进行粗加工时，只有含在 G72 程序段中的 F、S、T 功能才有效，而包含在 ns～nf 程序段中的 F、S、T 指令对粗车循环无效。

（3）G72 切削循环下，切削进给方向平行于 X 轴，U(Δu)和 W(Δw)的符号为正表示沿轴的正方向移动，负表示沿轴负方向移动。

（4）G72 指令必须带有 P、Q 地址 ns、nf，且与精加工路径起、止顺序号对应，否则不能进行加工。

（5）ns 的程序段必须为 G00/G01 指令，即从 A 到 A'的动作必须是直线或点定位运动且程序段中不应编有 X 向移动指令。

（6）在顺序号为 ns 到顺序号为 nf 的程序段中，不能调用子程序。

（7）当用恒表面切削速度控制时，ns～nf 的程序段中指定的 G96、G97 无效，应在 G71 程序段以前指定。

（8）循环起点的选择应在接近工件处以缩短刀具行程和避免空进给。

(9) G72 指令适合于型材棒料的粗车加工,将工件切削至精加工之前的尺寸,粗加工后可使用 G70 指令完成精加工。

(三) G72 指令应用举例

如图 2.53 所示,毛坯为 ϕ75 mm 的棒料,材料为 45#钢,要求用 G72 指令完成零件的数控加工,车削尺寸至图中要求。

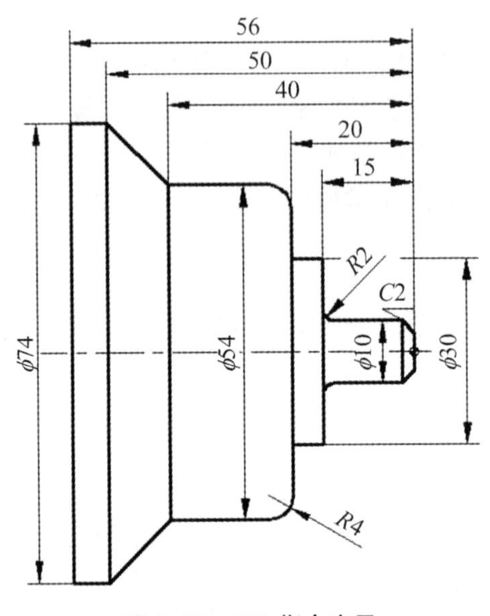

图 2.53　G72 指令应用

程序编制如下:

```
……
G00   X80.0    Z5.0;
G72   U1.2   R1.0;
G72   P10   Q20   U0.2   W0.5   F0.2;
N10   G00      Z-56
      G00      X74
      G01      Z-50   F0.15
G01   X54.0   Z-40.0   F0.15;
G01           Z-24.0;
G03   X46.0   Z-20.0    R4.0;
G01   X30.0;
G01           Z-15.0;
G01   X14.0;
G02   X10.0   Z-13.0   R2.0;
G01           Z-2.0;
G01   X6.0    Z0;
N20   G01    X0;
……
```

三、封闭切削循环 G73

封闭切削循环是一种复合固定循环。封闭切削循环适于对铸、锻毛坯切削，对零件轮廓的单调性则没有要求。

（一）指令格式

格式：G73 U(i)　W(k) R(d)

　　　G73 P(ns) Q(nf) U(Δu) W(Δw) F(f) S(s) T(t)

其中：i：X 方向退刀量的距离和方向（半径指定），该值是模态的，直到其他值指定以前不改变；k：Z 方向退刀量的距离和方向，该值是模态的，直到其他值指定以前不改变；d：重复加工次数；ns：精加工轮廓程序段中开始程序段的段号；nf：精加工轮廓程序段中结束程序段的段号；Δu：X 轴向精加工余量；Δw：Z 轴向精加工余量；f、s、t：F、S、T 代码。

（二）指令应用说明

G73 指令可以切削固定的图形，适合切削铸造成型、锻造成型或者已粗车成型的工件。当毛坯轮廓形状与零件轮廓形状基本接近时，用该指令比较方便。G73 指令的循环加工路线如图 2.54 所示。

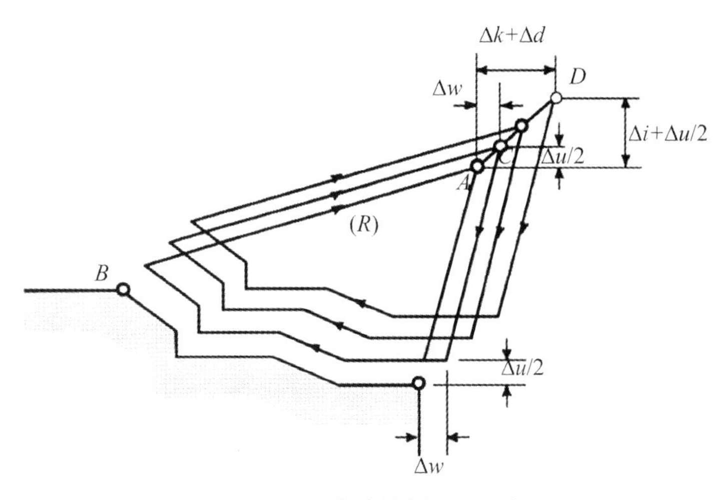

图 2.54　G73 指令的循环加工路线

（三）G73 指令应用举例

如图 2.55 所示，毛坯为 ϕ50 mm 的棒料，材料为 45＃钢，要求用 G73 指令完成零件的数控加工，车削尺寸至图中要求。

……

```
G00    X50.0     Z5.0;
G73    U3.0      W1.0   R3.0;
G73    P10   Q20    U0.2    W0.1    F0.2;
N10    G00       X4.0    S800;
G01    X10.0     Z-2.0    F0.1;
```

```
                Z-20.0;
G02   X20.0     Z-25.0   R5.0;
G01             Z-35.0;
G03   X34.0     Z-32.0   R7.0;
G01             Z-52.0;
G01   X44.0     Z-62.0;
N20   G01       Z-82.0;
……
```

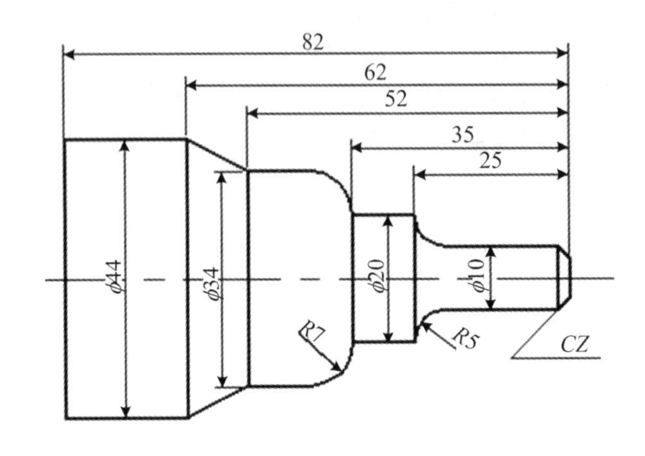

图 2.55　G73 指令应用

四、精加工循环指令(G70)

由 G71、G72、G73 完成粗加工后，可以用 G70 进行精加工。精加工时，G71、G72、G73 程序段中的 F、S、T 指令无效，只有在 *ns*～*nf* 程序段中的 F、S、T 才有效。

(一) 指令格式

格式：G70 P(*ns*) Q(*nf*)

其中：*ns*：精加工轮廓程序段中开始程序段的段号；*nf*：精加工轮廓程序段中结束程序段的段号。

(二) 指令说明

在 G71、G72、G73 程序应用例中的 *nf* 程序段后再加上“G70 P(*ns*) Q(*nf*)”程序段，并在 *ns*～*nf* 程序段中加上精加工适用的 F、S、T，就可以完成从粗加工到精加工的全过程。

五、复合循环指令使用注意事项

(1) G71(或 G72)程序段中的 F、S、T 功能只对 G71(或 G72)循环有效，对 G70 循环无效。

(2) *ns*～*nf* 之间的 F、S、T 功能只对 G70 循环有效，对 G71(或 G72)循环无效。

(3) *ns*～*nf* 程序段中恒线速功能、刀具半径补偿功能对 G71(或 G72)循环无效。

(4) $ns\sim nf$ 程序段中不能调用子程序。

(5) 零件轮廓 $A\sim B$ 间必须符合 X 轴、Z 轴方向同时单向增大或单向减少的规律。

(6) G71 循环时 ns 程序段中不许含有 Z 轴运动指令,G72 循环时 ns 程序段中不许含有 X 轴运动指令。

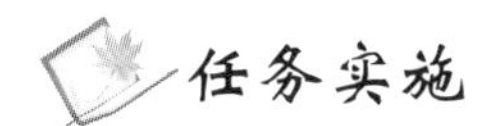

一、任务工艺分析

(一) 零件图分析

1. 零件图分析

该零件由四段直线加工、连段斜线加工、两段倒圆(R4、R5)、一段倒角(C1)组成。编程原点设置在工件右端面的中心。考虑到倒角不能从右端面直接开始,因此选择理论起刀点从(14,1)开始。经计算各基点的坐标从右到左依次为(16,−1)、(16,−10)、(26,−15)、(26,−20)、(32,−30)、(32,−35)、(40,−39)、(40,−45)、(50,−50)、(50,−60)。

2. 确定装夹方案

该零件为轴类零件,轴心线为工艺基准,加工外表面用三爪自定心卡盘夹持 ϕ52 mm 外圆一次装夹完成加工。

3. 确定加工顺序及加工路线

(1) 加工顺序:按先主后次,先粗后精,先外后内的加工原则确定加工路线

① 装夹 ϕ52 mm 外圆毛坯,对刀找正,手动车削端面;

② 粗加工零件轮廓,X 方向留精加工余量 0.5 mm,Z 方向不留;

③ 精加工去除余量完成成型面的加工;

④ 手动割断。

(2) 加工路线

使用 G71 逐层切削加工,每层深入背吃刀量 1.5 mm;退刀 0.5 mm。

4. 刀具及切削用量选择

刀具及切削用量选择如表 2.6。

表 2.6　刀具及切削用量选择

工步号	工步内容	刀具	切削用量		
			切削深度(mm)	主轴转速(r/min)	进给速度(mm/r)
1	粗加工零件外形尺寸至要求	T01(55°外圆粗车车刀)	1.5	600	0.25
2	精加工	T02(35°外圆精车车刀)	0.5	800	0.08

(二) 编制加工程序

O0001;

```
N10   M03  S600  T0101;
N20   G00  X52.0  Z1.0;
N30   G71  U1.5  R0.5;
N40   G71  Q50  P150  U0.5  W0  F0.25;
N50   G00  X14.0;
N60   G01  X16. 0  Z-1.0  F0.08;
N70   G01         Z-10.0;
N80   G03  X26.0  Z-15.0  R5.0;
N90   G01         Z-20.0;
N100  G01  X32.0  Z-30.0;
N110  G01         Z-35.0;
N120  G02  X40.0  Z-39.0  R4.0;
N130  G01         Z-45.0;
N140  G01  X50.0  Z-50.0;
N150  G01         Z-60.0;
N160  G01  X54.0;
N170  G00  X100.0  Z150.0;
N180  M03  S800   T0202;
N190  G00  X54.0  Z1.0;
N200  G70  P60  Q150;
N210  G00  X100.0  Z150.0;
N220  M30;
```

（三）仿真加工

使用数控加工仿真软件对加工程序进行检验，正确进行数控加工仿真的操作，完成零件的仿真加工。

（四）车间实际加工

车间操作时注意以下几个操作要点：

1. 工件与刀具的装夹

注意刀具高度、伸出长度和主偏角与副偏角；控制伸出长度。

2. 对刀

对刀前确保机床经过正确回零。

3. 程序的输入与调试

开启“空运行”和“机床锁住”功能，检查走刀轨迹。

4. 自动运行加工程序，完成加工

检查机床的快速倍率和进给倍率是否处在较低档位，检查主轴倍率等开关是否处在正常位置；当刀具靠近工件时，注意检查显示器上所显示的绝对坐标和剩余坐标是否正确；操作者将手置于暂停（或急停、复位）按钮处。

5. 拆卸工件

注意两头加工时,每次装拆的装夹位置的选择。

任务评价

(1) 利用游标卡尺、外径千分尺、内径千分尺、表面粗糙度工艺样板等量具测量工件,学生对自己加工的零件进行检测,包括尺寸精度的检测和零件加工质量的检测。

(2) 教师对学生加工零件进行检测,并做出点评。

序号	能　力　点	掌握情况	序号	能　力　点	掌握情况
1	安全操作		4	对刀操作过程	
2	回零与手动操作能力		5	程序运行	
3	MDI 方式操作能力		6	零件检测	

知识拓展

如图 2.56 所示的零件,毛坯为 ϕ62 mm×30 mm 棒料,左右端面和外圆已加工,材料为 45 钢。要求分析零件的加工工艺,编写零件的数控加工程序,并通过仿真调试优化程序,最后进行零件的加工检验。

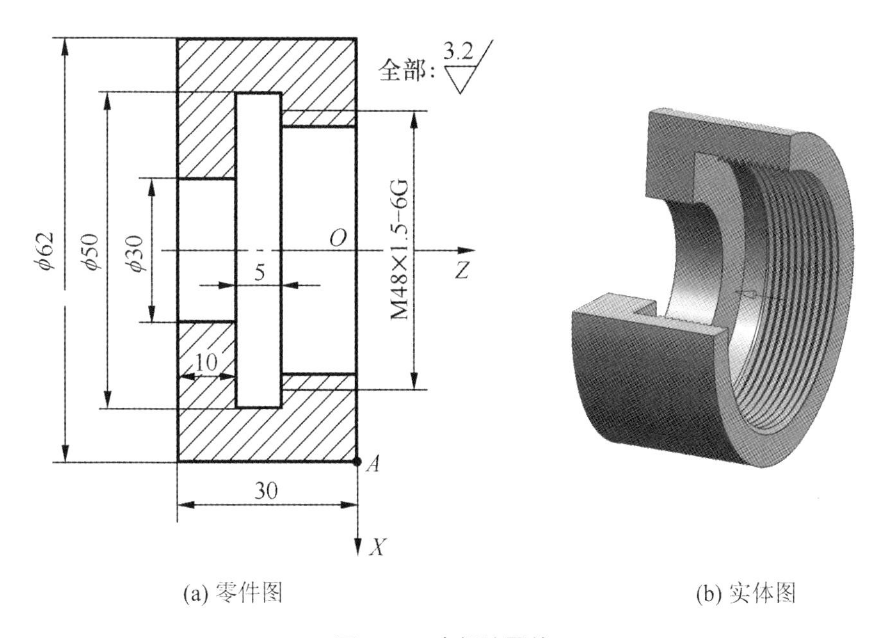

(a) 零件图　　(b) 实体图

图 2.56　内螺纹零件

一、任务工艺分析

1. 零件图分析

图 2.56 所示零件由孔、内槽和内螺纹组成。

2. 确定装夹方案

该零件为典型的车床加工零件，轴心线及右端面为工艺基准，用三爪及工件右端面定位工件，用三爪自定心卡盘夹持外圆，一次装夹完成所有加工。

3. 加工工艺路线设计

(1) 手动钻中心孔及 ϕ30 mm 孔；

(2) 粗加工螺纹底孔；

(3) 切螺纹退刀槽；

(4) 精加工螺纹底孔；

(5) 车螺纹。

4. 刀具选择

根据加工要求，选用 6 把刀具，T01 为盲孔车刀，粗加工 M48×1.5-6G 螺纹底孔；T02 为精加工 M48×1.5-6G 螺纹底孔用盲孔车刀；T03 为内槽车刀，刀宽为 5mm；T04 为 60°内螺纹车刀；T05 为中心钻，钻中心孔；T06 为 ϕ30 mm 的钻头。

二、程序编制

1. 数值计算

螺纹大径(螺纹底径)：$D_{大} = D_{底} = d = 48$ mm。

车内螺纹前的孔径，毛坯材料为 45 钢，为塑性金属，故 $D_{孔} = d - P = 48 - 1.5 = 46.5$ (mm)。

2. 编制程序

工件原点设在零件的右端面，程序如下：

程序号	程序说明
O0003;	
N10 M03 S600 T0101;	换粗加工用盲孔车刀
N20 G00 X80.0 Z65.0;	设置换刀点
N30 M08;	冷却液开
N40 G00 X32.0 Z2.0;	
N50 G90 X34.0 Z-18.0 F80;	粗加工 M48×1.5-6G 螺纹底孔
N60 X36.0;	
N70 X38.0;	
N80 X40.0;	
N90 X42.0;	
N100 X44.0;	
N110 X46.0;	
N120 G00 X80.0 Z65.0;	回换刀点
N130 T0303	换内槽车刀
N140 G00 X28.0 Z2.0 S400;	
N150 Z-20.0;	
N160 G01 X50.0 F50;	切螺纹退刀槽
N170 G00 X28.0;	退刀

```
N180  Z2.0；
N190  X80.0  Z65.0；                    回换刀点
N200  T0202；                           换精加工用盲孔车刀
N210  G00  X46.5  Z2.0  S800；
N220  G90  X46.5  Z-16.0  F50；         精加工 M48×1.5-6G 螺纹底孔
N230  G00  X80.0  Z65.0；               回换刀点
N240  T0404；                           换内螺纹车刀
N250  G00  X45.0  Z3.0  S200；
N260  G92  X47.1  Z-16.5  F1.5；        车削内螺纹
N270  X47.8  Z-16.5  F1.5；
N280  X48.0  Z-16.5  F1.5；
N290  X48.0；                           光整加工一次
N300  G00  X80.0  Z65.0；               回换刀点
N310  M09  M05；
N320  M30；
```

三、安装螺纹车刀的注意事项

(1) 车刀刀尖必须与零件轴线等高(用弹性刀杆应略高于轴线,约高 0.2 mm)。

(2) 车刀刀尖角平分线必须垂直于零件轴线,以免产生螺纹半角误差。

(3) 刀头伸出不要过长,一般为 20～25 mm(约为刀杠厚度的 1.5 倍)。

思考与练习

1. 数控编程指令 G71、G72 和 G70 格式是什么?试简述其应用场合。

2. 如图 2.57 所示,毛坯为 ϕ50 mm 的棒料,材料为 45＃钢,运用 G71 和 G70 指令完成零件的数控加工,车削尺寸至图中要求。

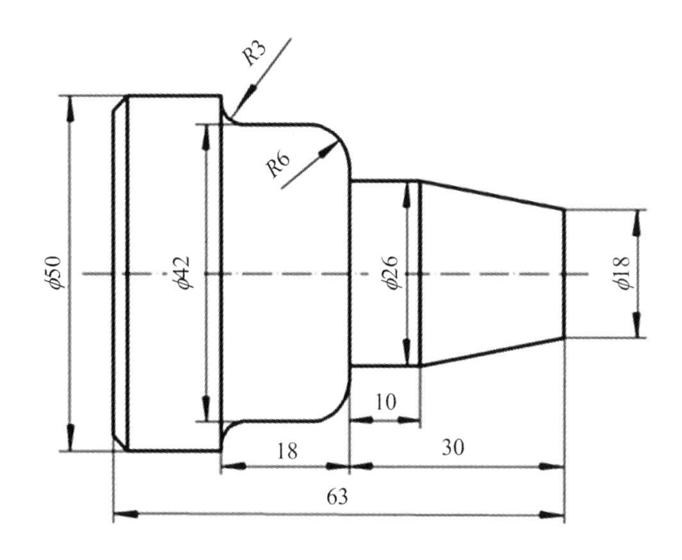

图 2.57　螺纹的加工

项目三　数控铣床(加工中心)编程与操作

任务一　平面铣削外廓零件

任务目标

(1) 掌握铣削外轮廓零件的结构特点和工艺性能的综合分析方法，正确分析此类零件的技术要求；

(2) 了解与掌握数控铣床加工特点与加工对象；

(3) 掌握铣削中常用 G、M 等指令的使用方法；掌握 G00～G03、G54～G59、G40～G42 等指令的编程方法；

(4) 掌握外轮廓加工铣刀的选用、安装及切削参数选用等工艺方法，并掌握铣加工操作过程。

任务描述

加工如图 3.1 所示工件外轮廓。已知毛坯尺寸为 100 mm×80 mm×30 mm，材料为 45＃钢，试制订加工工艺，编制加工程序，并在机床上完成零件加工。

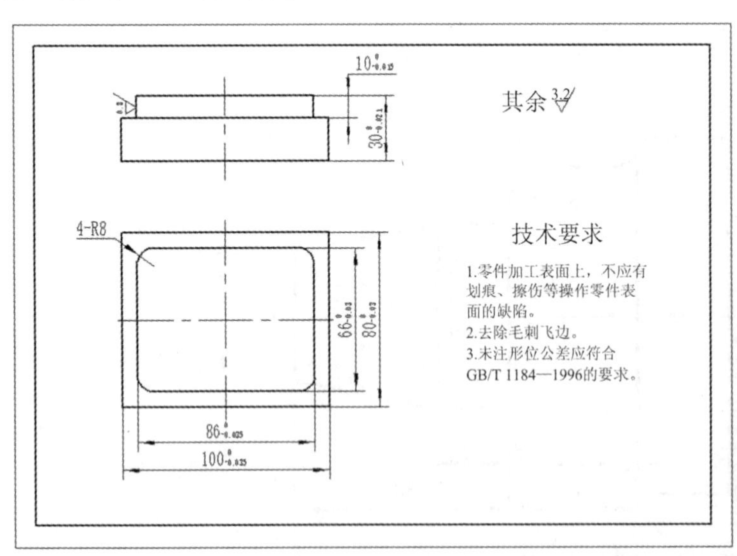

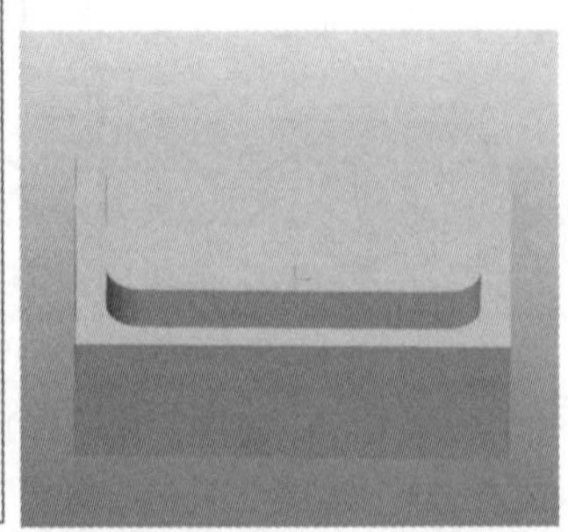

图 3.1　外轮廓零件图

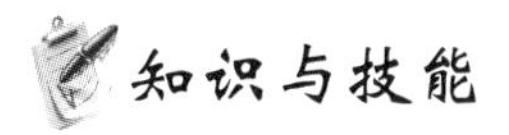

一、数控铣削(加工中心)加工的特点

数控铣削加工特点如下：

(1) 数控铣床是轮廓控制，不仅可以完成点位及点位直线控制数控机床的加工功能，而且还能够对两个或两个以上坐标轴进行插补，因而具有各种轮廓加工功能。

(2) 加工精度高。目前一般数控铣床轴向定位精度可以达到±0.0050 mm，轴向重复定位精度可以达到±0.0025 mm，加工精度完全由机床保证，在加工过程中产生的尺寸误差能及时得到补偿，能获得较高的尺寸精度；数控铣床采用插补原理确定加工轨迹，加工的零件形状精度高；在数控铣削加工中，工序高度集中，一次装夹即可加工出零件上大部分表面，认为影响因素非常小。

(3) 加工表面质量高。数控铣床的加工速度大大高于普通机床，电动机功率也高于同规格的普通机床，其结构设计的刚度也高于普通机床。一般数控铣床主轴最高转速可以达到6000～20000 r/min，目前，欧美模具企业在生产中广泛应用数控高速铣，三轴联动的比较多，也有一些五轴联动的，转速一般在15000～30000 r/min。采用高速铣削技术，可以大大缩短制模时间。经高速铣削精加工后的模具形面，仅需略加抛光便可以使用。同时，数控铣床能够多刀具连续切削，表面不会产生明显的接刀痕迹，因此表面加工质量高于普通机床。

(4) 加工形状复杂。通过计算机编程，数控铣床能够自动立体切削，加工各种复杂的曲面和型腔，尤其是多轴加工，加工对象的形状受限制更小。

(5) 生产效率高。数控铣床刚度大、功率大，主轴转速和进给速度范围大且为无级变速，所以每道工序都可选择较大而合理的切削用量，减少了机动时间。数控铣床自动化程度高，可以一次定位装夹，把粗加工、半精加工、精加工一次完成，还可以进行钻、镗加工，减少辅助时间，所以生产效率高。对复杂型面工件的加工，其生产效率可以提高十几倍甚至几十倍。此外，数控铣床加工出的零件也为后续工序(如装配等)带来了许多方便，其综合效率更高。

(6) 有利于现代化管理。数控铣床使用数字信息与标准代码输入，适于数字计算机联网，成为计算机辅助设计与制造及管理一体化的基础。

(7) 便于实现计算机辅助设计与制造。计算机辅助设计与制造(CAD/CAM)已成为航空航天、汽车、船舶及各种机械工业实现现代化的必由之路。将计算机辅助设计出来的产品图纸及数据变为实际产品的最有效途径，就是采取计算机辅助制造技术直接制造出零件、部件。加工中心等数控设备及其加工技术正是计算机辅助设计与制造系统的基础。

二、适合数控铣削的主要加工对象

数控铣削是机械加工中最常用和最主要的数控加工方法之一，它除了能铣削普通铣床所能铣削的各种零件表面外，还能铣削普通铣床不能铣削的需要二至五坐标联动的各种平面轮廓和立体轮廓。根据数控铣床的特点，从铣削加工角度考虑，适合数控铣削的主要加工对象有以下几类。

(一) 平面类零件

加工面平行或垂直于定位面，或加工面与水平面的夹角为定角的零件为平面类零件。目前在数控铣床上加工的大多数零件属于平面类零件，其特点是各个加工面是平面，或可以展开成平面。如图 3.2 所示零件均为平面类零件。

图 3.2 典型的平面类零件

平面类零件是数控铣削加工中最简单的一类零件，一般只需用三坐标数控铣床的两坐标联动(即两轴半坐标联动)就可以把它们加工出来。

(二) 变斜角类零件

加工面与水平面的平角呈连续变化的零件称为变斜角零件，如图 3.3 所示的飞机变斜角梁缘条。

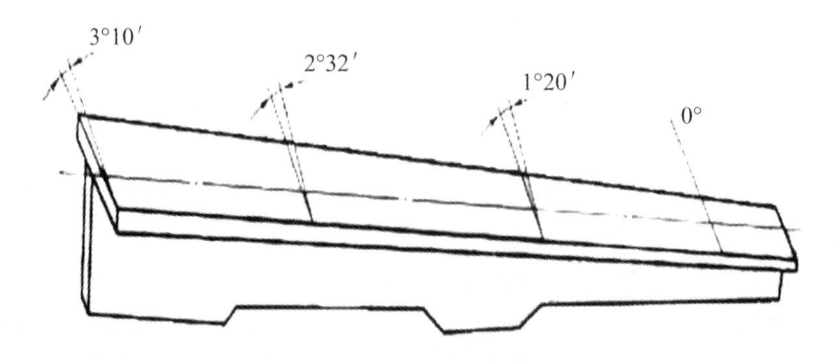

图 3.3 飞机上的变斜角梁缘条

变斜角类零件的变斜角加工面不能展开为平面，但在加工中，加工面与铣刀圆周的瞬时接触为一条线。最好采用四坐标、五坐标数控铣床摆角加工，若没有上述机床，也可采用三坐标数控铣床进行两轴半近似加工。

(三) 曲面类零件

加工面为空间曲面的零件称为曲面类零件，如模具、叶片、螺旋桨等。如图 3.4 所示。曲面类零件不能展开为平面。加工时，铣刀与加工面始终为点接触，一般采用球头刀在三轴数控铣床上加工。当曲面较复杂、通道较狭窄、会伤及相邻表面及需要刀具摆动时，要采用四坐标或五坐标铣床加工。

(四) 箱体类零件

图 3.4　数控铣削叶轮

箱体类零件一般是指具有一个以上孔系,内部有一定型腔或空腔,在长、宽、高方向有一定比例的零件。

箱体类零件一般都需要进行多工位孔系、轮廓及平面加工,公差要求较高,特别是形位公差要求较为严格,通常要经过铣、钻、扩、镗、铰、锪、攻螺纹等工序,需要刀具较多,在普通机床上加工难度大,工装套数多,费用高,加工周期长,需多次装夹、找正,手工测量次数多,加工时必须频繁地更换刀具,工艺难以制定,更重要的是精度难以保证。这类零件在加工中心上加工,一次装夹可完成普通机床 60%~95%的工序内容,零件各项精度一致性好,质量稳定,同时节省费用,缩短生产周期。

加工箱体类零件的加工中心,当加工工位较多,需工作台多次旋转角度才能完成的零件,一般选卧式镗铣类加工中心。当加工的工位较少,且跨距不大时,可选立式加工中心,从一端进行加工。

箱体类零件的加工方法,主要有以下几种。

(1) 当既有面又有孔时,应先铣面,后加工孔。

(2) 所有孔系都先完成全部孔的粗加工,再进行精加工。

(3) 一般情况下,直径>ϕ30 mm 的孔都应铸造出毛坯孔。在普通机床上先完成毛坯的粗加工,给加工中心加工工序的留量为 4~6 mm(直径),再上加工中心进行面和孔的粗、精加工。通常分“粗镗—半精镗—孔端倒角—精镗”四个工步完成。

(4) 直径<ϕ30 mm 的孔可以不铸出毛坯孔,孔和孔的端面全部加工都在加工中心上完成。可分为“锪平端面—(打中心孔)—钻—扩—孔端倒角—铰”等工步。有同轴度要求的小孔(<ϕ30 mm),须采用“锪平端面—(打中心孔)—钻—半精镗—孔端倒角—精镗(或铰)”工步来完成,其中打中心孔需视具体情况而定。

(5) 在孔系加工中,先加工大孔,再加工小孔,特别是在大小孔相距很近的情况下,更要采取这一措施。

(6) 对于跨距较大的箱体的同轴孔加工,尽量采取调头加工的方法,以缩短刀辅具的长径比,增加刀具刚性,提高加工质量。

(7) 螺纹加工,一般情况下,M6 以上、M20 以下的螺纹孔可在加工中心上完成。M6 以下、M20 以上的螺纹可在加工中心上完成底孔加工,攻螺纹可通过其他手段加工。因加工中心的自动加工方式在攻小螺纹时,不能随机控制加工状态,小丝锥容易折断,从而产生废品,由于刀具、辅具等因素影响,在加工中心上攻 M20 以上大螺纹有一定困难。但这也不是绝对的,可视具体情况而定,在某些机床上可用镗刀片完成螺纹切削(用 G33 代码)。

三、FANUC 系统常用 G 指令

FANUC 系统常用 G 指令如表 3.1 所示。

表 3.1 FANUC 0i 系统常用 G 代码功能

G代码	组别	G代码功能含义	G代码	组别	G代码功能含义
G00	1	快速定位	G57	5	第四可设定的零点偏置
* G01	1	直线插补	G58	5	第五可设定的零点偏置
G02	1	CW 圆弧插补	G59	5	第六可设定的零点偏置
G03	1	CCW 圆弧插补	G68	10	坐标轴旋转
G04	0	暂停	* G69	10	取消坐标轴旋转
* G17	2	选择 *XY* 平面	* G80	1	取消固定循环
G18	2	选择 *XZ* 平面	G81	1	钻孔、中心钻循环
G19	2	选择 *YZ* 平面	G73	1	高速深度钻孔循环
G20	6	英寸输入	G83	1	深孔钻循环
G21	6	毫米输入	G74	1	左螺旋切削循环
G28	0	返回参考点	G84	1	右螺旋切削循环
G29	0	从参考点返回	G76	1	精镗孔循环
G40	7	取消刀具半径补偿	G82	1	反镗孔循环
G41	7	刀尖具径左补偿	G85	1	镗孔循环
G42	7	刀尖具径右补偿	G86	1	镗孔循环
G43	8	正向刀具长度补偿	G87	1	反向镗孔循环
G44	8	负向刀具长度补偿	G88	1	镗孔循环
* G49	8	取消刀具长度补偿	G89	1	镗孔循环
G50.1	9	取消可编程镜像	G90	3	绝对值编程
G51.1	9	可编程镜像有效	G91	3	增量值编程
G52	10	可编程坐标系偏移	G92	0	设置工件坐标系
G53	0	取消可设定的零点偏置	* G94	4	每分钟进给
G54	5	第一可设定的零点偏置	G95	4	每转进给
G55	5	第二可设定的零点偏置	* G98	11	固定循环返回起始点
G56	5	第三可设定的零点偏置	G99	11	固定循环返回 R

注：(1) 指令前带“ * ”表示程序启动时生效。

(2) “0”组指令为非模态代码。

(3) 程序段中指令位置可以不固定，一般习惯顺序为 N_G_X_Y_Z_F_T_D_M_。

四、程序初始化指令

G17：选择 XY 平面选择。

G21：米制尺寸。

G40：取消刀具半径补偿。

G49：取消刀具长度补偿。

G69：取消坐标系旋转。

G80：取消固定循环。

G90：绝对编程。

G94:每分钟进给速度。

五、坐标系指令 G54～G59

坐标系指令看似很抽象,实际上是很简单的,抽象在 G54 代表坐标系,但在图纸和工件中怎么找到该坐标原点呢?下面来分析这两种情况。

在图纸中,如图 3.5 所示:*XOY*,*XOZ* 的位置定为坐标原点,那在程序中写了 G54 怎么知道在该点呢?实际上没有必要想这么多,你只要在程序中写了 G54,你在图纸中定义的该点就是坐标原点。

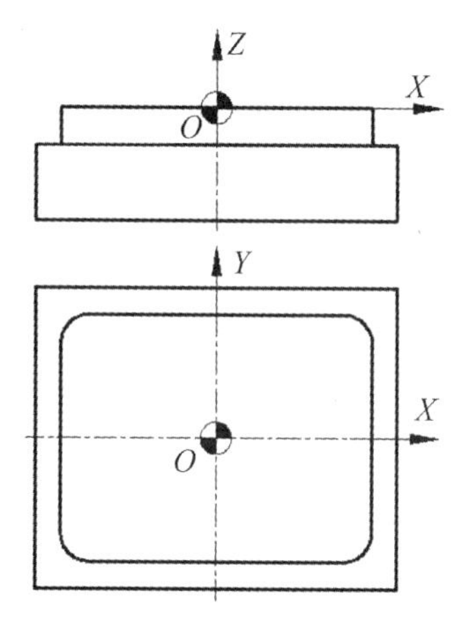

图 3.5　工件图

在工件中,程序中的 G54 和机床怎么才能找到该坐标原点呢?你只要在程序中写了 G54 机床就能找到你定义的坐标原点,至于机床怎么找到该坐标原点的是属于机床操作的问题,我们俗称对刀。

```
O0001
G17   G21 G40 G49 G69 G80 G90 G94;
M03   S2000;
G54   G00   Z100.;
G00   X70.  Y0;
G00   Z0.;
G01   Z-1 F50;
G41   G01   X53.  Y10.  D01 F500;
G03   X43.  Y0 R10.;
G01   Y-25.;
G02   X35.  Y-33.  R8.;
G01   X-35.;
G02   X-43.  Y-25.  R8.;
……
```

六、M 指令

M03:主轴正转。
M04:主轴反转。
M05:主轴停止。
M08:冷却液开。
M09:冷却液关。
M30:程序结束。

七、G00-G03 指令

(一) 快速定位 G00 指令

(1) 指令功能:刀具以机床规定的速度(快速)从当前点运动到指定点。(运动速度由机床快速倍率旋钮或按键控制)。

(2) 指令格式:G00 X_ Y_ Z_,式中 X、Y、Z 为目标点坐标。

(3) 运动轨迹,以在 *XOY* 平面为例。G00 的运动轨迹有三种情况(见图 3.6),从 *A* 点到 *B* 点。

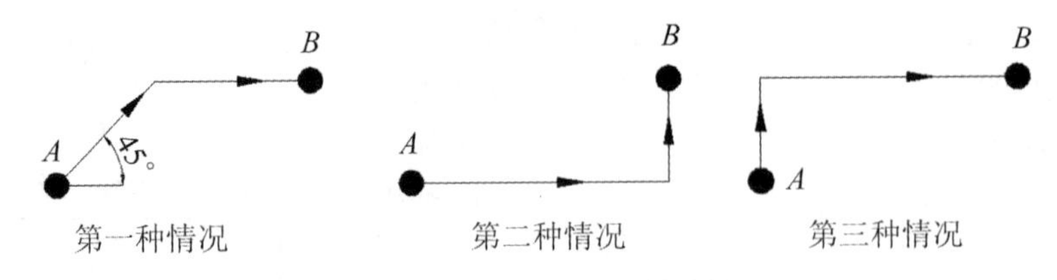

图 3.6　G00 的三种运动轨迹情况

第一种情况:先走 45°再沿坐标轴走余下行程(一般情况走第一种路线);

第二种情况:先走 X 再走 Y;

第三种情况:先走 Y 再走 X。

(二) 直线插补 G01 指令

(1) 指令功能:刀具以给定的进给速度运动到目标点(运动速度由 F 控制)。

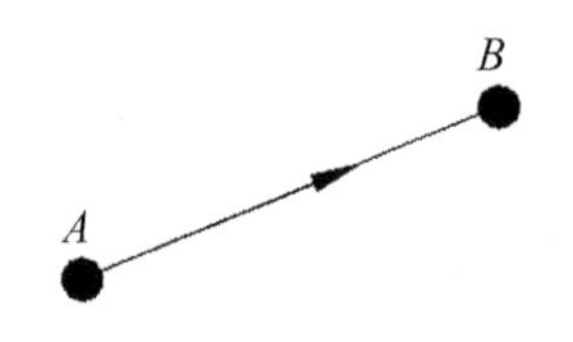

图 3.7　G01 运动轨迹

(2) 指令格式:G00 X_ Y_ Z_ F_,式中 X、Y、Z 为目标点坐标,F 为刀具进给速度的大小,单位一般为毫米/分钟(mm/min)。

(3) 运动轨迹,以在 *XOY* 平面为例。G01 的运动轨迹(见图 3.7)只有一种情况,从 *A* 点到 *B* 点。

(三) 圆弧插补 G02/G03 指令

(1) 指令功能:刀具从现处位置沿圆弧轨迹移动到圆弧终点,G02:顺时针圆弧插补,G03:逆时针圆弧插补。

(2) 指令格式 1:G02/G03 X_ Y_ Z_ R_ F_,式中 X、Y、Z 为圆弧的终点位置坐标,R 为圆弧的半径,F 为刀具移动的速度,即为切削进给速度。

(3) 指令格式 2:G02/G03 X_ Y_ Z_ I_ J_ K_ F_,式中 X、Y、Z 为圆弧的终点位置坐标,I、J、K 为圆弧圆心点相对圆弧起点的增量坐标值,F 为刀具移动的速度,即为切削进给速度。

(4) G02/G03 运动轨迹,以在 *XOY* 平面为例。G02/G03 的运动轨迹各有两种情况,从 *A* 点到 *B* 点。

G02 第一种情况:G02 X60. Y50. R40. F200;(如图 3.8 所示轨迹 1)(劣弧)

G02 第二种情况:G02 X60. Y50. R-40. F200;(如图 3.8 所示轨迹 2)(优弧)

G03 第一种情况:G03 X60. Y50. R40. F200;(如图 3.8 所示轨迹 3)(劣弧)

G02 第二种情况:G03 X60. Y50. R-40. F200;(如图 3.8 所示轨迹 4)(优弧)

八、G40/G41/G42 指令

使用 G40、G41 和 G42 刀具半径补偿指令,并将刀具半径的数值输入到数控系统的刀具半径补偿里,数控系统将这一数值自动地计算出刀具中心的轨迹,并按刀具中心轨迹运动。

G41:刀具半径左补偿,顺着刀具运动方向看刀具在工件的左侧(如图 3.9 所示);

G42:刀具半径右补偿,顺着刀具运动方向看刀具在工件的右侧(如图 3.9 所示);
G40:刀具半径补偿撤销指令。
指令格式为:G41/G42 G01 X_ Y_ D_
　　　　　G40 G01 X_ Y_
其中 D 为偏移代号。取值范围 D01~D99,存放刀具半径值。

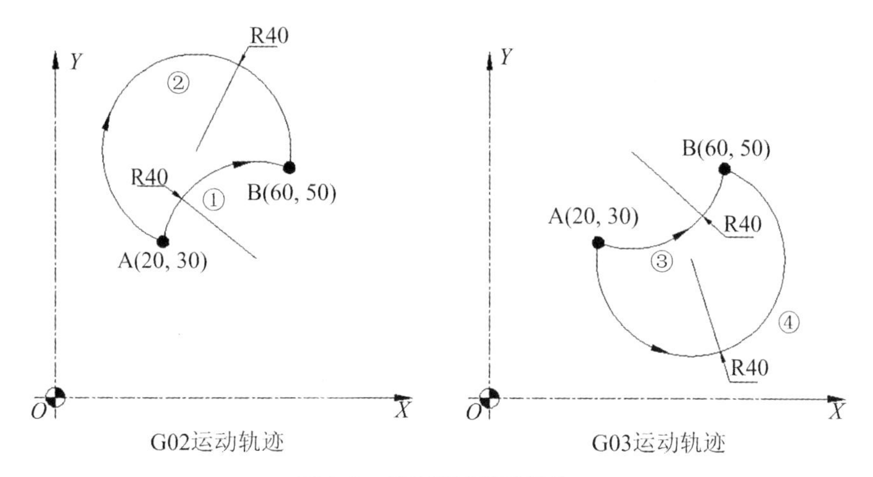

图 3.8　G02/G03 运动轨迹

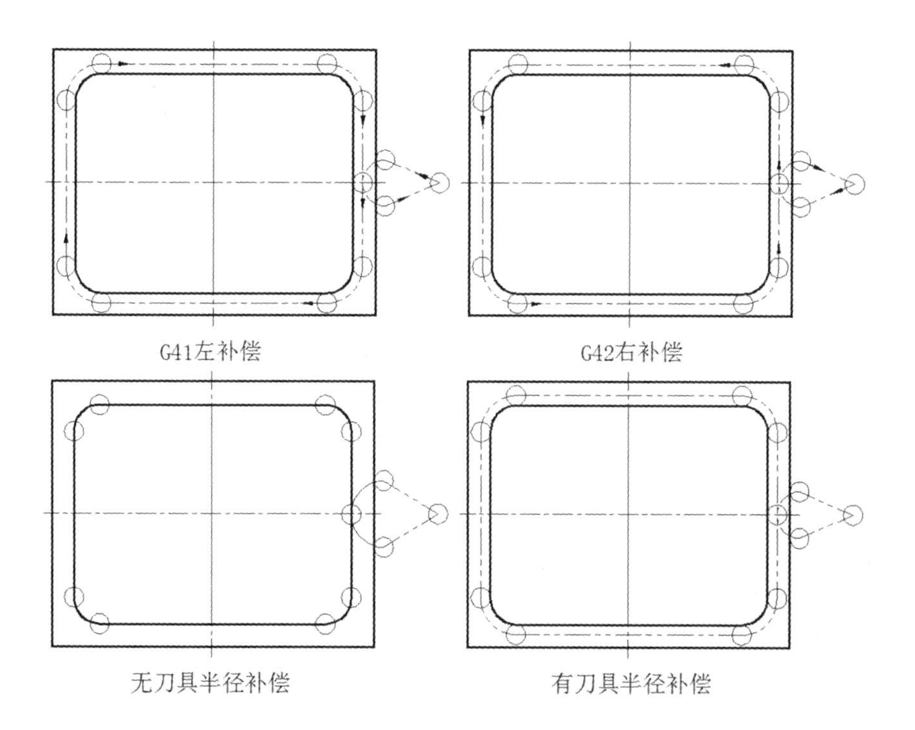

图 3.9　刀具半径补偿

使用刀具半径补偿指令需注意的是:
(1) 从无刀具半径补偿状态进入刀具半径补偿方式时,移动指令只能是 G01 或 G00,不能使用 G02 和 G03(如图 3.9 所示)。
(2) 在撤销刀具半径补偿时,移动指令也只能是 G01 或 G00,而不能使用 G02 或 G03。

九、M98/M99 指令

编程时，为了简化程序的编制，当一个工件上有相同的加工内容时，常用子程序调用的方法进行编程。调用子程序的程序叫做主程序。在 FANUC 系统中，一个子程序可以调用另一个子程序，嵌套深度为 4 级，一个调用指令可以重复调用一个子程序。

子程序的编写与一般程序基本相同，只是程序结束符为 M99，表示子程序结束返回到调用子程序的主程序中。调用子程序的编程格式为：

M98 P_ L_;

其中，调用地址 P 后跟 4 为数字是程序名，L 后跟次数。例如：M98 P2008 L6，表示调用 2008 号子程序 6 次。

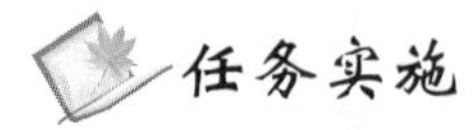

一、任务工艺分析

（一）图纸分析

零件图一般可以从以下六点来分析：① 标题栏；② 零件的结构；③ 尺寸及尺寸公差；④ 形位公差；⑤ 表面粗糙度；⑥ 技术要求。

从标题栏获知该零件的材料为 45＃钢，零件结构为长方体上铣个凸台，有尺寸公差要求，形位公差按 GB/T 1184—1996 的要求，表面质量侧面要求 Ra0.8、底部要求 Ra3.2，技术要求提出了工件应去毛刺，表面不应有划伤。

（二）毛坯的选择和确定

毛坯种类很多，有型材，铸件，锻件，焊接件，粉末冶金。

根据毛坯图可获知，该零件材料为 45＃钢，结构为 100 mm×80 mm×30 mm 的长方体，因此可选用 45＃钢型材为毛坯。六面铣削到毛坯图的要求。

图 3.10　VMC850B 型数控铣床

（三）设备的选择和确定

一般数控加工设备有数控车床，数控铣床，数控加工中心，数控线切割，数控电火花等设备。

由零件图可知，该零件为平面外轮廓类零件，零件尺寸精度要求较高，所以选用数控铣床，型号：FANUC 0i VMC850B。机床如图 3.10 所示。

（四）夹具的选择和确定

夹具一般跟机床种类来进行分类，数控车床有数控车床的夹具，数控铣床有数控铣床的夹具。上面选择了数控铣床加工该零件，数控铣床通用夹具有平口虎钳、压板等。

由零件图可知，该零件为长方体平面外轮廓零件，因此可选用 0～120 mm 的平口虎钳作为加工该零件的夹具。平口虎钳如图 3.11 所示。

(五) 刀具的选择和确定

刀具种类很多,根据机床分有数控车床使用的刀具,数控铣床使用的刀具等。根据组合形式分有整体式、焊接式、可转位式等。根据材料分有高速钢、硬质合金、陶瓷、金刚石等。

根据该零件的加工要求,选择硬质合金平底铣刀,规格:100L * D16R0-4F,刀具如图 3.12 所示。

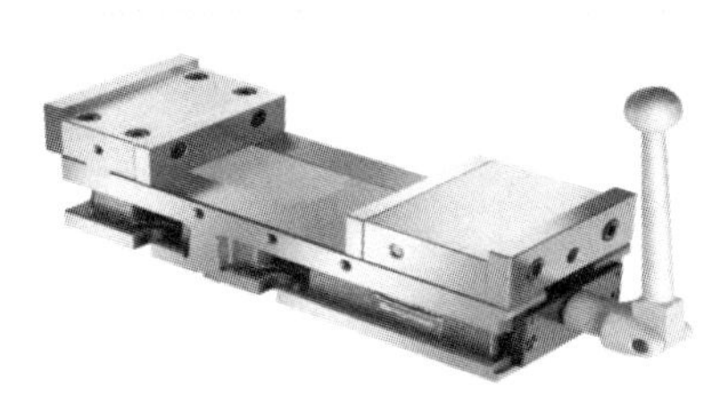

图 3.11　夹具

图 3.12　平底铣刀

(六) 切削用量的确定

切削用量中经常提到的是切削三要素(背吃刀量 a_p,进给量 F,切削速度 V_C),但在机床程序的编制中直接表现的是(背吃刀量 α_p,进给量 F,主轴转速 n),因此切削速度 V_C 与主轴转速 n 之间有一个转换关系 $V_C=\pi Dn/1000$ 推出 $n=1000V_C/\pi D$。

切削用量要根据工艺系统(机床,夹具,刀具,工件)及冷却方式来确定,根据零件图的要求及机床、夹具的选择,确定以下切削用量。

背吃刀量 α_p:1 mm;

进给速度 F:500 mm/min;

主轴转速 n:2000 r/min。

(七) 走刀路线的确定

为提高产品的表面质量,通过圆弧切入、圆弧切出。铣削方向的选择,如图所示,铣刀沿工件外轮廓顺时针方向铣削。铣刀切出工件表面的线速度方向与工件进给方向一致为顺铣,反之为逆铣。为了保证加工表面的质量,采用顺铣路线加工,及沿工件外轮廓顺时针方向铣削。如图 3.13 所示。

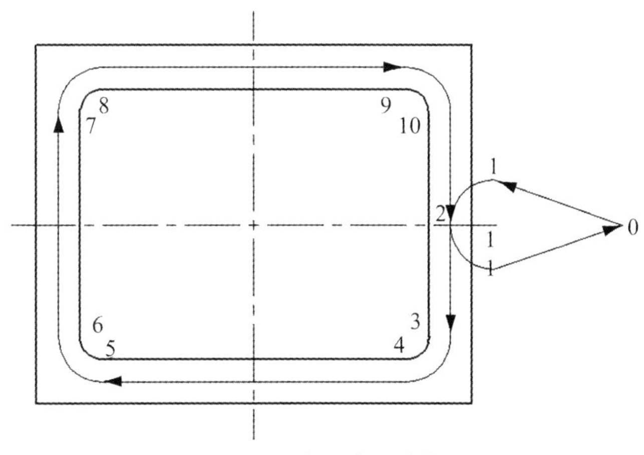

图 3.13　加工走刀路线

二、编制加工程序

零件程序的编写需要掌握以下知识点：① 坐标原点的确定；② 控制点坐标的计算；③ 单个编程指令的理解和运用；④ 完整程序的编写。

（一）坐标原点确定

由于该零件比较规则，所以定在零件上表面的正中心。即如图 3.14 所示 *XOY*，*XOZ* 的位置。

（二）控制点坐标的计算

由图 3.15 可计算出各控制点在 *XOY* 平面的坐标。

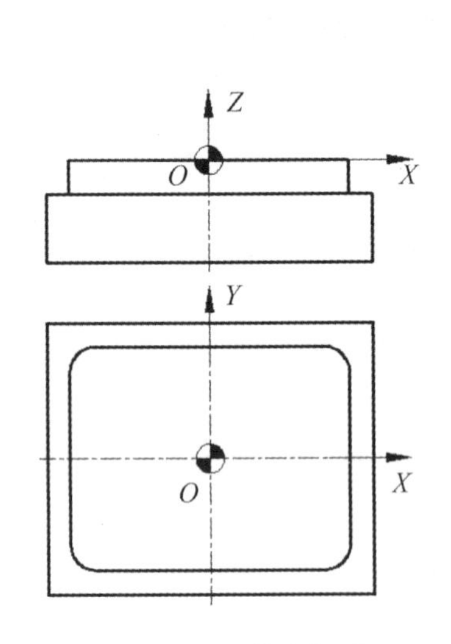

图 3.14　工件坐标系

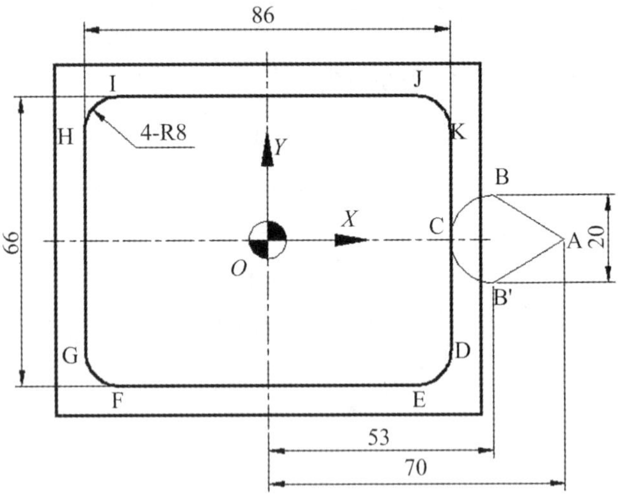

图 3.15　工件编程控制点

A(70,0)　B(53,10)　C(43,0)　D(43,−25)　E(35,−33)　F(−35,−33)
G(−43,−25)　H(−43,25)　I(−35,33)　J(35,33)　K(43,25)　B′(53,−10)

（三）参考程序

主程序

```
O0010;
G17 G21 G40 G49 G69 G80 G90 G94;     程序初始化
G54 G00 Z100.;                       调用坐标系，刀具抬到 100 的位置
M03 S2000;                           主轴正转，每分钟 2000 转
G00 X70. Y0;                         刀具定位到 X70. Y0 的位置
G00 Z0.;                             刀具下降到 0 的位置
M98 P0020 L10;                       调用 0020 号子程序 10 次
G00 Z100.;                           刀具抬到 100 的位置
M30;                                 程序结束
```

子程序

```
O0020;
G91 G01 Z-1. F50;                      增量坐标,刀具往下降 1 mm
G90 G41 G01 X53. Y10. D01 F500;        建立刀具半径左补偿,进给速度 500 mm/min
G03 X43. Y0 R10.;                      圆弧切入
G01 Y-25.;                             轮廓切削开始
G02X35. Y-33. R8.;
G01 X-35.;
G02 X-43. Y-25. R8.;
G01 Y25;
G02 X-35. Y33. R8.;
G01 X35.;
G02 X43. Y25. R8.;
G01 Y0;                                轮廓切削结束
G03 X50. Y-10. R10.;                   圆弧切出
G40 G01 X70. Y0.;                      取消刀具半径补偿,回到刀具起始点
M99;                                   子程序结束
```

三、车间实际加工

零件程序编写后,在实训车间对该零件进行实际操作训练。

具体步骤:

(1) 安装工件、刀具并导入程序;

(2) 对刀,设定加工坐标系和刀补参数;

(3) 程序校验、试切;

(4) 自动运行程序,直至完成零件加工;

(5) 检验。

任务评价

序号	能　力　点	掌握情况	序号	能　力　点	掌握情况
1	安全操作		4	对刀操作过程	
2	编程能力		5	程序运行	
3	刀具、工件安装正确与否		6	零件检测	

思考与练习

1. 如图 3.16 所示的工件,要求加工出凸台,材料为 45#钢,编制加工程序,图中已给出编程坐标系。

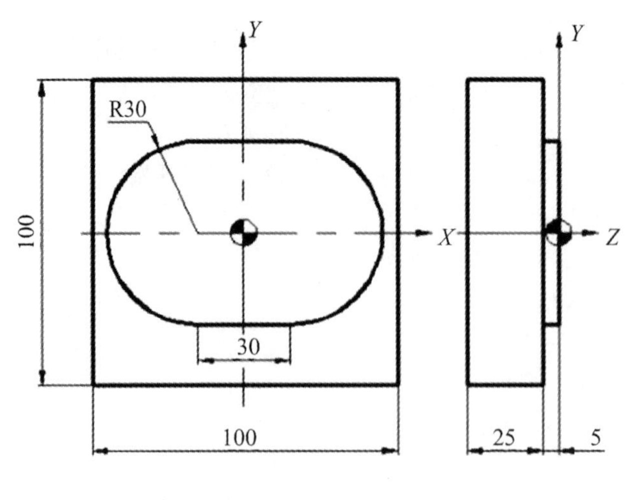

图 3.16

2. 编写如图 3.17 所示的零件外轮廓的加工程序。

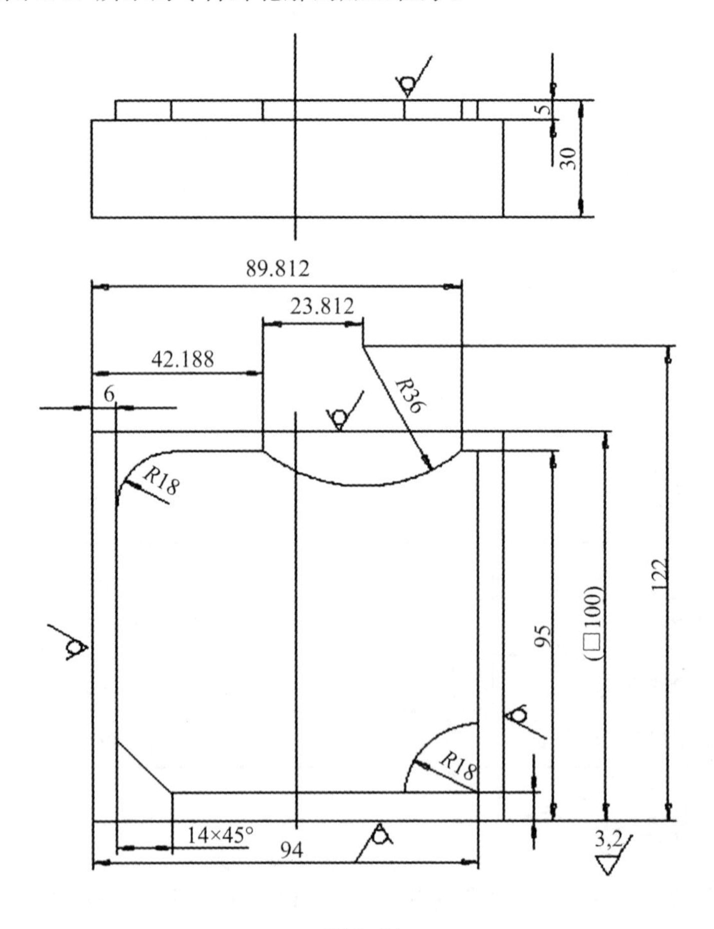

图 3.17

任务二　数控铣削内轮廓零件

任务目标

(1) 掌握铣削内轮廓零件的结构特点和工艺性能的综合分析方法,正确分析此类零件的技术要求;

(2) 了解与掌握数控铣床的主要功能;

(3) 掌握 G92、G68～G69、M98～M99、G50～G51 等指令的编程方法;

(4) 掌握内型腔加工铣刀的选用、安装及切削参数选用等工艺方法,并掌握铣加工操作过程。

任务描述

加工如图 3.18 所示工件外轮廓。已知毛坯尺寸为 100 mm×80 mm×30 mm,材料为 45＃钢,试制订加工工艺,编制加工程序,并在机床上完成零件加工。

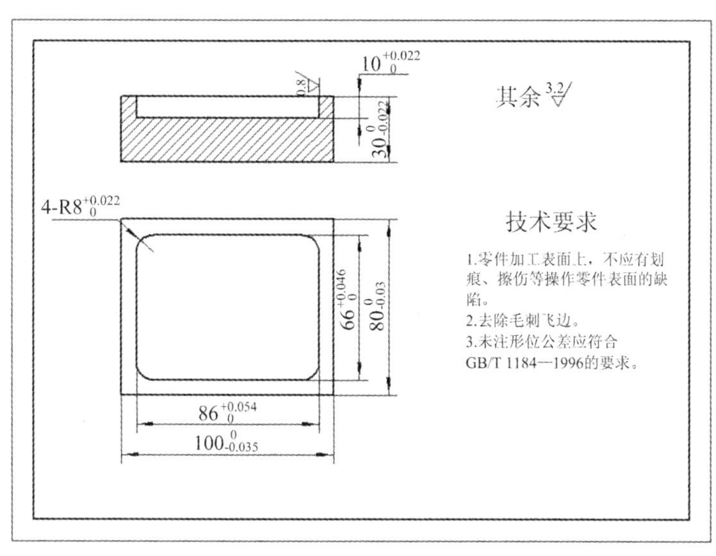

图 3.18　内轮廓零件图

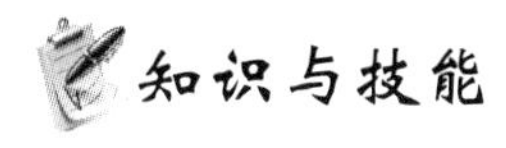

知识与技能

一、数控铣床的主要功能

各种类型数控铣床所配置的数控系统虽然各有不同,但各种数控系统的功能,除一些特殊功能不尽相同外,其主要功能基本相同。

1. 点位控制功能

此功能可以实现对相互位置精度要求很高的孔系加工。

2. 连续轮廓控制功能

此功能可以实现直线、圆弧的插补功能及非圆曲线的加工。

3. 刀具半径补偿功能

此功能可以根据零件图样的标注尺寸来编程，而不必考虑所用刀具的实际半径尺寸，从而减少编程时的复杂数值计算。

4. 刀具长度补偿功能

此功能可以自动补偿刀具的长短，以适应加工中对刀具长度尺寸调整的要求。

5. 比例及镜像加工功能

比例功能可将编好的加工程序按指定比例改变坐标值来执行。镜像加工又称轴对称加工，如果一个零件的形状关于坐标轴对称，那么只要编出一个或两个象限的程序，而其余象限的轮廓就可以通过镜像加工来实现。

6. 旋转功能

该功能可将编好的加工程序在加工平面内旋转任意角度来执行。

7. 子程序调用功能

有些零件需要在不同的位置上重复加工同样的轮廓形状，将这一轮廓形状的加工程序作为子程序，在需要的位置上重复调用，就可以完成对该零件的加工。

8. 宏程序功能

该功能可用一个总指令代表实现某一功能的一系列指令，并能对变量进行运算，使程序更具灵活性和方便性。

二、G92 指令

编程格式：G92 X_ Y_ Z_

G92 指令是将加工原点设定在相对于刀具起始点的某一空间点上。其程序格式为

G92 X a Y b Z c

将加工原点设定到距刀具起始点距离为 $X=-a$，$Y=-b$，$Z=-c$ 的位置上。

例：G92 X20 Y10 Z10

其确立的加工原点在距离刀具起始点 $X=-20$，$Y=-10$，$Z=-10$ 的位置上，如图 3.19 所示。

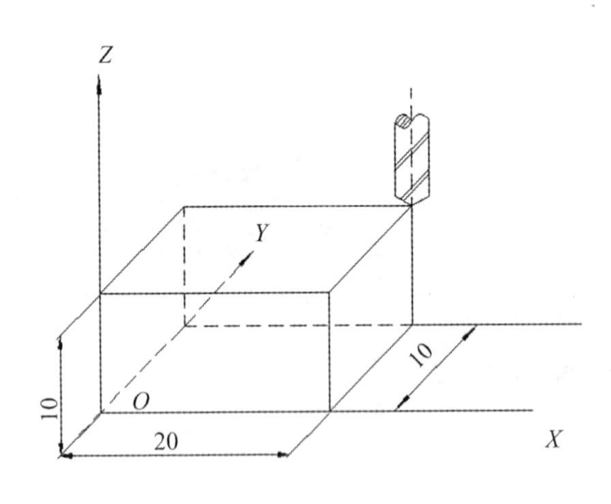

图 3.19　G92 设置加工坐标系

注意：

1. G92 与 G54～G59 的区别

G92 指令与 G54～G59 指令都是用于设定工件加工坐标系的，但在使用中是有区别的。G92 指令是通过程序来设定、选用加工坐标系的，它所设定的加工坐标系原点与当前刀具所在的位置有关，这一加工原点在机床坐标系中的位置是随当前刀具位置的不同而改变的。

2. 常见错误

当执行程序段“G92 X 10 Y 10”时，常会认为是刀具在运行程序后到达 X 10 Y 10 点上。

其实，G92 指令程序段只是设定加工坐标系，并不产生任何动作，这时刀具已在加工坐标系中的 X10 Y10 点上。

G54～G59 指令程序段可以和 G00、G01 指令组合，如 G54 G90 G01 X 10 Y10 时，运动部件在选定的加工坐标系中进行移动。程序段运行后，无论刀具当前点在哪里，它都会移动到加工坐标系中的 X 10 Y 10 点上。

三、坐标系旋转功能——G68、G69

该指令可使编程图形按照指定旋转中心及旋转方向旋转一定的角度，G68 表示开始坐标系旋转，G69 用于撤销旋转功能。

(一) 基本编程方法

编程格式：G68 X_ Y_ R_

……

G69

式中：X、Y：旋转中心的坐标值(可以是 X、Y、Z 中的任意两个，它们由当前平面选择指令 G17、G18、G19 中的一个确定)。当 X、Y 省略时，G68 指令认为当前的位置即为旋转中心。R：旋转角度，逆时针旋转定义为正方向，顺时针旋转定义为负方向。

当程序在绝对方式下时，G68 程序段后的第一个程序段必须使用绝对方式移动指令，才能确定旋转中心。如果这一程序段为增量方式移动指令，那么系统将以当前位置为旋转中心，按 G68 给定的角度旋转坐标。现以图 3.20 为例，应用旋转指令的程序为：

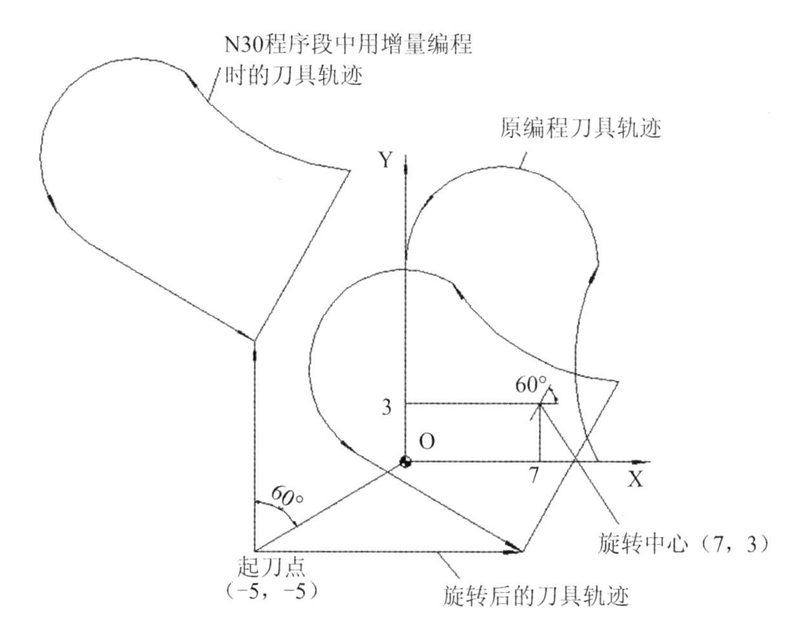

图 3.20　坐标系的旋转

N10 G92 X-5 Y-5　　建立图 3.20 所示的加工坐标系

N20 G68 G90 X7 Y3 R60　　开始以点(7,3)为旋转中心，逆时针旋转 60°的旋转

N30 G90 G01 X0 Y0 F200　　按原加工坐标系描述运动，到达(0,0)点

(G91 X5 Y5)	若按括号内程序段运行,将以(−5,−5)的当前点为旋转中心旋转 60°
N40 G91 X10	X 向进给到(10,0)
N50 G02 Y10 R10	顺圆进给
N60 G03 X-10 I-5 J-5	逆圆进给
N70 G01 Y-10	回到(0,0)点
N80 G69 G90 X-5 Y-5	撤销旋转功能,回到(−5,−5)点
M02	结束

(二) 坐标系旋转功能与刀具半径补偿功能的关系

旋转平面一定要包含在刀具半径补偿平面内。以图 3.21 为例。

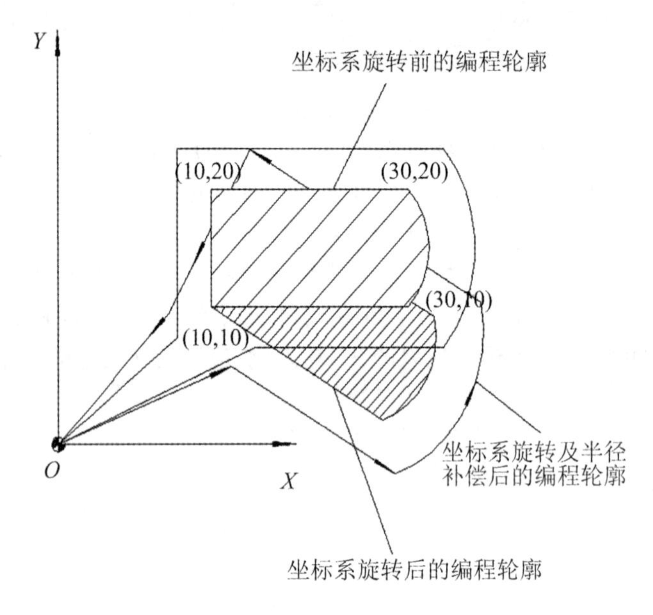

图 3.21 坐标旋转与刀具半径补偿

```
N10 G92 X0 Y0
N20 G68G90 X10 Y10 R-30
N30 G90 G42 G00 X10 Y10 F100 H01
N40 G91 X20
N50 G03 Y10 I-10 J5
N60 G01 X-20
N70 Y-10
N80 G40 G90 X0 Y0
N90 G69 M30
```

当选用半径为 R5 的立铣刀时,设置 H01=5。

(三) 与比例编程方式的关系

在比例模式时,再执行坐标旋转指令,旋转中心坐标也执行比例操作,但旋转角度不受影响，这时各指令的排列顺序如下：

G51……

G68……

G41/G42……

G40……

G69……

G50……

四、子程序调用

编程时，为了简化程序的编制，当一个工件上有相同的加工内容时，常用调子程序的方法进行编程。调用子程序的程序叫作主程序。子程序的编号与一般程序基本相同，只是程序结束字为 M99 表示子程序结束，并返回到调用子程序的主程序中。

调用子程序的编程格式　M98 P_；

式中：P 表示子程序调用情况。P 后共有 8 位数字，前四位为调用次数，省略时为调用一次；后四位为所调用的子程序号。

如图 3.22 所示，在一块平板上加工 6 个边长为 10 mm 的等边三角形，每边的槽深为 −2 mm，工件上表面为 Z 向零点。其程序的编制就可以采用调用子程序的方式来实现(编程时不考虑刀具补偿)。

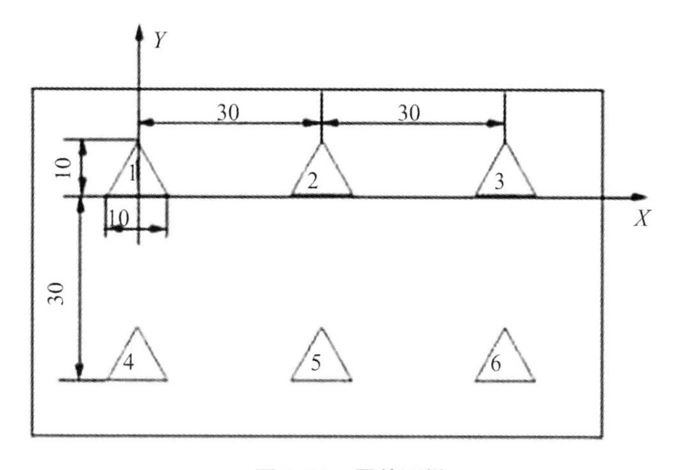

图 3.22　零件图样

主程序：

O10	
N10 G54 G90 G01 Z40 F2000	进入工件加工坐标系
N20 M03 S800	主轴启动
N30 G00 Z3	快进到工件表面上方
N40 G01 X 0 Y8.66	到 1＃三角形上顶点
N50 M98 P20	调 20 号切削子程序切削三角形
N60 G90 G01 X30 Y8.66	到 2＃三角形上顶点
N70 M98 P20	调 20 号切削子程序切削三角形

```
N80 G90 G01 X60 Y8.66          到3#三角形上顶点
N90 M98 P20                    调20号切削子程序切削三角形
N100 G90 G01 X 0 Y-21.34       到4#三角形上顶点
N110 M98 P20                   调20号切削子程序切削三角形
N120 G90 G01 X30 Y-21.34       到5#三角形上顶点
N130 M98 P20                   调20号切削子程序切削三角形
N140 G90 G01 X60 Y-21.34       到6#三角形上顶点
N150 M98 P20                   调20号切削子程序切削三角形
N160 G90 G01 Z40 F2000         抬刀
N170 M05                       主轴停
N180 M30                       程序结束
子程序：
O20
N10 G91 G01 Z-2 F100           在三角形上顶点切入(深)2 mm
N20 G01 X-5 Y-8.66             切削三角形
N30 G01 X 10 Y 0               切削三角形
N40 G01 X 5 Y 8.66             切削三角形
N50 G01 Z 5 F2000              抬刀
N60 M99                        子程序结束
```

设置G54：$X=-400$，$Y=-100$，$Z=-50$。

五、比例及镜向功能

比例及镜向功能可使原编程尺寸按指定比例缩小或放大；也可让图形按指定规律产生镜像变换。

G51为比例编程指令；G50为撤销比例编程指令。G50、G51均为模式G代码。

(一) 各轴按相同比例编程

编程格式：G51 X_ Y_ Z_ P_

……

G50

式中：X、Y、Z为比例中心坐标(绝对方式)；P为比例系数，最小输入量为0.001，比例系数的范围为：0.001～999.999。该指令以后的移动指令，从比例中心点开始，实际移动量为原数值的P倍。P值对偏移量无影响。

例如，在图3.23中，P_1～P_4为原编程图形，P_1'～P_4'为比例编程后的图形，P_0为比例中心。

(二) 各轴以不同比例编程

各个轴可以按不同比例来缩小或放大，当给定的比例系数为－1时，可获得镜像加工功能。

编程格式：G51 X_ Y_ Z_ I_ J_ K_

……

G50

式中:X、Y、Z 为比例中心坐标;I、J、K 为对应 X、Y、Z 轴的比例系数,在±0.001~±9.999范围内。本系统设定 I、J、K 不能带小数点,比例为 1 时,应输入 1000,并在程序中都应输入,不能省略。比例系数与图形的关系见图 3.24。其中:b/a:X 轴系数;d/c:Y 轴系数;O:比例中心。

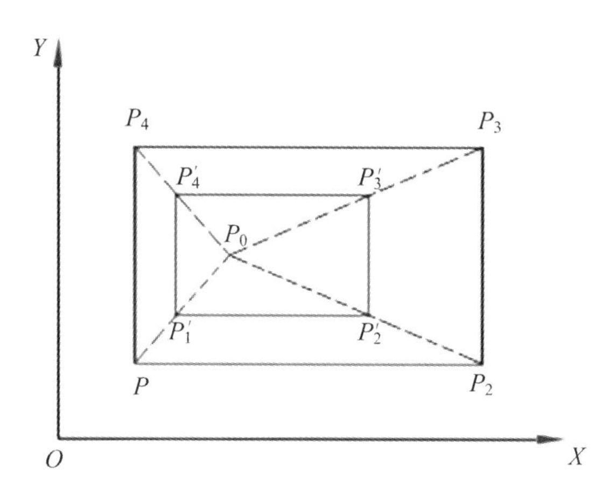

图 3.23　各轴按相同比例编程

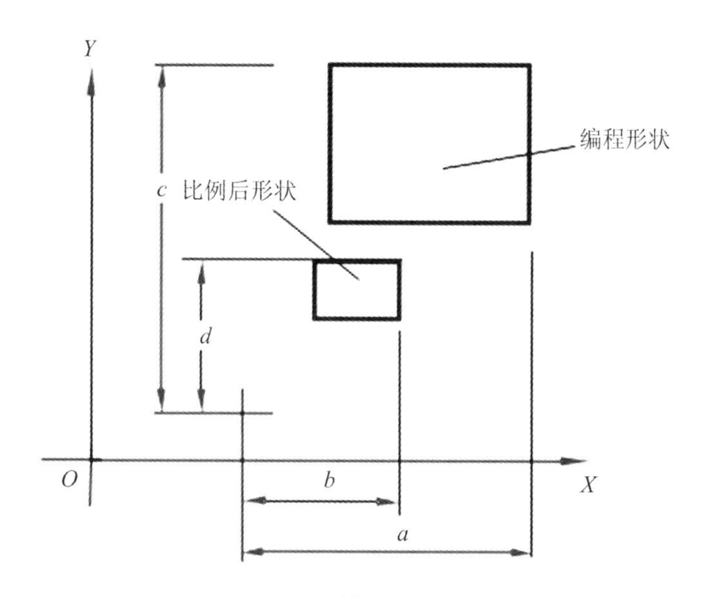

图 3.24　各轴以不同比例编程

（三）镜像功能

再举一例来说明镜像功能的应用。见图 3.25,其中槽深为 2 mm,比例系数取为+1000 或−1000。设刀具起始点在 O 点,程序如下:

子程序:

O9000

N10 G00 X60 Y60　　　　到三角形左顶点

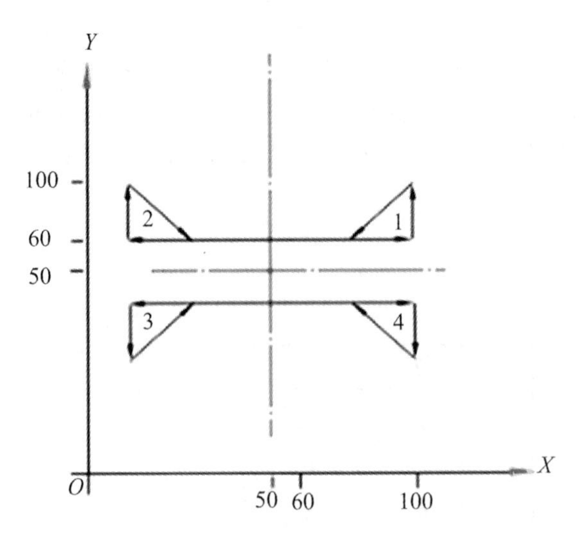

图 3.25 镜像功能

N20 G01 Z-2F100	切入工件
N30 G01 X100 Y60	切削三角形一边
N40 X100 Y100	切削三角形第二边
N50 X60 Y60	切削三角形第三边
N60 G00 Z4	向上抬刀
N70 M99	子程序结束

主程序：

O 100

N10 G92 X0 Y0 Z10	建立加工坐标系
N20 G90	选择绝对方式
N30 M98 P9000	调用 9000 号子程序切削 1＃三角形
N40 G51 X50 Y50 I-1000 J1000	以 X50 Y50 为比例中心，以 X 比例为－1、Y 比例为＋1 开始镜向
N50 M98 P9000	调用 9000 号子程序切削 2＃三角形
N60 G51 X50 Y50 I-1000 J-1000	以 X50 Y50 为比例中心，以 X 比例为－1、Y 比例为－1 开始镜向
N70 M98 P9000	调用 9000 号子程序切削 3＃三角形
N80 G51 X50 Y50 I 1000 J-1000	以 X50 Y50 为比例中心，以 X 比例为＋1、Y 比例为－1 开始镜向
N90 M98 P9000	调用 9000 号子程序切削 4＃三角形
N100 G50	取消镜向
N110 M30	程序结束

（四）设定比例方式参数

（1）在操作面板上选择 MDI 方式；

（2）按下 PARAM DGNOS 按钮，进入设置页面，其中：

PEV X 为设定 X 轴镜像，当 PEV X 置“1”时，X 轴镜像有效；当 PEV X 置“0”时，X 轴镜像无效。

PEV Y 为设定 Y 轴镜像，当 PEV Y 置“1”时，Y 轴镜像有效；当 PEV Y 置“0”时，Y 轴镜像无效。

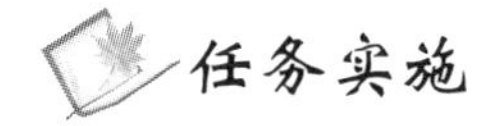

任务实施

一、任务工艺分析

（一）图纸分析

零件图一般可以从以下六点来分析：① 标题栏；② 零件的结构；③ 尺寸及尺寸公差；④ 形位公差；⑤ 表面粗糙度；⑥ 技术要求。

从标题栏获知该零件的材料为 45＃ 钢，零件结构为长方体上铣个凹槽，有尺寸公差要求，形位公差按 GB/T 1184—1996 的要求，表面质量侧面要求 Ra0.8、底部要求 Ra3.2，技术要求提出了工件应去毛刺，表面不应有划伤。

（二）毛坯的选择和确定

根据毛坯图可获知，该零件材料为 45＃钢，结构为 100 mm×80 mm×30 mm 的长方体，因此可选用 45＃钢型材为毛坯。六面铣削到毛坯图的要求。

（三）设备的选择和确定

由零件图可知，该零件为平面内轮廓零件，零件尺寸精度要求较高，所以选用数控铣床，型号：FANUC 0i VMC850B。机床如图 3.26 所示。

图 3.26　VMC850B 型数控铣床

（四）夹具的选择和确定

由零件图可知，该零件为长方体平面内轮廓零件，因此可选用 0～120 mm 的平口虎钳作为加工该零件的夹具。平口虎钳如图 3.27 所示。

（五）刀具的选择和确定

根据该零件的加工要求，选择硬质合金平底铣刀，规格：100L ＊ D12R0-4F，刀具如图 3.28所示。

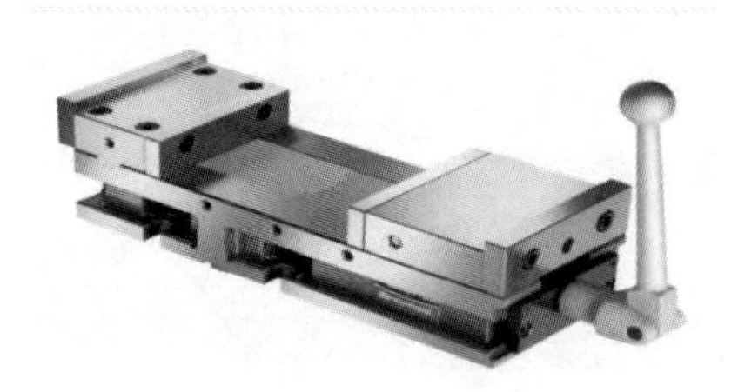
图 3.27　夹具

图 3.28　平底铣刀

（六）切削用量的确定

切削用量要根据工艺系统（机床、夹具、刀具、工件）及冷却方式来确定，根据零件图的要求，及机床、夹具的选择，确定以下切削用量。

背吃刀量 α_p：1 mm；

进给速度 F：500 mm/min；

主轴转速 n：2500 r/min。

（七）走刀路线的确定

为提高零件的表面质量，通过圆弧切入、圆弧切出。铣削方向的选择，如图 3.29 所示，铣刀沿工件内轮廓逆时针方向铣削。铣刀切出工件表面的线速度方向与工件进给方向一致为顺铣，反之为逆铣。为了保证加工表面的质量，采用顺铣路线加工，及沿工件内轮廓顺时针方向铣削。

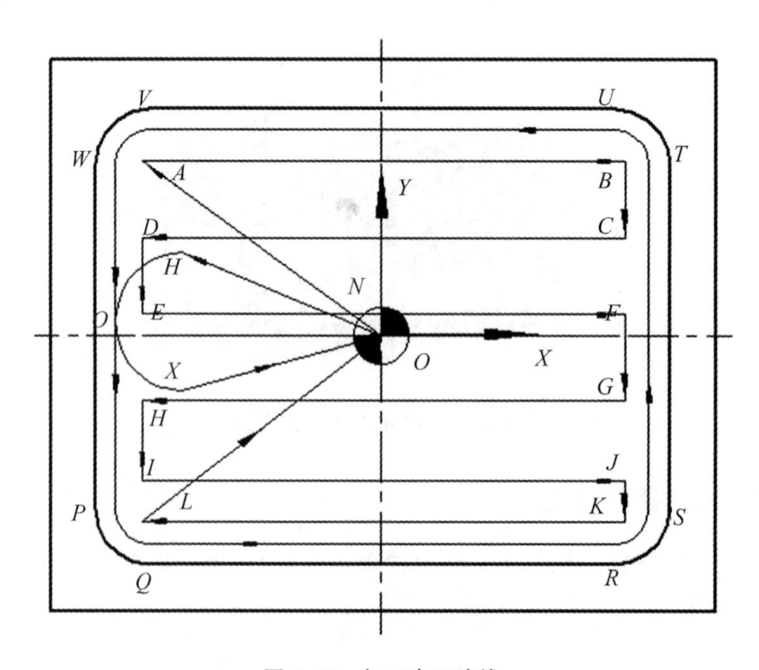

图 3.29　加工走刀路线

二、编写加工程序

零件程序的编写需要掌握以下知识点:① 坐标原点的确定;② 控制点坐标的计算;③ 单个编程指令的理解和运用;④ 完整程序的编写。

(一) 坐标原点确定

由于该零件比较规则,所以定在零件上表面的正中心。即如图 3.30 所示 *XOY*,*XOZ* 的位置。

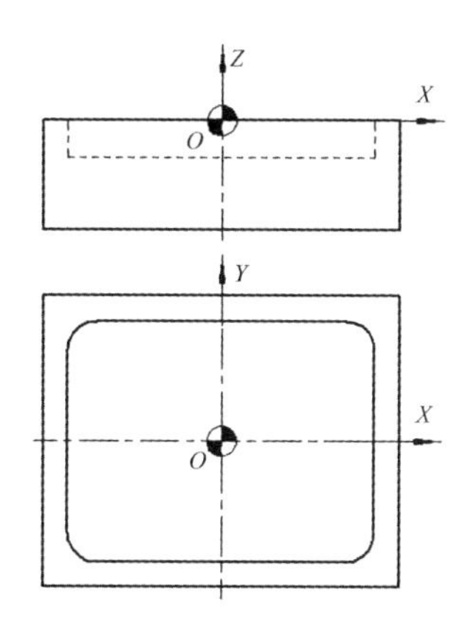

图 3.30　工件坐标系

(二) 控制点坐标的计算

由图 3.31 可计算出各控制点在 *XOY* 平面的坐标。

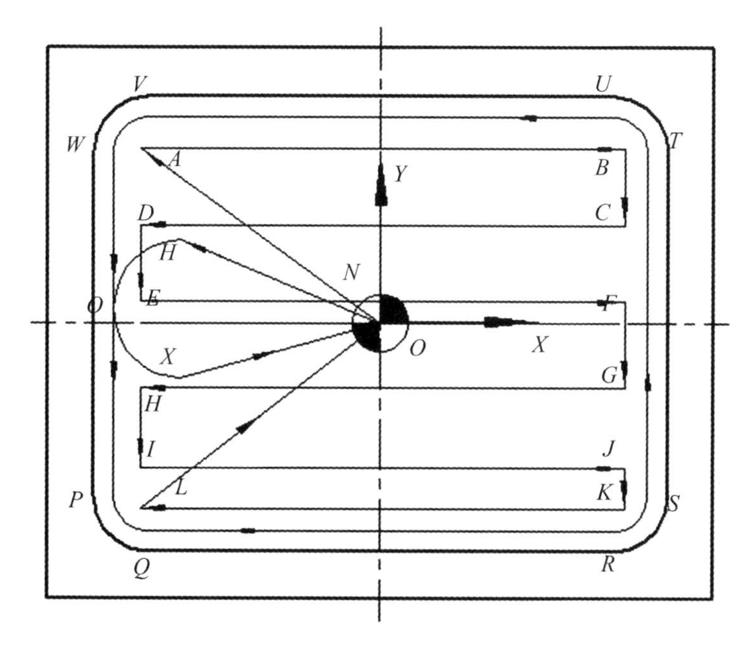

图 3.31　工件编程控制点

A(−33,23) B(33,23) C(33,13) D(−33,13) E(−33,3) F(33,3) G(33,7) H(−33,−7) I(−33,−17) J(33,−17) K(33,−23) L(−33,23) M(0,0) N(−33,10) O(−43,0) P(−43,−25) Q(−35,−33) R(35,−33) S(43,−25) T(43,25) U(35,33) V(−35,33) W(−43,25) X(−33,−10)

(三) 参考程序

根据以上的图纸分析，工艺分析，以及数控铣床编程知识的学习，现编写该零件的完整数控程序。

主程序

```
O0010;
G17 G21 G40 G49 G69 G80 G90 G94;        程序初始化
G54 G00 Z100.;                          调用坐标系，刀具抬到 100 的位置
M03 S2500;                              主轴正转，每分钟 2500 转
G00 X0. Y0;                             刀具定位到 X0. Y0 的位置
G00 Z0.;                                刀具下降到 0 的位置
M98 P0020 L10                           调用 0020 号子程序 10 次
G00 Z100.;                              刀具抬到 100 的位置
M30;                                    程序结束
```

子程序

```
O0020;
G91 G01 Z-1. F50;                       增量坐标，刀具往下降 1 mm
G90 G01 X-33. Y23. F500;                切削中间的余量开始
G01 X33.;
G01 Y13.;
G01 X-33.;
G01 Y3. ;
G01 X33.;
G01 Y-7. ;
G01 X-33.;
G01 Y-17.;
G01 X33.;
G01 Y-23.;
G01 X0 Y0;                              切削中间的余量结束
G41 G01 X33. Y10. D01;                  建立刀具半径左补偿
G02 X43. Y0 R10.;                       圆弧切入
G01 Y-25.;                              轮廓切削开始
G02 X35. Y-33. R8.;
G01 X-35.;
G02 X-43. Y-25. R8.;
G01 Y25;
```

```
G02 X-35. Y33. R8. ;
G01 X35. ;
G02 X43. Y25. R8. ;
G01 Y0;                    轮廓切削结束
G02 X50. Y-10. R10. ;      圆弧切出
G40 G01 X70. Y0. ;         取消刀具半径补偿,回到刀具起始点
M99;                       子程序结束
```

三、车间实际加工

零件程序编写后,在实训车间对该零件进行实际操作训练。

具体步骤:

(1) 安装工件、刀具并导入程序;

(2) 对刀,设定加工坐标系和刀补参数;

(3) 程序校验、试切;

(4) 自动运行程序,直至完成零件加工;

(5) 检验。

任务评价

序号	能　力　点	掌握情况	序号	能　力　点	掌握情况
1	安全操作		4	对刀操作过程	
2	编程能力		5	程序运行	
3	刀具、工件安装正确与否		6	零件检测	

思考与练习

编写如图 3.32 所示的零件加工程序。

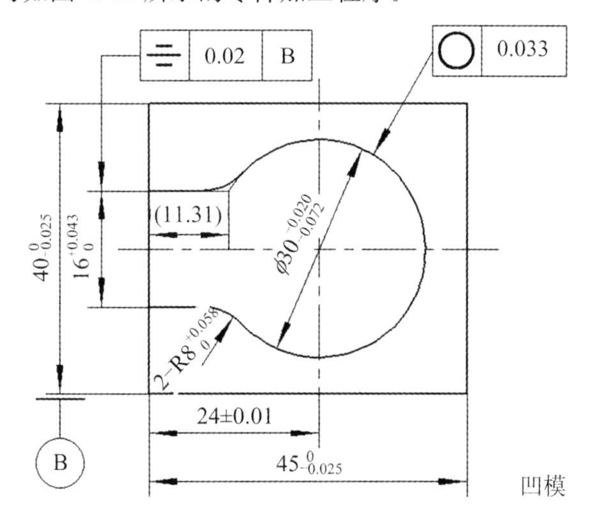

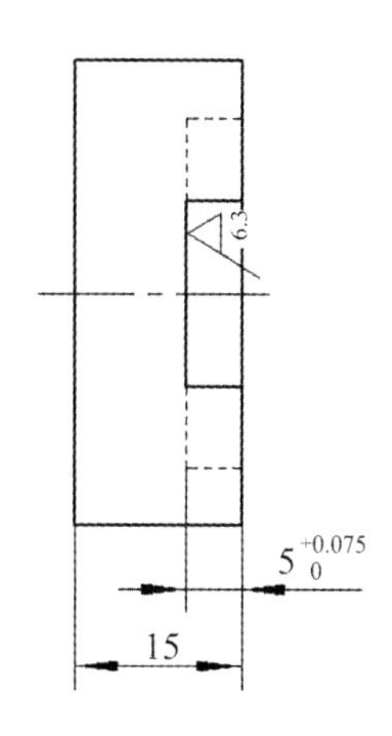

图 3.32　零件图

任务三　加工孔类零件

任务目标

(1) 掌握孔类零件的结构特点和工艺性能的综合分析方法，正确分析此类零件的技术要求；

(2) 了解与掌握孔加工固定循环指令类型、固定动作与格式；

(3) 掌握常用孔加工指令的编程方法；

(4) 掌握孔加工刀具的选用、安装及切削参数选用等工艺方法，并掌握加工操作过程。

任务描述

加工如图 3.33 所示工件外轮廓。已知毛坯尺寸为 100 mm×80 mm×30 mm，材料为 45＃钢，试制订加工工艺，编制加工程序，并在机床上完成零件加工。

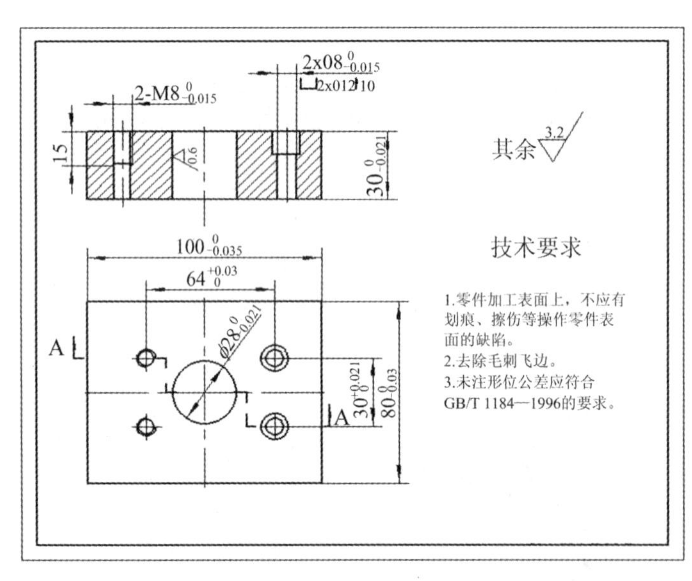

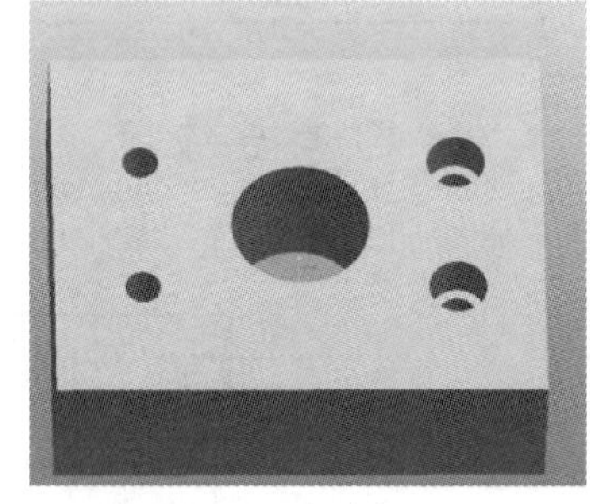

图 3.33　孔加工零件图

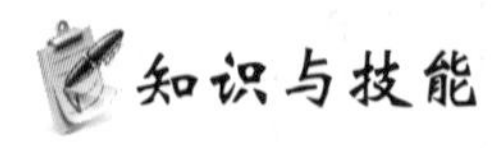

知识与技能

一、孔加工固定循环指令类型、固定动作与格式

数控加工中，某些加工动作循环已经典型化。例如，钻孔、镗孔的动作是孔位平面定位、快速引进、工作进给、快速退回等一系列典型的加工动作，这样就可以预先编好程序，存储在内存中，并可用一个 G 代码程序段调用，称为固定循环，以简化编程工作。孔加工固定循环指令有 G73、G74、G76、G80～G89，通常由下述 6 个动作构成，如图 3.34 所示，图中实线表

示切削进给,虚线表示快速进给。

动作1:X、Y轴定位;

动作2:快速运动到R点(参考点);

动作3:孔加工;

动作4:在孔底的动作;

动作5:退回到R点(参考点);

动作6:快速返回到初始点。

固定循环的程序格式如下:

$$\begin{Bmatrix} G90 \\ G91 \end{Bmatrix} \begin{Bmatrix} G98 \\ G99 \end{Bmatrix} G\_ \ X\_ \ Z\_ \ R\_ \ Q\_ \ P\_ \ I\_ \ K\_ \ F\_ \ L\_$$

其中:G98表示返回初始平面;G99表示返回R点平面;G表示固定循环代码G73、G74、G76和G81~G89之一;X、Y表示加工起点到孔位的距离(G91)或孔位坐标(G90);R表示初始点到R点的距离(G91)或R点的坐标(G90);Z、R表示点到孔底的距离(G91)或孔底坐标(G90);Q表示每次进给深度(G73/G83);I、J表示刀具在轴反向位移增量(G76/G87);P表示刀具在孔底的暂停时间;F表示切削进给速度;L表示固定循环的次数。

固定循环的程序格式包括数据表达形式、返回点平面、孔加工方式、孔位置数据、孔加工数据和循环次数。其中数据表达形式可以用绝对坐标G90和增量坐标G91表示。如图3.35所示,其中图3.35(a)采用G90的表达形式,图3.35(b)采用G91的表达形式。

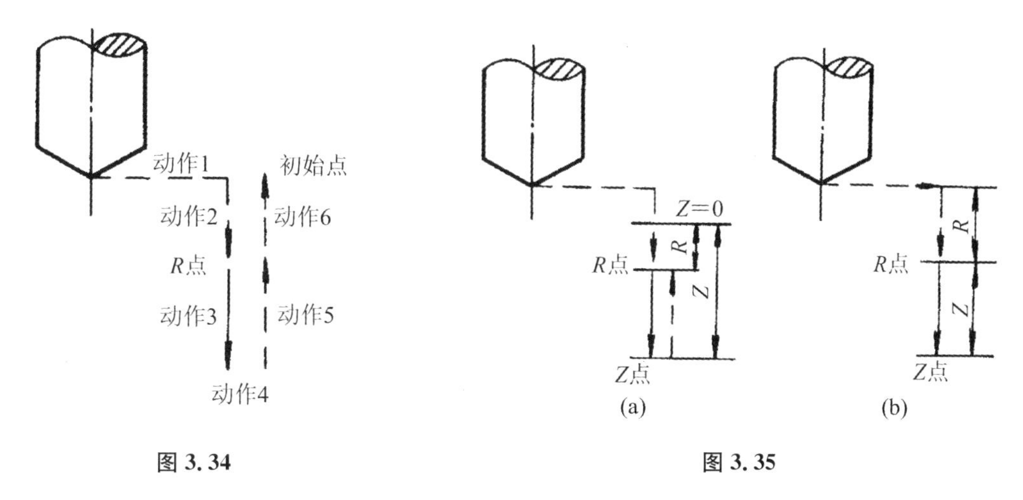

图3.34　　**图3.35**

式中第二个G代码(G98或G99)指定返回点平面,G98为返回初始平面,G99为返回R点平面。第三个G代码为孔加工方式,即固定循环代码G73,G74,G76和G81~G89中的任一个。

二、常用孔加工固定循环指令

(一)钻孔循环指令G81

G81钻孔加工循环指令格式为:

G98/G99　G81 X_ Y_ Z_ R_ F_

X,Y为孔的位置、Z为孔的深度,F为进给速度(mm/min),R为参考平面的高度。G98

和 G99 两个模态指令控制孔加工循环结束后刀具是返回初始平面还是参考平面；G98 返回初始平面，为缺省方式；G99 返回参考平面。

编程时可以采用绝对坐标 G90 和相对坐标 G91 编程，建议尽量采用绝对坐标编程。

其动作过程如下：

(1) 钻头快速定位到孔加工循环起始点(X,Y)；

(2) 钻头沿 Z 方向快速运动到参考平面 R；

(3) 钻孔加工到 Z 点；

(4) 钻头快速退回到参考平面 R 或快速退回到初始平面 B。

G81 的动作如图 3.36 所示。

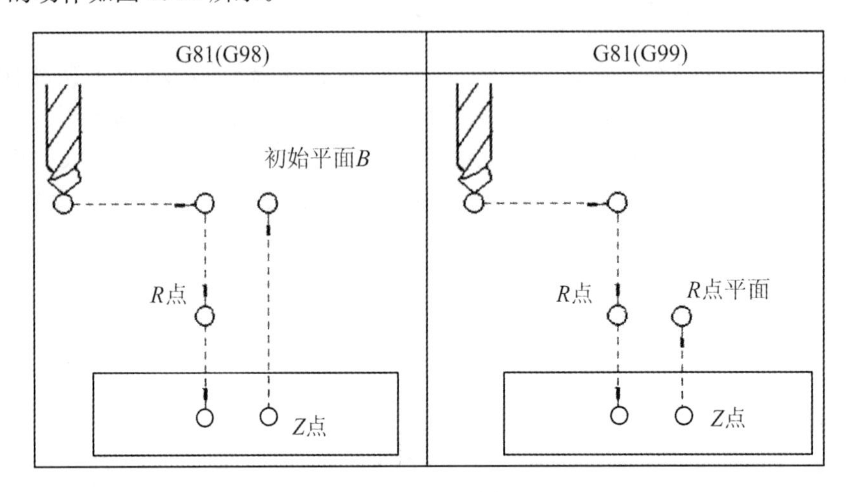

图 3.36 G81 循环

(二) 钻孔循环指令 G82

G82 钻孔加工循环指令格式为：

G98/G99 G82 X_ Y_ Z_ R_ P_ F_

在指令中 P 为钻头在孔底的暂停时间，单位为 ms(毫秒)，其余各参数的意义同 G81。

该指令在孔底加进给暂停动作，即当钻头加工到孔底位置时，刀具不做进给运动，并保持旋转状态，使孔底更光滑。G82 一般用于扩孔和沉头孔加工。

其动作过程如下：

(1) 钻头快速定位到孔加工循环起始点(X,Y)；

(2) 钻头沿 Z 方向快速运动到参考平面 R；

(3) 钻孔加工到 Z 点；

(4) 钻头在孔底暂停进给；

(5) 钻头快速退回到参考平面 R 或快速退回到初始平面 B。

G82 的动作如图 3.37 所示。

(三) 深孔钻削循环指令 G83

对于孔深大于 5 倍直径孔的加工由于是深孔加工，不利于排屑，故采用间段进给(分多次进给)，每次进给深度为 Q，最后一次进给深度小于或等于 Q，退刀至 R 平面，直到孔底为止。

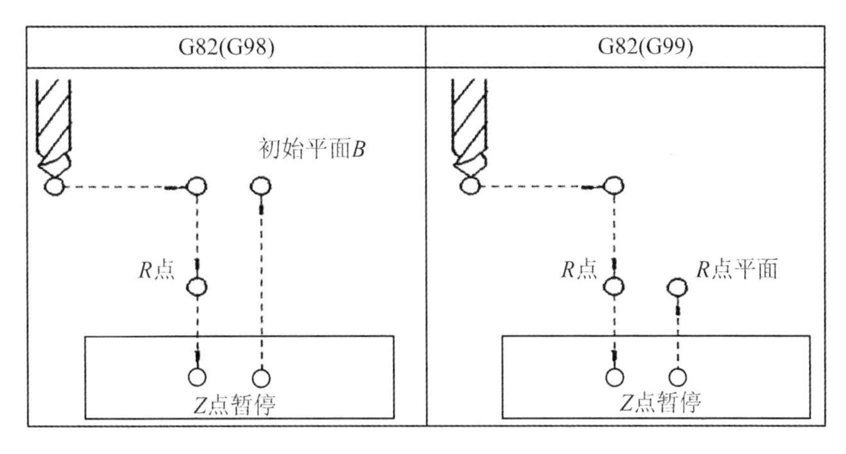

图 3.37　G82 循环

G83 高速深孔钻循环指令格式为：

G98/G99 G83 X_ Y_ Z_ R_ Q_ F_

在指令中每次进给深度为 Q，其余各参数的意义同 G81。

其动作过程如下：

(1) 钻头快速定位到孔加工循环起始点(X,Y)；

(2) 钻头沿 Z 方向快速运动到参考平面 R；

(3) 钻孔加工，进给深度为 Q；

(4) 退刀至 R 平面；

(5) 重复(3)、(4)，直至要求的加工深度；

(6) 钻头快速退回到参考平面 R 或快速退回到初始平面 B。

G83 的动作如图 3.38 所示。

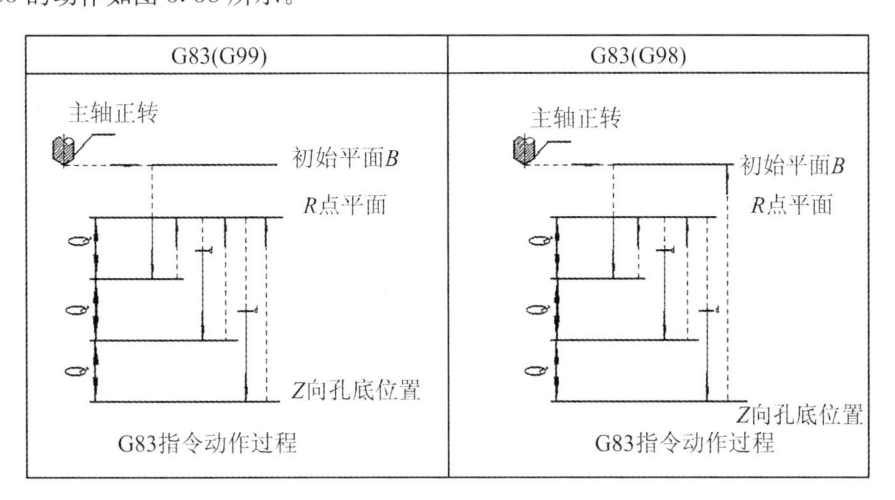

图 3.38　G83 循环

(四) 粗镗孔加工循环指令 G85

G85 钻孔加工循环指令格式为：

G98/G99 G85 X_ Y_ Z_ R_ F_

与 G86 的区别是：在到达孔底位置后，主轴停止，并快速退出。各参数的意义同 G86。

其动作过程如下：

(1) 镗刀快速定位到镗孔加工循环起始点(X,Y)；

(2) 镗刀沿 Z 方向快速运动到参考平面 R；

(3) 镗孔加工到 Z 点；

(4) 镗刀快速退回到参考平面 R 或初始平面 B；

G85 的动作如图 3.39 所示。

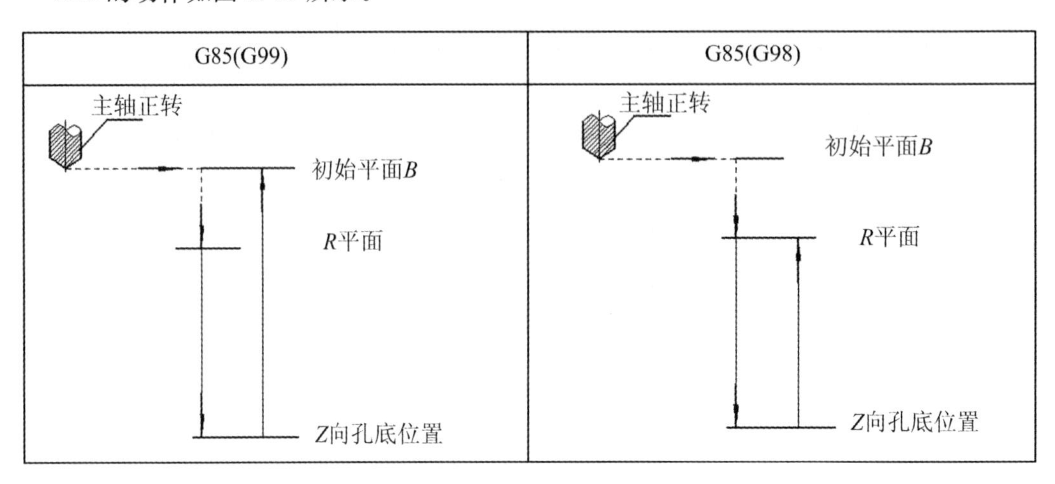

图 3.39　G85 循环

(五) 精镗循环指令 G76

G76 镗孔加工循环指令格式为：

G98/G99 G76 X_ Y_ Z_ R_ P_ Q_ F_

与 G85 的区别是：G76 在孔底有三个动作：进给暂停、主轴准停(定向停止)、刀具沿刀尖的反向偏移 Q 值，然后快速退出。这样保证刀具不划伤孔的表面。P 为暂停时间(ms)，Q 为偏移值，其余各参数的意义同 G85。

其动作过程如下：

(1) 镗刀快速定位到镗孔加工循环起始点(X,Y)；

(2) 镗刀沿 Z 方向快速运动到参考平面 R；

(3) 镗孔加工到 Z 点；

(4) 进给暂停、主轴准停、刀具沿刀尖的反向偏移；

(5) 镗刀快速退出到参考平面 R 或初始平面 B。

G76 的动作如图 3.40 所示。

(六) 刚性右旋攻丝循环指令 G84

G84 攻右旋螺纹指令格式为：

G98/G99 G84 X_ Y_ Z_ R_ P_ F_

执行该指令时，主轴先正转，到螺纹孔低时主轴停止，然后反转回到 R 平面，主轴回复正转，完成攻螺纹动作。要注意的是，该指令执行前要用 G95 指令，即每转进给量，该指令中 F

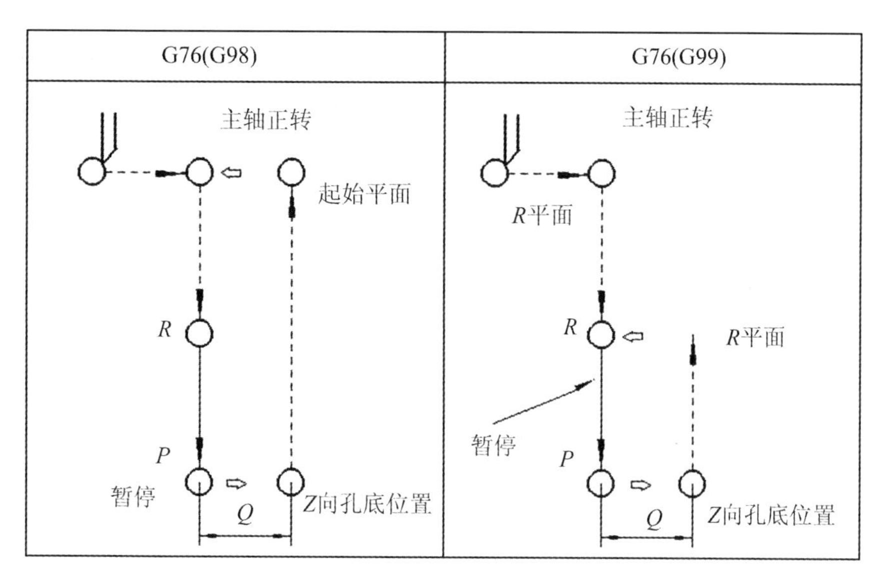

图 3.40　G76 循环

后面的数值是螺纹的螺距值。

其动作过程如下：

(1) 主轴正转丝锥快速定位到镗孔加工循环起始点(X,Y)；

(2) 丝锥沿 Z 方向快速运动到参考平面 R；

(3) 丝锥加工到 Z 点；

(4) 主轴停止然后反转；

(5) 主轴反转回到 R 平面后然后正转；

(6) 正转加工下一个后回到初始平面。

G84 的动作如图 3.41 所示。

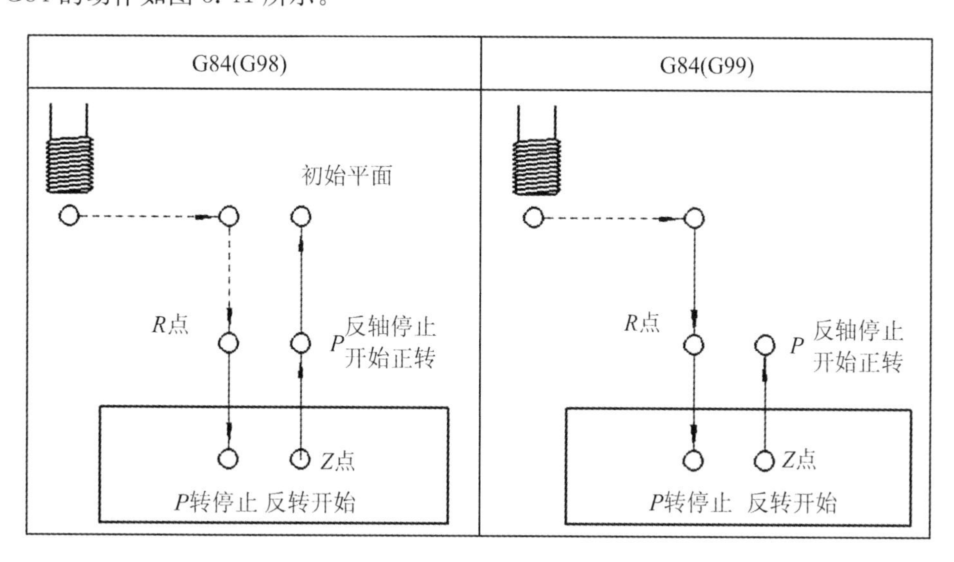

图 3.41　G84 循环

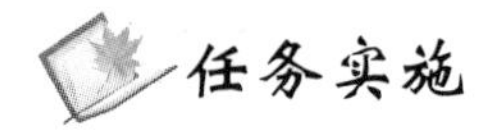
任务实施

一、任务工艺分析

（一）图纸分析

零件图一般可以从以下 6 点来分析：① 标题栏；② 零件的结构；③ 尺寸及尺寸公差；④ 形位公差；⑤ 表面粗糙度；⑥ 技术要求。

从标题栏获知该零件的材料为 45＃钢，零件结构为长方体上加工孔，有尺寸公差要求，形位公差按 GB/T 1184—1996 的要求，表面质量侧面要求 Ra0.8、底部要求 Ra3.2，技术要求提出了工件应去毛刺，表面不应有划伤。

（二）毛坯的选择和确定

根据毛坯图可获知，该零件材料为 45＃钢，结构为 100 mm×80 mm×30 mm 的长方体，因此可选用 45＃钢型材为毛坯。六面铣削到毛坯图的要求。

（三）设备的选择和确定

由零件图可知，该零件为孔加工零件，零件尺寸精度要求较高，所以选用数控铣床，型号：FANUC 0i VMC850B。机床如图 3.42 所示。

图 3.42　VMC850B 型数控铣床

（四）夹具的选择和确定

由零件图可知，该零件为长方体平面内轮廓零件，因此可选用 0～120 mm 的平口虎钳作为加工该零件的夹具。平口虎钳如图 3.43 所示。

（五）刀具的选择和确定

根据该零件的加工要求，选择高速钢锥柄麻花钻头、高速钢直柄麻花钻头、粗镗刀、精镗刀、硬质合金平底铣刀、丝锥。刀具如图 3.44 所示。

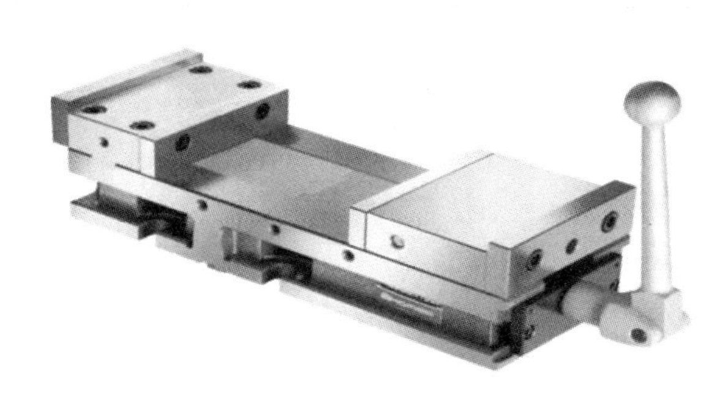

图 3.43　夹具

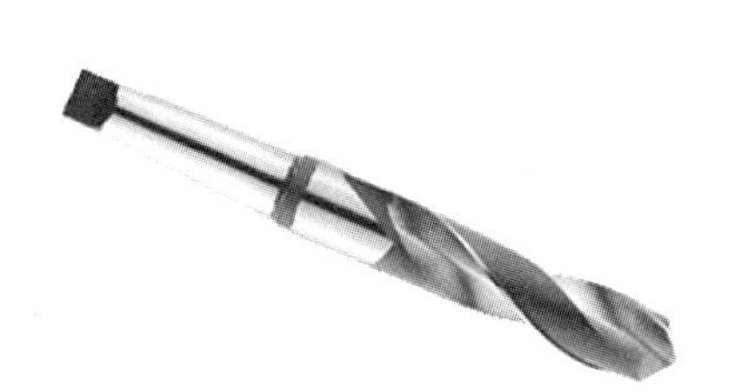

高速钢锥柄麻花钻头（规格:D25）

高速钢直柄麻花钻头（规格:D6.8/ D8）

单刃倾斜式粗镗刀（加工范围:D25-38）

精镗刀（加工范围:D26-30）

硬质合金平底铣刀（规格:100L*D12R0-4F）

机用丝锥（规格:M8）

图 3.44　孔加工刀具

（六）切削用量的确定

切削用量要根据工艺系统(机床、夹具、刀具、工件)及冷却方式来确定,根据零件图的要求,及机床、夹具的选择,确定以下切削用量。

(1) 高速钢锥柄麻花钻头(规格:D25),进给速度 F:20 mm/min,主轴转速 n:300 r/min;

(2) 高速钢直柄麻花钻头(规格:D6.8/ D8),进给速度 F:50 mm/min,主轴转速 n:500 r/min;

(3) 单刃倾斜式粗镗刀(加工范围 D25～38),F:50 mm/min,主轴转速 n:2000 r/min;

(4) 精镗刀(加工范围 D26～30),F:50 mm/min,主轴转速 n:300 r/min;

(5) 硬质合金平底铣刀(规格:100L * D12R0-4F),背吃刀量 α_p:1 mm;进给速度 F:500 mm/min;主轴转速 n:2500 r/min。

(6) 机用丝锥(规格:M8),F:1.2 mm/r,主轴转速 n:100 r/min。

二、编写加工程序

零件程序的编写需要掌握以下知识点:① 坐标原点的确定;② 控制点坐标的计算;③ 单个编程指令的理解和运用;④ 完整程序的编写。

(一) 坐标原点确定

由于该零件比较规则,所以定在零件上表面的正中心。即如图 3.45 所示 XOY,XOZ 的位置。

(二) 控制点坐标的计算

由图 3.46 可计算出各控制点在 XOY 平面的坐标。

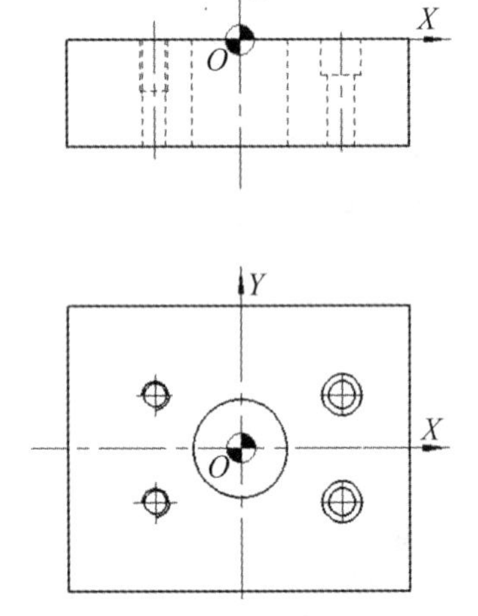

图 3.45 工件坐标系

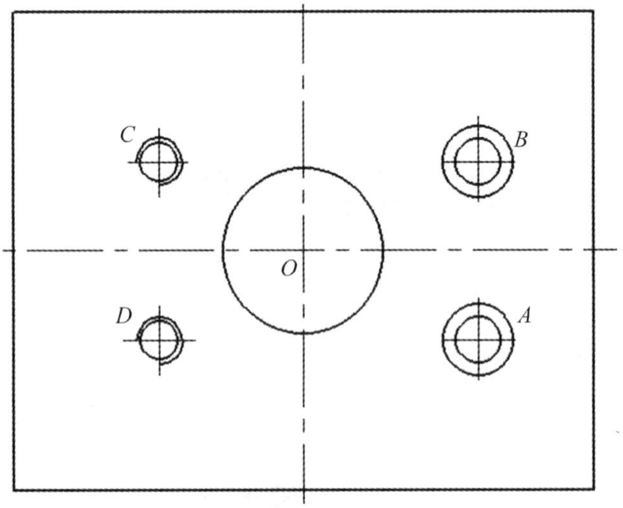

图 3.46 工件编程控制点

A(32,−15) B(32,15) C(−32,15) D(−32,−15) O(0,0)

(三) 参考程序

D8 直柄钻头—G81 指令钻通孔

```
O0001;
G17 G21 G40 G49 G69 G80 G90 G94;      程序初始化
M03 S500;                             主轴正转,每分钟 500 转
G54 G00 Z100.;                        调用坐标系,刀具抬到 100 的位置
G00 X0 Y0;                            刀具定位到 X0. Y0 的位置
G99 G81 X32. Y15. Z-35. R3. F50;      进给 50 mm/min,抬到 R 平面
G98 X32. Y-15.;                       进给 50 mm/min,抬到初始平面
```

程序	说明
M30；	程序结束

100L * D12R0-4F 的平底铣刀—G82 指令锪孔

程序	说明
O0002；	
G17 G21 G40 G49 G69 G80 G90 G94；	程序初始化
M03 S2000；	主轴正转,每分钟 500 转
G54 G00 Z100.；	调用坐标系,刀具抬到 100 的位置
G00 X0 Y0；	刀具定位到 X0. Y0 的位置
G99 G82 X32. Y15. Z-35. R3. P3000 F50；	孔底暂停 3 秒,进给 50 mm/min,抬到 *R* 平面
G98 X32. Y-15.；	孔底暂停 3 秒,进给 50 mm/min,抬到初始平面
M30；	程序结束

D6.8 直柄钻头—G83 指令钻通孔

程序	说明
O0003；	
G17 G21 G40 G49 G69 G80 G90 G94；	程序初始化
M03 S500；	主轴正转,每分钟 500 转
G54 G00 Z100.；	调用坐标系,刀具抬到 100 的位置
G00 X0 Y0.；	刀具定位到 X0. Y0 的位置
G99 G83 X-32. Y15. Z-35. R3. Q5. F50；	每次进 5 mm,进给 50 mm/min,抬到 *R* 平面
G98 X-32. Y-15.；	每次进 5 mm,进给 50 mm/min,抬到初始平面
M30；	程序结束

M8 机用丝锥—G84 指令攻右旋螺纹

程序	说明
O0004；	
G17 G21 G40 G49 G69 G80 G90 G95；	程序初始化,每转进给
M03 S100；	主轴正转,每分钟 500 转
G54 G00 Z100.；	调用坐标系,刀具抬到 100 的位置
G00 X0 Y0.；	刀具定位到 X0. Y0 的位置
G99 G84 X-32. Y15. Z-35. R3. F1.2；	每次进 5 mm,进给 1.2 mm/r,抬到 *R* 平面
G98 X-32. Y-15.；	每次进 5 mm,进给 1.2 mm/r,抬到初始平面
M30；	程序结束

D25 锥柄钻头—G81 指令钻通孔

程序	说明
O0005；	
G17 G21 G40 G49 G69 G80 G90 G94；	程序初始化
M03 S300；	主轴正转,每分钟 300 转
G54 G00 Z100.；	调用坐标系,刀具抬到 100 的位置

```
G00 X0 Y0;                              刀具定位到 X0. Y0 的位置
G98 G81 X0. Y0. Z—35. R3. F20;          进给 20 mm/min,抬到初始平面
M30;                                    程序结束
```

单刃倾斜式粗镗刀(加工范围 D25～38)—G85 指令粗镗孔

```
O0006;
G17 G21 G40 G49 G69 G80 G90 G94;        程序初始化
M03 S2000;                              主轴正转,每分钟 2000 转
G54 G00 Z100.;                          调用坐标系,刀具抬到 100 的位置
G00 X0 Y0 ;                             刀具定位到 X0. Y0 的位置
G98 G85 X0. Y0. Z—35. R3. F50;          进给 50 mm/min,抬到初始平面
M30;                                    程序结束
```

精镗刀(加工范围 D26～30)—G76 指令精镗孔

```
O0007;
G17 G21 G40 G49 G69 G80 G90 G94;             程序初始化
M03 S3000;                                   主轴正转,每分钟 3000 转
G54 G00 Z100.;                               调用坐标系,刀具抬到 100 的位置
G00 X0 Y0 ;                                  刀具定位到 X0. Y0 的位置
G98 G76 X0. Y0. Z-35. R3. P3000 Q1. F50;     进给 50 mm/min,抬到初始平面
M30;                                         程序结束
```

三、车间实际加工

零件程序编写后,在实训车间对该零件进行实际操作训练。

具体步骤:

(1) 安装工件、刀具并导入程序;

(2) 对刀,设定加工坐标系和刀补参数;

(3) 程序校验、试切;

(4) 自动运行程序,直至完成零件加工;

(5) 检验。

任务评价

序号	能　力　点	掌握情况	序号	能　力　点	掌握情况
1	安全操作		4	对刀操作过程	
2	编程能力		5	程序运行	
3	刀具、工件安装正确与否		6	零件检测	

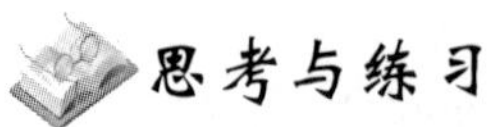

思考与练习

编制如图 3.47 所示的螺纹加工程序,设刀具起点距工作表面 100 mm 处,螺纹切削深度

为 10 mm。

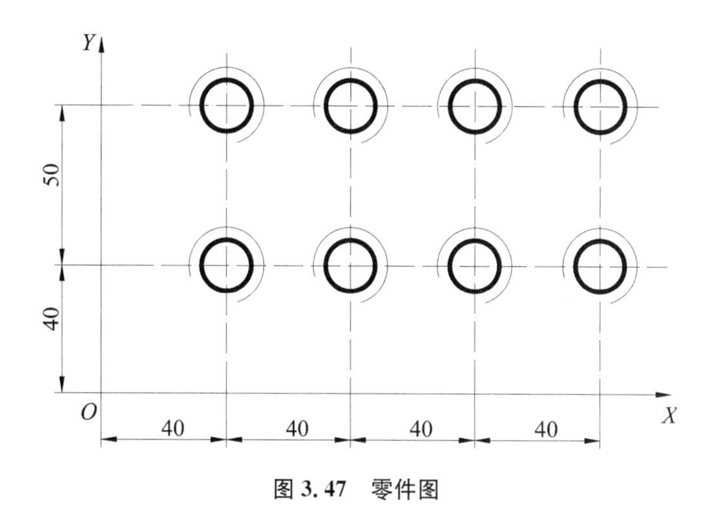

图 3.47　零件图

任务四　数铣综合加工

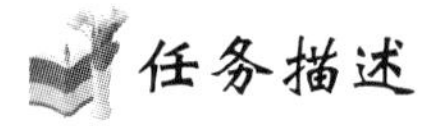

(1) 掌握铣削综合加工零件的结构特点和工艺性能的综合分析方法，正确分析此类零件的技术要求；

(2) 了解与掌握数控铣床的宏程序功能；

(3) 掌握 G65 等指令的编程方法；

(4) 掌握综合加工铣刀的选用、安装及切削参数选用等工艺方法，并掌握铣加工操作过程。

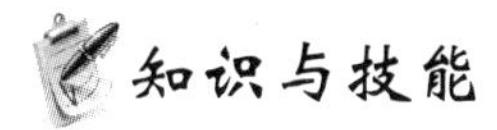

加工如图 3.48 所示工件。已知毛坯尺寸为 100 mm×80 mm×30 mm，材料为 45＃钢，试制订加工工艺，编制加工程序，并在机床上完成零件加工。

知识与技能

一、宏程序

宏程序是指由用户编写的专用程序，它类似于子程序，可用规定的指令作为代号，以便调用。宏程序的代号称为宏指令。下面介绍 B 类宏程序应用的基本问题。

(一) 宏程序的简单调用格式

宏程序的简单调用是指在主程序中，宏程序可以被单个程序段单次调用。

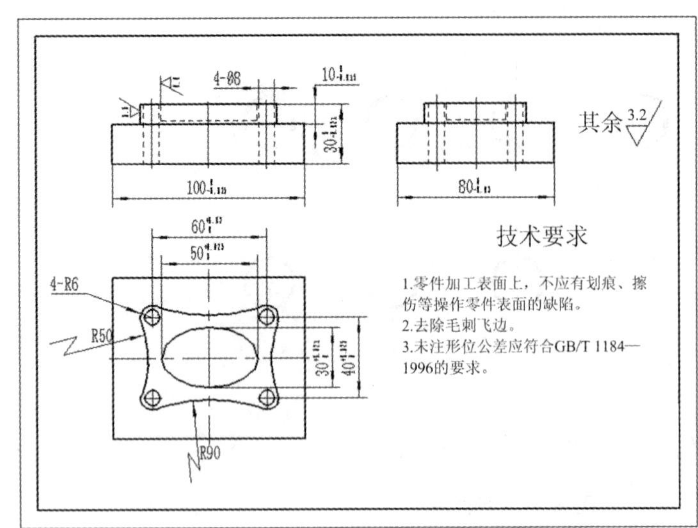

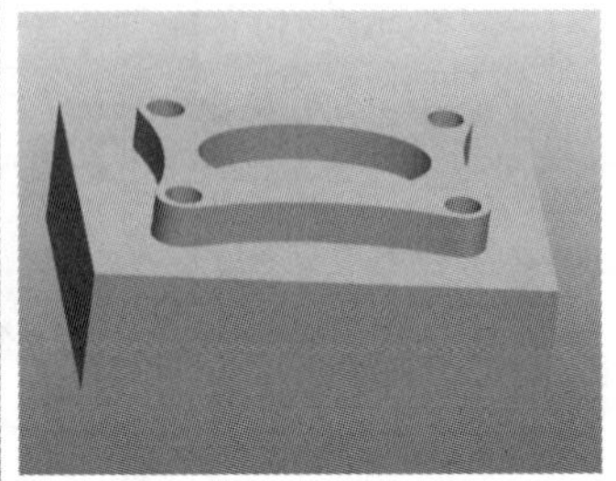

图 3.48　综合加工零件图

调用指令格式：　G65　P(宏程序号)　L(重复次数)(变量分配)

其中:G65 指宏程序调用指令;P(宏程序号)指被调用的宏程序代号;L(重复次数)指宏程序重复运行的次数,重复次数为 1 时,可省略不写;(变量分配)指为宏程序中使用的变量赋值。

宏程序与子程序相同的一点是,一个宏程序可被另一个宏程序调用。

(二) 宏程序的编写格式

宏程序的编写格式与子程序相同。其格式为:

0～(0001～8999 为宏程序号)　程序名

N10 ……　指令

……

N～M99　宏程序结束

上述宏程序内容中,除通常使用的编程指令外,还可使用变量、算术运算指令及其他控制指令。变量值在宏程序调用指令中赋给。

(三) 变量

1. 变量的分配类型 I

这类变量中的文字变量与数字序号变量之间有如表 3.2 所示确定的关系。

表 3.2 中,文字变量为除 G、L、N、O、P 以外的英文字母,一般可不按字母顺序排列,但 I、J、K 例外;#1～#26 为数字序号变量。

例:G65　P1000 A1.0　B2.0　I3.0

则上述程序段为宏程序的简单调用格式,其含义为:调用宏程序号为 1000 的宏程序运行一次,并为宏程序中的变量赋值,其中:#1 为 1.0,#2 为 2.0,#4 为 3.0。

表3.2　文字变量与数字序号变量之间的关系表

A　#1	I　#4	T　#20
B　#2	J　#5	U　#21
C　#3	K　#6	V　#22
D　#7	M #13	W　#23
E　#8	Q #17	X　#24
F　#9	R #18	Y　#25
H　#11	S #19	Z　#26

2. 变量的级别

(1) 本级变量#1～#33

作用于宏程序某一级中的变量称为本级变量,即这一变量在同一程序级中调用时含义相同,若在另一级程序(如子程序)中使用,则意义不同。本级变量主要用于变量间的相互传递,初始状态下未赋值的本级变量即为空白变量。

(2) 通用变量#100～#144,#500～#531

可在各级宏程序中被共同使用的变量称为通用变量,即这一变量在不同程序级中调用时含义相同。因此,一个宏程序中经计算得到的一个通用变量的数值,可以被另一个宏程序应用。

(四) 算术运算指令

变量之间进行运算的通常表达形式是:#i　=(表达式)

1. 变量的定义和替换

#i　=#j

2. 加减运算

#i　=#j　+　#k　　加

#i　=#j　−　#k　　减

3. 乘除运算

#i　=#j　×　#k　　乘

#i　=#j　/　#k　　除

4. 函数运算

#i　=SIN[#j]　　正弦函数(单位为度)

#i　=COS[#j]　　余弦函数(单位为度)

#i　=TANN[#j]　　正切函数(单位为度)

#i　=ATANN[#j]/#k　　反正切函数(单位为度)

#i　=SQRT[#j]　　平方根

#i　=ABS[#j]　　取绝对值

5. 运算的组合

以上算术运算和函数运算可以结合在一起使用,运算的先后顺序是:函数运算、乘除运算、加减运算。

6. 括号的应用

表达式中括号的运算将优先进行。连同函数中使用的括号在内，括号在表达式中最多可用5层。

（五）控制指令

1. 条件转移

编程格式：IF ［条件表达式］ GOTO n

以上程序段含义为：

(1) 如果条件表达式的条件得以满足，则转而执行程序中程序号为 n 的相应操作，程序段号 n 可以由变量或表达式替代；

(2) 如果表达式中条件未满足，则顺序执行下一段程序；

(3) 如果程序作无条件转移，则条件部分可以被省略。

(4) 表达式可按如下书写：

#j EQ #k　　表示＝

#j NE #k　　表示≠

#j GT #k　　表示＞

#j LT #k　　表示＜

#j GE #k　　表示≥

#j LE #k　　表示≤

2. 重复执行

编程格式：WHILE ［条件表达式］ DO m (m=1,2,3)

……

……

END m

上述“WHILE…END m”程序含意为：

(1) 条件表达式满足时，程序段 DO m 至 END m 即重复执行；

(2) 条件表达式不满足时，程序转到 END m 后处执行；

(3) 如果 WHILE ［条件表达式］部分被省略，则程序段 DO m 至 END m 之间的部分将一直重复执行；

注意：(1) WHILE DO m 和 END m 必须成对使用；

(2) DO 语句允许有3层嵌套，即：

DO 1

DO 2

DO 3

END 3

END 2

END 1

(3) DO 语句范围不允许交叉，即如下语句是错误的：

DO 1

DO 2

END　1

END　2

如图 3.49 所示的圆环点阵孔群中各孔待加工,试用 B 类宏程序方法来解决问题。

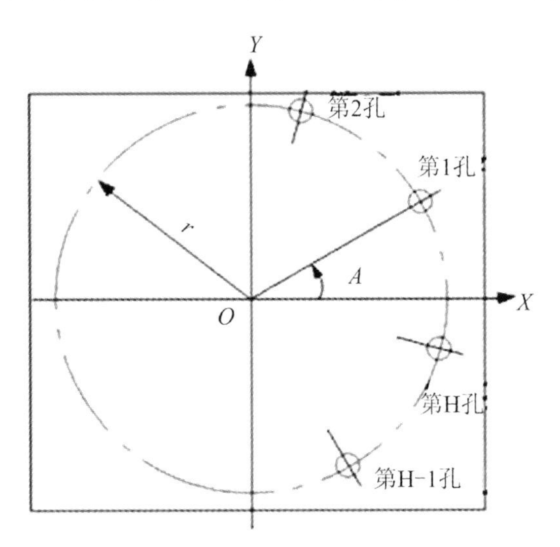

图 3.49　圆环点阵孔群的加工

宏程序中将用到下列变量:

＃1——第一个孔的起始角度 A,在主程序中用对应的文字变量 A 赋值;

＃3——孔加工固定循环中 R 平面值 C,在主程序中用对应的文字变量 C 赋值;

＃9——孔加工的进给量值 F,在主程序中用对应的文字变量 F 赋值;

＃11——要加工孔的孔数 H,在主程序中用对应的文字变量 H 赋值;

＃18——加工孔所处的圆环半径值 R,在主程序中用对应的文字变量 R 赋值;

＃26——孔深坐标值 Z,在主程序中用对应的文字变量 Z 赋值;

＃30——基准点,即圆环形中心的 X 坐标值 XO;

＃31——基准点,即圆环形中心的 Y 坐标值 YO;

＃32——当前加工孔的序号 i;

＃33——当前加工第 i 孔的角度;

＃100——已加工孔的数量;

＃101——当前加工孔的 X 坐标值,初值设置为圆环形中心的 X 坐标值 XO;

＃102——当前加工孔的 Y 坐标值,初值设置为圆环形中心的 Y 坐标值 YO。

用户宏程序编写如下:

```
O8000
N8010 ＃30=＃101                          基准点保存
N8020 ＃31=＃102                          基准点保存
N8030 ＃32=1                              计数值置 1
N8040 WHILE [＃32 LE ABS[＃11]] DO1       进入孔加工循环体
N8050 ＃33=＃1+360×[＃32-1]/＃11          计算第 i 孔的角度
N8060 ＃101=＃30+＃18×COS[＃33]           计算第 i 孔的 X 坐标值
N8070 ＃102=＃31+＃18×SIN[＃33]           计算第 i 孔的 Y 坐标值
```

N8080 G90 G81 G98 X#101 Y#102 Z#26 R#3 F#9	钻削第 i 孔
N8090 #32=#32+1	计数器对孔序号 i 计数累加
N8100 #100=#100+1	计算已加工孔数
N8110 END1	孔加工循环体结束
N8120 #101=#30	返回 X 坐标初值 XO
N8130 #102=#31	返回 Y 坐标初值 YO
M99	宏程序结束

在主程序中调用上述宏程序的调用格式为：

G65 P8000 A_ C_ F_ H_ R_ Z_

上述程序段中各文字变量后的值均应按零件图样中给定值来赋值。

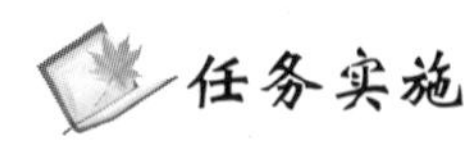

一、任务工艺分析

（一）图纸分析

零件图一般可以从以下 6 点来分析：① 标题栏；② 零件的结构；③ 尺寸及尺寸公差；④ 形位公差；⑤ 表面粗糙度；⑥ 技术要求。

从标题栏获知该零件的材料为 45#钢，零件结构为长方体上加工凸台、凹槽和孔，有尺寸公差要求，形位公差按 GB/T 1184—1996 的要求，表面质量侧面要求 Ra0.8、底部要求 Ra3.2，技术要求提出了工件应去毛刺，表面不应有划伤。

（二）毛坯的选择和确定

根据毛坯图可获知，该零件材料为 45#钢，结构为 100 mm×80 mm×30 mm 的长方体，因此可选用 45#钢型材为毛坯。六面铣削到毛坯图的要求。

（三）设备的选择和确定

由零件图可知，该零件为孔加工零件，零件尺寸精度要求较高，所以选用数控铣床，型号：FANUC 0i VMC850B。机床如图 3.50 所示。

图 3.50 VMC850B 数控铣床

(四) 夹具的选择和确定

由零件图可知,该零件为长方体平面内轮廓零件,因此可选用 0～120 mm 的平口虎钳作为加工该零件的夹具。平口虎钳如图 3.51 所示:

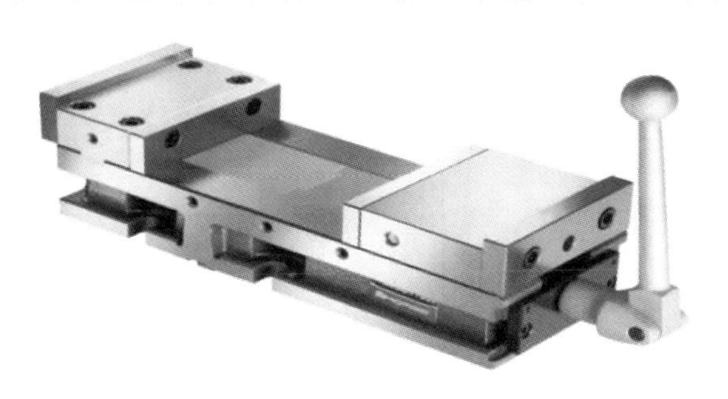

图 3.51　夹具

(五) 刀具的选择和确定

根据该零件的加工要求,选择 D16、D12 硬质合金平底铣刀和 D8 高速钢钻头,刀具如图 3.52所示。

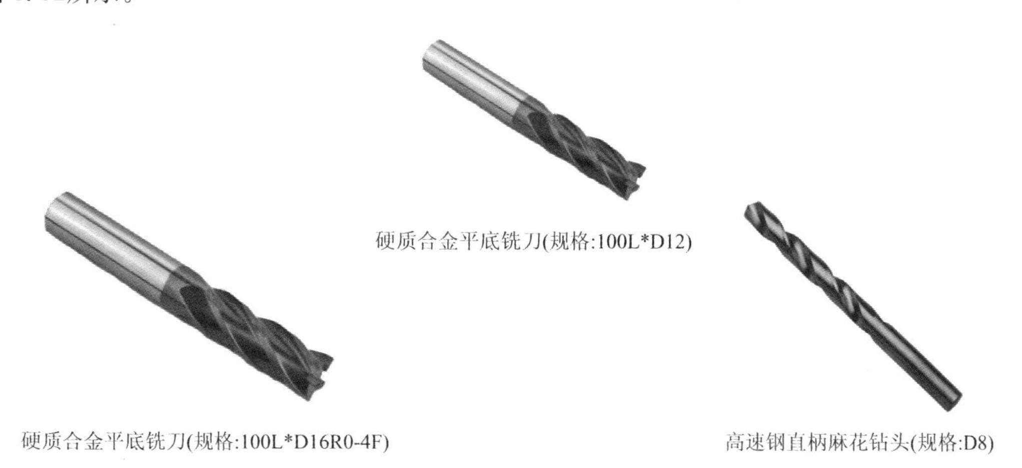

图 3.52　综合加工用刀具

(六) 切削用量的确定

切削用量要根据工艺系统(机床、夹具、刀具、工件)及冷却方式来确定,根据零件图的要求,及机床、夹具的选择,确定以下切削用量。

(1) 高速钢直柄麻花钻头(规格:D8),进给速度 F:50 mm/min,主轴转速 n:500 r/min。

(2) 硬质合金平底铣刀(规格:100L * D12R0-4F),背吃刀量 α_p:1 mm;进给速度 F:500 mm/min;主轴转速 n:2500 r/min。

(3) 硬质合金平底铣刀(规格:100L * D16R0-4F),背吃刀量 α_p:1 mm;进给速度 F:500 mm/min;主轴转速 n:2000 r/min。

（七）走刀路线的确定

为提高产品的表面质量，通过圆弧切入、圆弧切出。铣削方向的选择，如图3.53所示，铣刀沿工件外轮廓顺时针方向铣削。铣刀切出工件表面的线速度方向与工件进给方向一致为顺铣，反之为逆铣。为了保证加工表面的质量，采用顺铣路线加工，及沿工件外轮廓顺时针方向铣削。

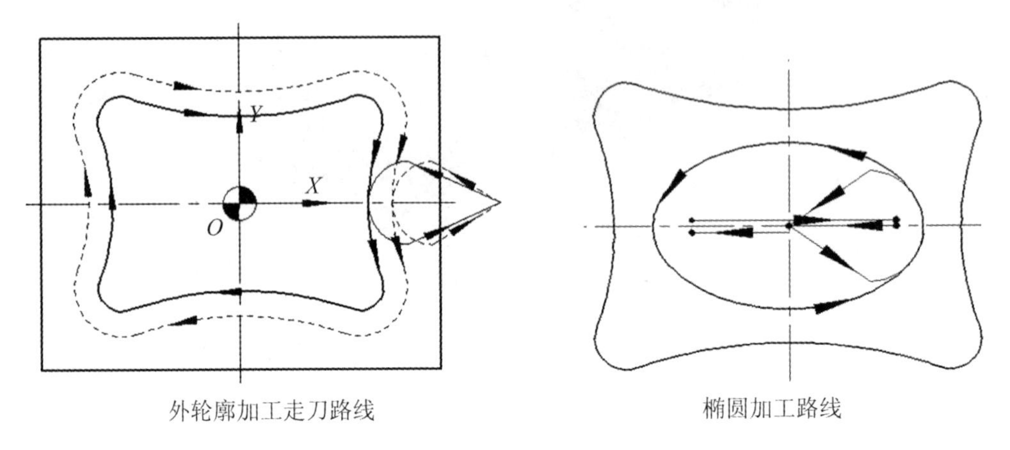

图3.53　加工走刀路线

二、编写加工程序

零件程序的编写需要掌握以下知识点：① 坐标原点的确定；② 制点坐标的计算；③ 单个编程指令的理解和运用；④ 完整程序的编写。

（一）坐标原点确定

由于该零件比较规则，所以定在零件上表面的正中心。即如图3.54所示*XOY*，*XOZ*的位置。

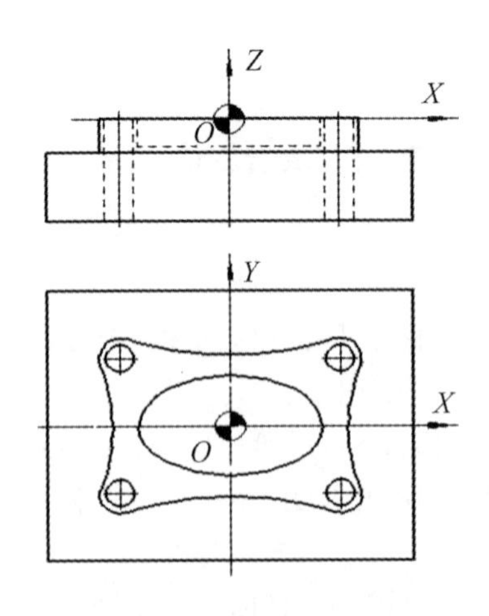

图3.54　工件坐标系

(二) 控制点坐标的计算

由图 3.55 和图 3.56 可计算出各控制点在 *XOY* 平面的坐标。

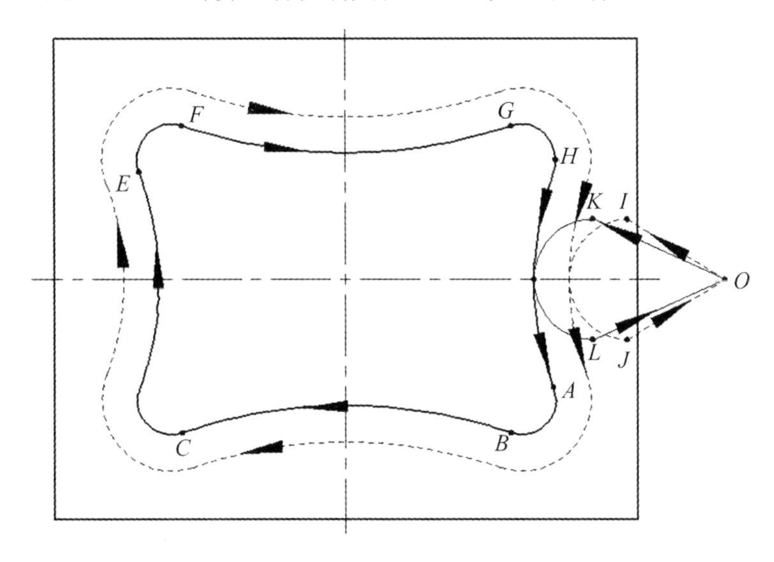

图 3.55　工件编程控制点

A(35.47,−17.9)　B(28.17,−25.56)　C(−28.17,−25.56)　D(−35.47,−17.9)　E(−35.47,17.9)

F(−28.17,25.56)　G(28.17,25.56)　H(35.47,17.9)　I(58.5,20)　J(58.5,−20)　K(52.5,20)　L(52.5,20)

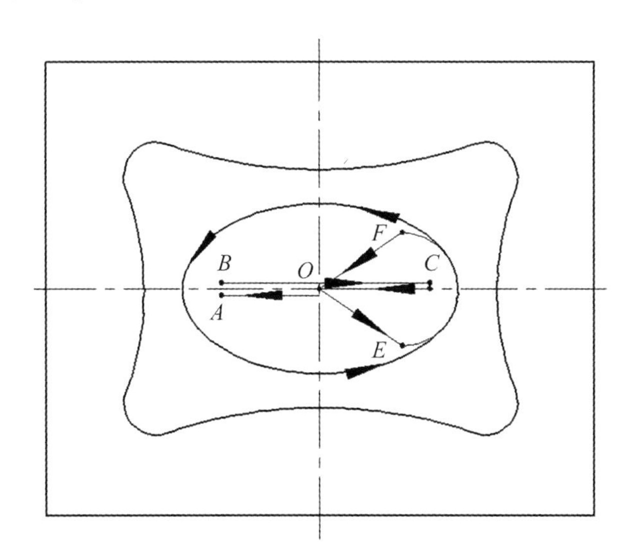

图 3.56　工件编程控制点

A(−15,0)　B(−15,0)　C(15,0)　D(15,0)　E(17,−8)　F(17,8)　O(0,0)

(三) 参考程序

根据以上的图纸分析,工艺分析,以及数控铣床编程知识的学习,现编写该零件的完整数控程序。

100L＊D16R0-4F 的平底铣刀—外轮廓加工

主程序 1

程序	说明
O0001；	
G17 G21 G40 G49 G69 G80 G90 G94；	程序初始化
G54 G00 Z100.；	调用坐标系，刀具抬到 100 的位置
M03 S2000；	主轴正转，每分钟 2000 转
G00 X80. Y0；	刀具定位到 X80. Y0 的位置
G00 Z5.；	刀具下降到 5 的位置
G01 Z0 F500；	刀具下降到 0 的位置
M98 P0002L10 D01；	调用 O0002 号子程序 10 次使用 1 号刀补
G90 G00 Z0；	刀具抬到 0 mm
M98 P0002L10 D02；	调用 O0002 号子程序 10 次使用 2 号刀补
G00 Z100.；	刀具抬到 100 的位置
M30；	程序结束

子程序 1

程序	说明
O0002；	
G91 G01 Z-1 F50；	增量坐标，刀具往下降 1 mm
G90 G41 G01 X42.15 Y10. F1000；	建立刀具半径左补偿，进给速度 1000 mm/min
G03 X32.15. Y0 R10.；	圆弧切入
G03 X35.47 Y-17.9 R50.；	轮廓切削开始
G02 X28.17 Y-25.56 R6.；	
G03 X-28.17 Y-25.56 R90.；	
G02 X-35.47 Y-17.9 R6.；	
G03 X-35.47 Y17.9 R50.；	
G02 X-28.17 Y25.56 R6.；	
G03 X28.17 Y25.56 R90.；	
G02 X35.47 Y17.9 R6.；	
G03 X32.15 Y0 R50.；	轮廓切削结束
G03 X32.5. Y-10. R10.；	圆弧切出
G40 G01 X80. Y0；	取消刀具半径补偿，回到刀具起始点
M99；	子程序结束

100L＊D12R0-4F 的平底铣刀—椭圆槽加工

主程序 2

程序	说明
O0003；	
G17 G21 G40 G49 G69 G80 G90 G94；	程序初始化
G54 G00 Z100.；	调用坐标系，刀具抬到 100 的位置
M03 S2500；	主轴正转，每分钟 2500 转

```
G00 X0 Y0;                              刀具定位到 X0. Y0 的位置
G00 Z3.;                                刀具下降到 3 的位置
G01 Z0 F50;                             刀具下降到 0 的位置
M98 P0004L10;                           调用 O0004 号子程序 10 次
G00 Z100.;                              刀具下降到 100 的位置
M30;                                    程序结束
```

子程序 2

```
O0004;
G91 G01 Z-1. F50;                       增量坐标,刀具往下降 1 mm
G90 G01 X-15. F1000;                    切削到 X-15 进给速度 1000 mm/min
X15.;                                   切削到 X15
X0;                                     切削到 X0
G41 G01 X17. Y-8. D01;                  建立刀具半径左补偿
G03 X25. Y0 R8.;                        圆弧切入
#1=0;                                   赋值
N80 #1=#1+0.5;                          赋值
G01 X[25.*COS[#1]] Y[15.*SIN[#1]];      椭圆轮廓
IF[#1LT360]GOTO 80;                     条件语句
G03 X17. Y8. R8.;                       圆弧切出
G40 G01 X0 Y0;                          取消刀具半径补偿,回到刀具起始点
M99;                                    子程序结束
```

D8 直柄钻头—G81 指令钻通孔

```
O0005;
G17 G21 G40 G49 G80 G90 G94;            程序初始化
G54 G00 Z100.;                          调用坐标系,刀具抬到 100 的位置
M03 S500;                               主轴正转,每分钟 500 转
G00 X0 Y0;                              刀具定位到 X0. Y0 的位置
G99 G81 X30. Y20. Z-35. R3. F50;        钻孔(30,20)
X30. Y-20.;                             钻孔(30,-20)
X-30. Y-20.;                            钻孔(-30,-20)
G98 X-30. Y20.;                         钻孔(-30,20)
M30;                                    程序结束
```

三、车间实际加工

零件程序编写后,在实训车间对该零件进行实际操作训练。

具体步骤:

(1) 安装工件、刀具并导入程序;

(2) 对刀,设定加工坐标系和刀补参数;

(3) 程序校验、试切；

(4) 自动运行程序，直至完成零件加工；

(5) 检验。

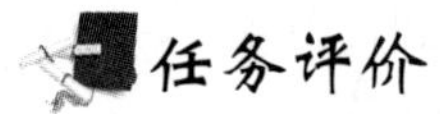

任务评价

序号	能　力　点	掌握情况	序号	能　力　点	掌握情况
1	安全操作		4	对刀操作过程	
2	编程能力		5	程序运行	
3	刀具、工件安装正确与否		6	零件检测	

思考与练习

编写如图 3.57、图 3.58 所示的零件加工程序。

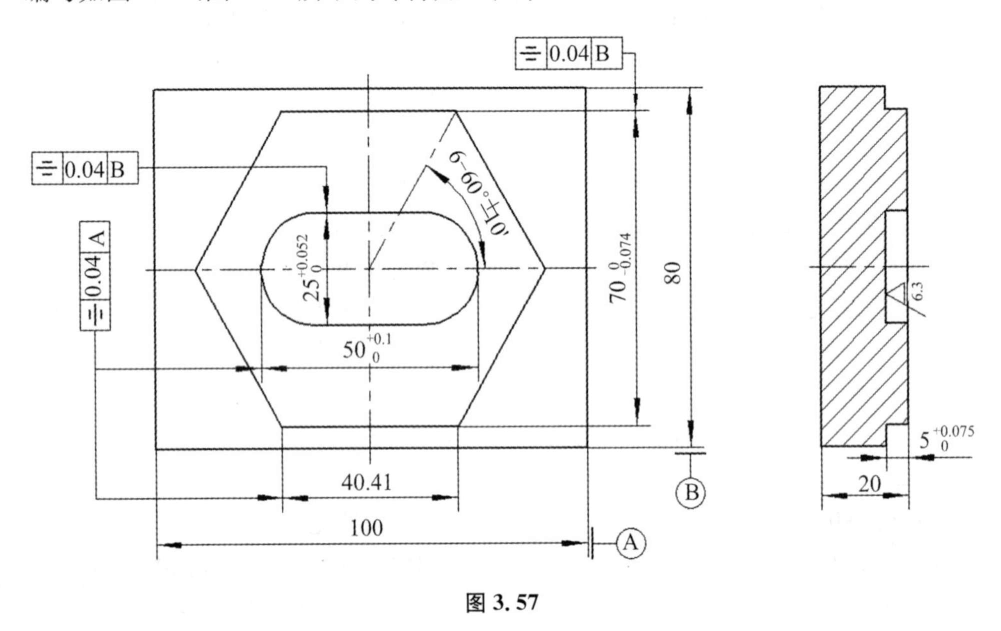

图 3.57

任务五　加工中心零件的加工

任务目标

(1) 掌握加工中心零件的结构特点和工艺性能的综合分析方法，正确分析此类零件的技术要求；

(2) 了解与掌握加工中心的主要功能和编程要点；

(3) 掌握 G28/G29、M06/T 指令、G43/G44/G49 等指令的编程方法；

(4) 掌握加工中心刀具的选用、安装及切削参数选用等工艺方法，并掌握加工操作过程。

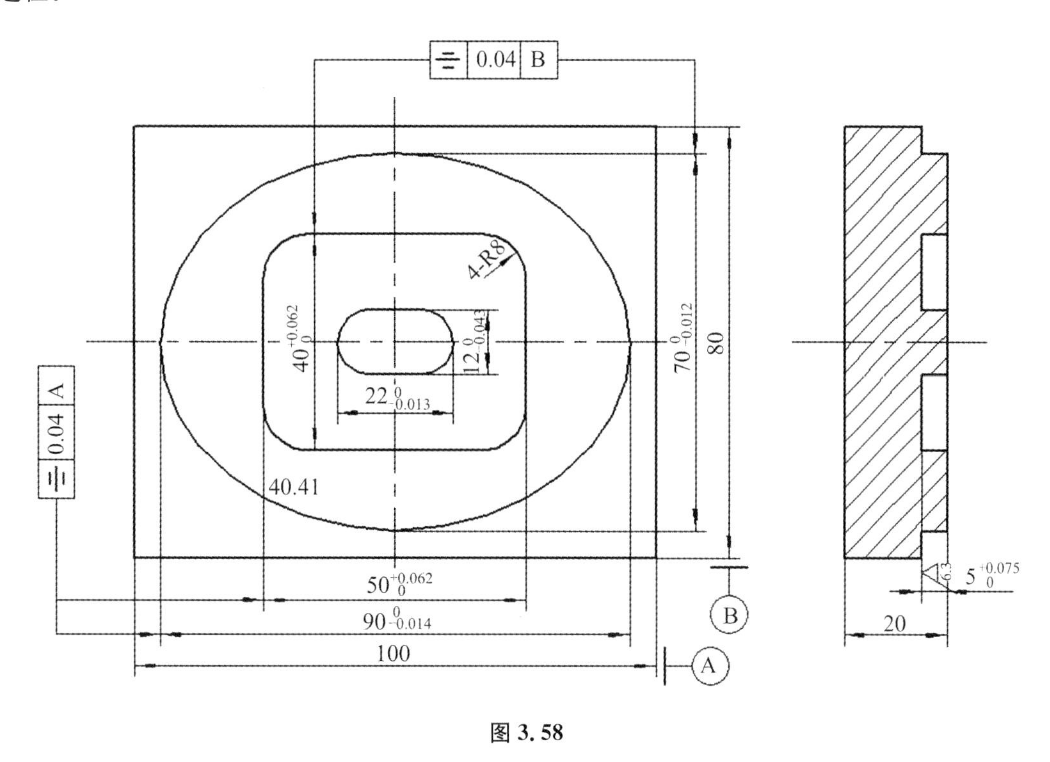

图 3.58

任务描述

加工如图 3.59 所示工件轮廓。已知毛坯尺寸为 100 mm×80 mm×30 mm，材料为 45＃钢，试制订加工工艺，编制加工程序，并在加工中心机床上完成零件加工。

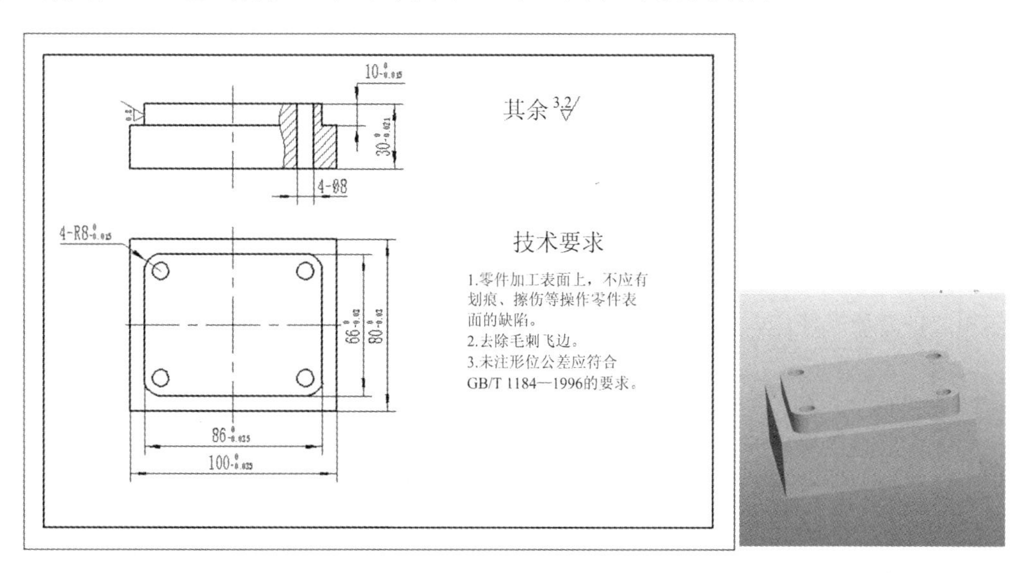

图 3.59　零件图

一、加工中心的主要功能与编程要点

（一）加工中心的主要功能

加工中心是高效、高精度数控机床，工件在一次装夹中便可完成多道工序的加工，同时还备有刀具库，并且有自动换刀功能。加工中心所具有的这些丰富的功能，决定了加工中心程序编制的复杂性。

加工中心能实现三轴或三轴以上的联动控制，以保证刀具进行复杂表面的加工。加工中心除具有直线插补和圆弧插补功能外，还具有各种加工固定循环、刀具半径自动补偿、刀具长度自动补偿、加工过程图形显示、人机对话、故障自动诊断、离线编程等功能。

加工中心是从数控铣床发展而来的。与数控铣床的最大区别在于加工中心具有自动交换加工刀具的能力，通过在刀库上安装不同用途的刀具，可在一次装夹中通过自动换刀装置改变主轴上的加工刀具，实现多种加工功能。

加工中心从外观上可分为立式、卧式和复合加工中心等。立式加工中心的主轴垂直于工作台，主要适用于加工板材类、壳体类工件，也可用于模具加工。卧式加工中心的主轴轴线与工作台台面平行，它的工作台大多为由伺服电动机控制的数控回转台，在工件一次装夹中，通过工作台旋转可实现多个加工面的加工，适用于箱体类工件加工。复合加工中心主要是指在一台加工中心上有立、卧两个主轴或主轴可 90°改变角度，因而可在工件一次装夹中实现五个面的加工。

（二）加工中心编程要点

除换刀程序外，加工中心的编程方法和普通数控机床相同。不同的数控机床，其换刀程序是不同的，通常选刀和换刀分开进行。换刀动作必须在主轴停转条件下进行。换刀完毕启动主轴后，方可执行下面程序段的加工动作。选刀动作可与机床的加工动作重合起来，即利用切削时间进行选刀。因此，换刀 M06 指令必须安排在用新刀具进行加工的程序段之前，而下一个选刀指令 T××常紧接安排在这次换刀指令之后。

多数加工中心都规定了“换刀点”位置，即定距换刀。主轴只有走到这个位置，机械手才能执行换刀动作。一般立式加工中心规定换刀点的位置在 Z_0 处（即机床 Z 轴零点），同时规定换刀时应有回参考点的准备功能 G28 指令。当控制机接到选刀指令 T 后，自动选刀，被选中的刀具处于刀库最下方；接到换刀 M06 指令后，机械手执行换刀动作。因此换刀程序可采用两种方法设计。

方法一：

```
N010  G28  Z0  T02
N011  M06
```

返回 Z 轴换刀点的同时，刀库将 T02 号刀具选出，然后进行刀具交换，换到主轴上的刀具为 T02。若 Z 轴回零时间小于 T 功能执行时间（即选刀时间），则 M06 指令等到刀库将 T02 号刀具转到最下方位置后才能执行。因此这种方法占用机动时间较长。

方法二：

```
N010  G01  Z…  T02
```

N0l7　G28　Z0　M06

……

N018　G01　Z…　T03

N017 程序段换上 N010 程序段选出的 T02 号刀具;在换刀后,紧接着选出下次要用的 T03 号刀具。在 N010 程序段和 N018 程序段执行选刀时,不占用机动时间,所以这种方法较好。

二、加工中心常用指令

(一) G28、G29 指令

1. 回参考点指令 G28

(1) 指令功能

参考点是机床上的一个固定点,用该指令可以使刀具非常方便地移动到该位置。

(2) 指令格式

G28 指定中间点位置的指令。

例:G28 X50 Y20 Z0;　　　　中间点(X50 Y20 Z0)

(3) 指令使用说明

① 用 G28 指令回参考点的各轴速度由机床快速移动速度决定;

② 使用回参考点指令前,为安全起见应取消刀具半径补偿和长度补偿;

③ 回参考点指令为程序段指令。

2. 返回固定点指令 G29

(1) 指令功能

指刀具自动返回到机床上某一指定的固定点。

(2) 指令格式

G28 是指从参考点返回目标点的指令。

例:G29 X50 Y20 Z0;　　　　目标点(X50 Y20 Z0)

(3) 指令使用说明

① 回参考点指令为程序段指令;

② 在返回固定点指令之后的程序段中,原先的 G00,G01,G02,G03,…将再次生效。

(二) M06、T 指令

1. 选刀指令 T

(1) 指令功能:选择刀库中的某一把刀。

(2) 指令格式:T 是指选了刀库中的某一把刀。

例:T02;表示选了刀库中 2 号刀位的刀。

2. 换刀指令 M06

(1) 指令功能:刀库进行换刀。

(2) 指令格式:M06。

例:T02　M06;表示选了刀库中 2 号刀位的刀,通过刀库把 2 号刀装到主轴上。

（三）G43、G44、G49 指令

使用 G40、G41 和 G42 刀具长度补偿指令，并将刀具长度的数值输入到数控系统的刀具长度补偿里，数控系统将这一数值自动地计算出刀具中心的轨迹，并按刀具中心轨迹运动。

G43 表示刀具长度正补偿，顺着刀具轴线沿 Z 轴正方向运动；

G44 表示刀具长度负补偿，顺着刀具轴线沿 Z 轴负方向运动；

G49 表示刀具长度补偿撤销指令。

指令格式为：G43/G44 G01 Z_ H_

G49 Z_

其中 H 表示偏移代号。取值范围 H01～H99，存放刀具长度差值。

使用方法如图 3.60 所示。

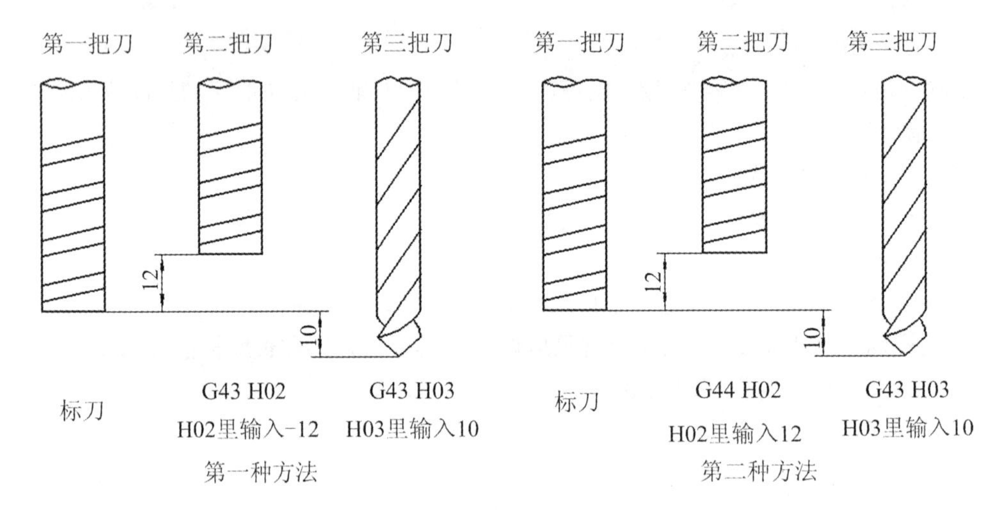

图 3.60　刀具长度补偿方法

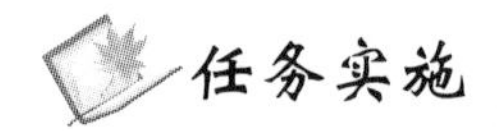

一、任务工艺分析

（一）图纸分析

零件图一般可以从以下 6 点来分析：① 标题栏；② 零件的结构；③ 尺寸及尺寸公差；④ 形位公差；⑤ 表面粗糙度；⑥ 技术要求。

从标题栏获知该零件的材料为 45＃钢，零件结构为长方体上铣个凸台，钻 4 个 D8 的通孔，有尺寸公差要求，形位公差按 GB/T 1184—1996 的要求，表面质量侧面要求 Ra0.8、底部要求 Ra3.2，技术要求提出了工件应去毛刺，表面不应有划伤。

（二）毛坯的选择和确定

根据毛坯图可获知，该零件材料为 45＃钢，结构为 100 mm×80 mm×30 mm 的长方体，因此可选用 45＃钢型材为毛坯。六面铣削到毛坯图的要求。

(三) 设备的选择和确定

由零件图可知,该零件为平面外轮廓类零件,零件尺寸精度要求较高,所以选用数控加工中心,型号:FANUC 0i VMC850B(带刀库)。机床如图 3.61 所示。

图 3.61　VMC850B(带刀库)加工中心

(四) 夹具的选择和确定

由零件图可知,该零件为长方体平面外轮廓零件,因此可选用 0～120 mm 的平口虎钳作为加工该零件的夹具。平口虎钳如图 3.62 所示。

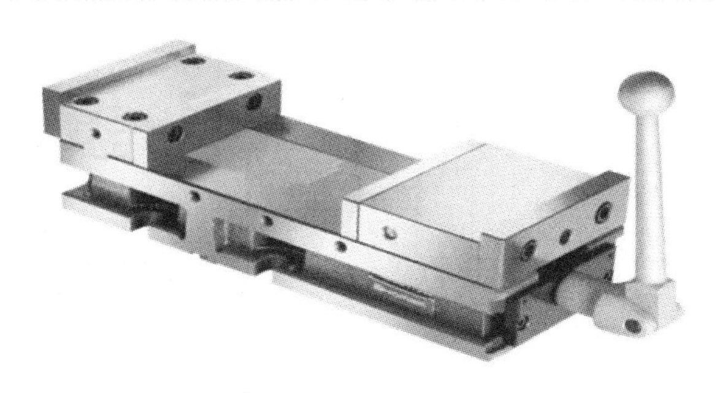

图 3.62　夹具

(五) 刀具的选择和确定

刀具种类很多,根据机床分有数控车床使用的刀具,数控铣床使用的刀具等。根据组合形式分有整体式、焊接式、可转位式等。根据材料分有高速钢、硬质合金、陶瓷、金刚石等。

根据该零件的加工要求,选择硬质合金平底铣刀,规格:100L * D16R0-4F,刀具如图 3.63所示。

(六) 切削用量的确定

切削用量要根据工艺系统(机床、夹具、刀具、工件)及冷却方式来确定,根据零件图的要求,及机床、夹具的选择,确定以下切削用量。

(1) 硬质合金平底铣刀(规格:100L * D16R0-4F),背吃刀量 α_p:1 mm;进给速度 F:

500 mm/min；主轴转速 n：2000 r/min。

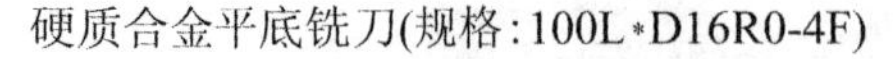

硬质合金平底铣刀(规格：100L*D16R0-4F)

高速钢直柄麻花钻头(规格:D8)

图 3.63　加工中心用刀具

（2）高速钢锥柄麻花钻头（规格：D25），进给速度 F：20 mm/min，主轴转速 n：300 r/min。

（七）走刀路线的确定

为提高产品的表面质量，通过圆弧切入、圆弧切出。铣削方向的选择，如图 3.64 所示，铣刀沿工件外轮廓顺时针方向铣削。铣刀切出工件表面的线速度方向与工件进给方向一致为顺铣，反之为逆铣。为了保证加工表面的质量，采用顺铣路线加工，及沿工件外轮廓顺时针方向铣削。如图 3.64 所示。

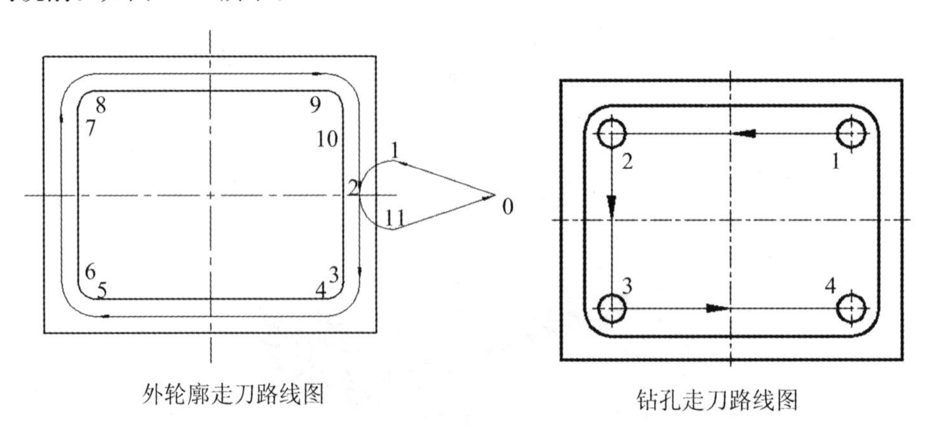

外轮廓走刀路线图　　钻孔走刀路线图

图 3.64　加工走刀路线

二、编写加工程序

零件程序的编写需要掌握以下知识点：① 坐标原点的确定；② 控制点坐标的计算；③ 单个编程指令的理解和运用；④ 完整程序的编写。

（一）坐标原点确定

由于该零件比较规则，所以定在零件上表面的正中心。即如图 3.65 所示 XOY，XOZ 的位置。

（二）控制点坐标的计算

由图 3.66 可计算出各控制点在 XOY 平面的坐标。

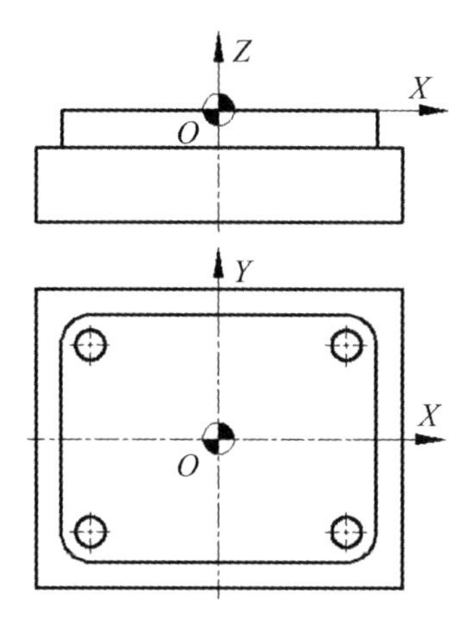

图 3.65　工件坐标系

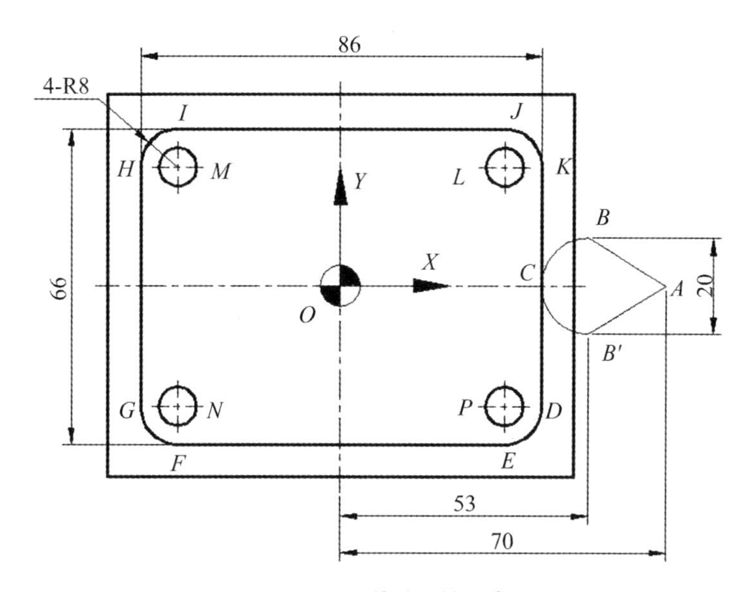

图 3.66　工件编程控制点

A(70,0)　B(53,10)　C(43,0)　D(43,－25)　E(35,－33)　F(－35,－33)　G(－43,－25)　H(－43,25)　I(－35,33)　J(35,33)　K(43,25)　B′(53,－10)　L(35,25)　M(－35,25)　N(－35,－25)　P(35,－25)

(三) 参考程序

根据以上的图纸分析、工艺分析,以及数控铣床编程知识的学习,现编写该零件的完整数控程序。

加工中心所用刀具对应刀位如下:

T01:100L * D16R0-4F 的平底铣刀—外轮廓加工 ;

T02:D8 直柄钻头—G81 指令钻通孔。

主程序

O0010;

```
G17 G21 G40 G49 G69 G80 G90 G94;   程序初始化
G91 G28 Z0;                        通过当前位置点回到机床参考点,即刀具换刀点
T01 M06;                           选择 1 号刀,把 1 号刀装到主轴上
G90 G54 G00 Z100.;                 调用坐标系,刀具抬到 100 的位置
M03 S2000;                         主轴正转,每分钟 2000 转
G00 X70. Y0;                       刀具定位到 X70. Y0 的位置
G00 Z0.;                           刀具下降到 0 的位置
M98 P0020 L10;                     调用 0020 号子程序 10 次
G00 Z100.;                         刀具抬到 100 的位置
M05;                               主轴停止
G91 G28 Z0;                        通过当前位置点回到机床参考点,即刀具换刀点
T02  M06;                          选择 2 号刀,先把 1 号刀装到刀库上,再把 2
                                   号刀装到主轴上
G90 G54 G43 G00 Z100. H02.;        调用坐标系和 2 号刀的长度补偿值,刀具抬到
                                   100 的位置
M03 S500;                          主轴正转,每分钟 500 转
G99 G81 X35. Y25. Z-35. R3. F50;   进给 50 mm/min,抬到 R 平面
X-35. Y25.;                        进给 50 mm/min,抬到 R 平面
X-35. Y-25.;                       进给 50 mm/min,抬到 R 平面
G98 X35. Y-25.;                    进给 50 mm/min,抬到初始平面
G49 G00 Z100.;                     取消刀具长度补偿,刀具抬到原标刀 100 的位置
M30;                               程序结束
```

子程序(100L * D16R0-4F 的平底铣刀—T01—外轮廓加工)

子程序

```
O0020;
G91 G01 Z-1. F50;                  增量坐标,刀具往下降 1 mm
G90 G41 G01 X53. Y10. D01 F500;    建立刀具半径左补偿,进给速度 500 mm/min
G03 X43. Y0 R10.;                  圆弧切入
G01 Y-25.;                         轮廓切削开始
G02 X35. Y-33. R8.;
G01 X-35.;
G02 X-43. Y-25. R8.;
G01 Y25;
G02 X-35. Y33. R8.;
G01 X35.;
G02 X43. Y25. R8.;
G01 Y0;                            轮廓切削结束
G03 X50. Y-10. R10.;               圆弧切出
G40 G01 X70. Y0.;                  取消刀具半径补偿,回到刀具起始点
```

M99;　　子程序结束

三、车间实际加工

零件程序编写后,在实训车间对该零件进行实际操作训练。

具体步骤:

(1) 安装工件、刀具并导入程序;

(2) 对刀,设定加工坐标系和刀补参数;

(3) 程序校验、试切;

(4) 自动运行程序,直至完成零件加工;

(5) 检验。

任务评价

序号	能　力　点	掌握情况	序号	能　力　点	掌握情况
1	安全操作		4	对刀操作过程	
2	编程能力		5	程序运行	
3	刀具、工件安装正确与否		6	零件检测	

思考与练习

编写如图 3.67、图 3.68 所示的零件的加工程序。

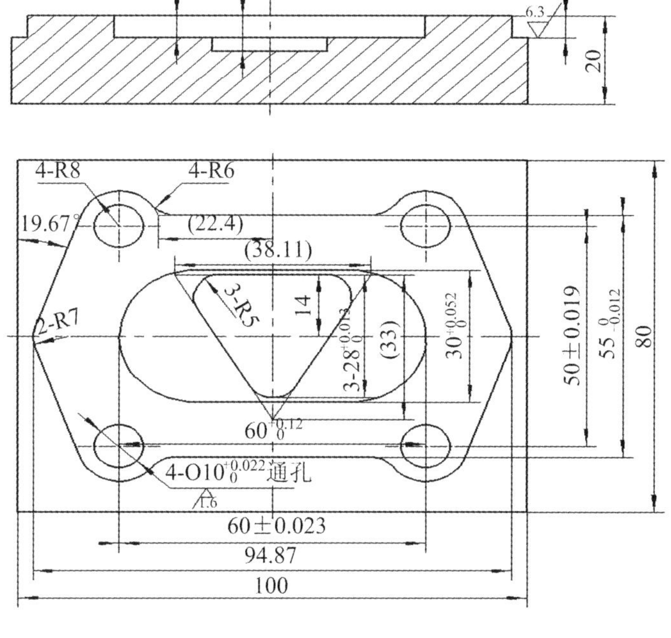

图 3.67　零件图

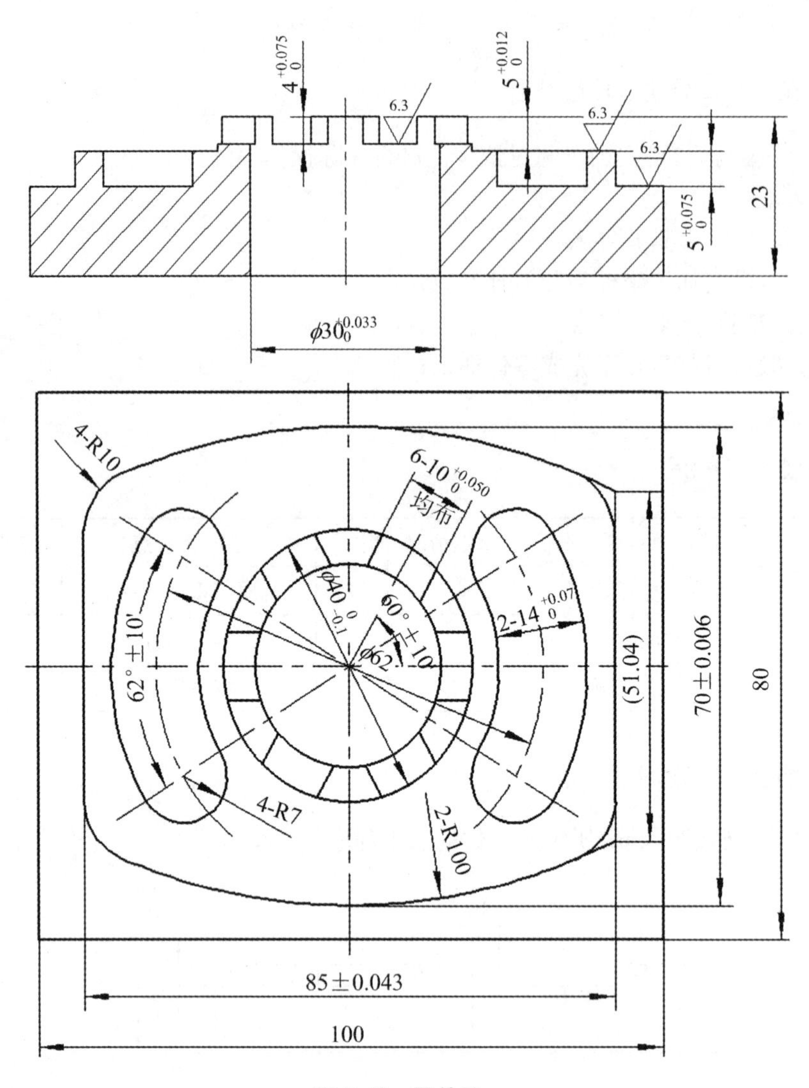

6.3
6.3
6.3
23
φ30
4-R10
6-10
均布
φ40
60°±10'
φ62
2-14
62°±10'
4-R7
2-R100
(51.04)
70±0.006
80
85±0.043
100

图 3.68　零件图

项目四　线切割加工

任务　线切割五角星零件

任务目标

(1) 掌握线切割加工的工作原理；

(2) 掌握简单零件的线切割加工程序的手工编制技能；

(3) 熟悉 ISO 代码编程和 3B 格式编程；

(4) 熟悉线切割机床的基本操作。

任务描述

在数控快走丝电火花线切割加工机床上加工尺寸为 220 mm×220 mm，厚度为 30 mm 毛坯上切割如图 4.1 所示直径为 ϕ200 mm 的五角星工件，材料 Cr12。

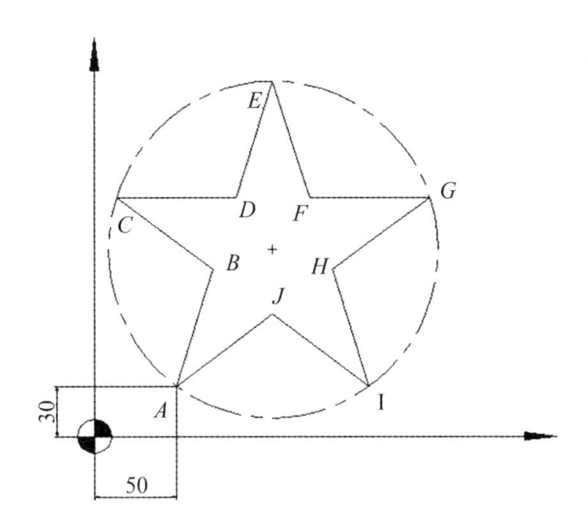

图 4.1　线切割加工零件图

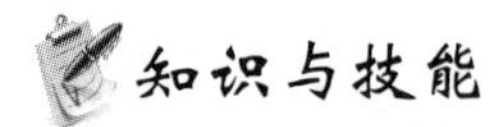

知识与技能

一、数控电火花线切割的加工认知

（一）数控电火花线切割的加工原理

线切割加工是线电极电火花加工的简称，是电火花加工的一种。电火花线切割加工是利用金属丝（钼丝、钨钼丝）与工件构成的两个电极之间进行脉冲火花放电时产生的电腐蚀效应来对工件进行加工，以达到成形的目的。其基本原理如图 4.2 所示：被加工的工件作为阳极，钼丝作为阴极。脉冲电源发出一连串的脉冲电压，加到工件和钼丝上。钼丝与工件之间有足够的具有一定绝缘性的工作液。当钼丝与工件之间的距离小到一定程度时，在脉冲电压的作用下，工作液被电离击穿，在钼丝与工件之间形成瞬时的放电通道，产生瞬时高温，使金属局部熔化甚至汽化而被蚀除下来。若工作台带动工件不断进给，就能切割出所需的形状。

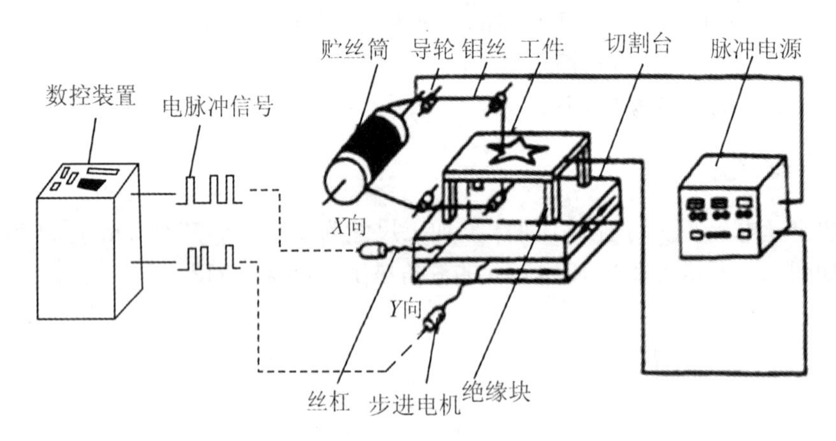

图 4.2 线切割加工原理图

由于采用单向脉冲放电，使被蚀除的现象主要发生在工件上，并且贮丝筒带动钼丝做正反向交替的高速运动，所以钼丝蚀损的速度较慢，可以使用较长的时间。数控电火花线切割机床能加工各种高硬度、高强度、高韧度和高熔点的导电材料。如淬火钢、硬质合金等。加工时钼丝与工件不接触，有 0.01 mm 左右的间隙，不存在切削力，有利于提高几何形状复杂的孔、槽及冲压模具的加工精度。可用于单件、小批量生产中，加工各种冷冲模、铸塑模、凸轮、样板、外形复杂的精密零件及窄缝，尺寸精度可达 0.02～0.01 mm，表面粗糙度 $Ra \leqslant 2.5\ \mu m$，切割速度最快为 $100\ mm^2/min$。

（二）数控电火花线切割加工特点

（1）直接利用线状的电极丝作线电极，不需要像电火花成形加工一样的成形工具电极，可节约电极设计、制造费用，缩短了生产准备周期。

（2）可以加工用传统切削加工方法难以加工或无法加工的微细异形孔、窄缝和形状复杂的工件。

（3）利用电蚀原理加工，电极丝与工件不直接接触，两者之间的作用力很小，因而工件的变形很小,电极丝、夹具不需要太高的强度。

(4) 传统的车、铣、钻加工中,刀具硬度必须比工件硬度大,而数控电火花线切割机床的电极丝材料不必比工件材料硬,所以可以加工硬度很高或很脆,用一般切削加工方法难以加工或无法加工的材料。在加工中作为刀具的电极丝无须刃磨,可节省辅助时间和刀具费用。

(5) 直接利用电、热能进行加工,可以方便地对影响加工精度的加工参数(如脉冲宽度、间隔、电流)进行调整,有利于加工精度的提高,便于实现加工过程的自动化控制。

(6) 电极丝是不断移动的,单位长度损耗少,特别是在慢走丝线切割加工时,电极丝一次性使用,故加工精度高(可达±2 μm)。

(7) 采用线切割加工冲模时,可实现凸、凹模一次加工成形。

(三) 数控电火花线切割的应用

线切割加工的生产应用,为新产品的试制、精密零件及模具的制造开辟了一条新的工艺途径,具体应用有以下三个方面:

1. 模具制造

适合于加工各种形状的冲裁模,一次编程后通过调整不同的间隙补偿量,就可以切割出凸模、凹模、凸模固定板、凹模固定板、卸料板等,模具的配合间隙、加工精度通常都能达到要求。此外电火花线切割还可以加工粉末冶金模、电机转子模、弯曲模、塑压模等各种类型的模具。

2. 电火花成形加工用的电极

一般穿孔加工的电极以及带锥度型腔加工的电极,若采用银钨、铜钨合金之类的材料,用线切割加工特别经济,同时也可加工微细、形状复杂的电极。

3. 新产品试制及难加工零件

在试制新产品时,用线切割在坯料上直接切割出零件,由于不需另行制造模具,可大大缩短制造周期,降低成本。加工薄件时可多片叠加在一起加工。在零件制造方面,可用于加工品种多、数量少的零件,还可加工特殊难加工材料的零件,如凸轮、样板、成形刀具、异形槽、窄缝等。

二、数控电火花线切割加工工艺

数控电火花线切割加工,一般是作为工件尤其是模具加工中的最后工序。

(一) 毛坯材料选择与确定

模具工作零件一般采用锻造毛坯,其线切割加工常在淬火与回火后进行,常选用锻造性能好、淬透性好、热处理变形小的合金工具钢(如 Cr12、Cr12MoV、CrWMn)作模具材料。

(二) 工件的装夹

装夹工件时,必须保证工件的切割部位位于机床工作台纵向、横向进给的允许范围之内,避免超出极限。同时应考虑切割时电极丝运动空间。常用的装夹方法有:

1. 悬臂式装夹

如图 4.3 所示是悬臂方式装夹工件,这种方式装夹方便、通用性强。但由于工件一端悬伸,易出现切割表面与工件上、下平面间的垂直度误差。仅用于加工要求不高或悬臂较短的情况。

2. 两端支撑方式装夹

如图4.4所示是两端支撑方式装夹工件，这种方式装夹方便、稳定，定位精度高，但不适于装夹较大的零件。

3. 桥式支撑方式装夹

这种方式是在通用夹具上放置垫铁后再装夹工件，如图4.5所示。这种方式装夹方便，对大、中、小型工件都能采用。

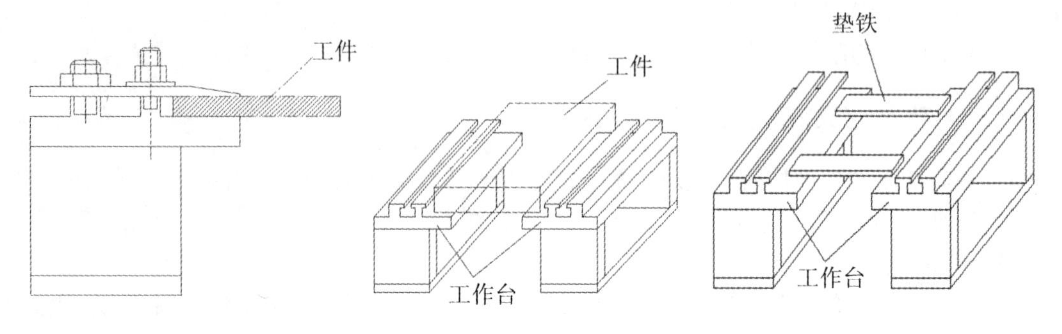

图4.3　悬臂式装夹　　**图4.4　两端支撑方式装夹**　　**图4.5　桥式去撑方式装夹**

4. 板式支撑方式装夹

如图4.6所示是板式支撑方式装夹工件。根据常用的工件形状和尺寸，采用有通孔的支撑板装夹工件。这种方式装夹精度高，但通用性差。

（三）工件的调整

采用以上方式装夹工件，还必须配合找正法进行调整，方能使工件的定位基准面分别与机床的工作台面和工作台的进给方向x、y保持平行，以保证所切割的表面与基准面之间的相对位置精度。常用百分表找正（见图4.7）和画线法找正（见图4.8）。

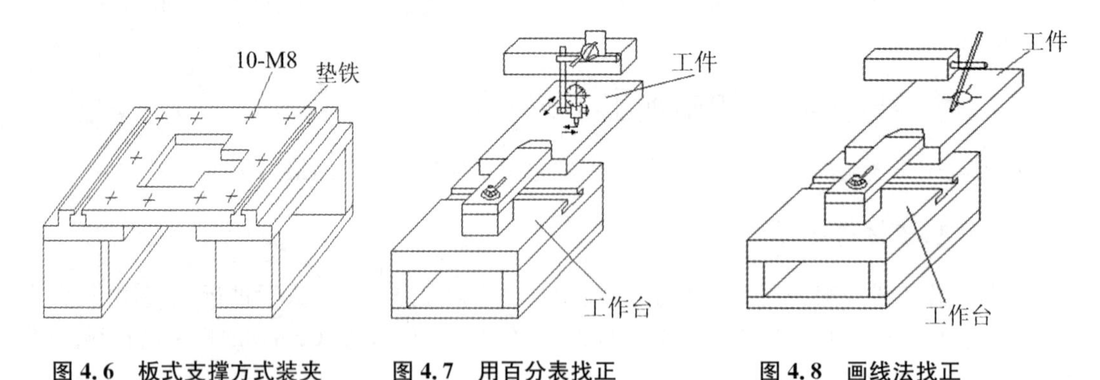

图4.6　板式支撑方式装夹　　**图4.7　用百分表找正**　　**图4.8　画线法找正**

（四）电极丝的选择

电极丝应具有良好的导电性和抗电蚀性，抗拉强度高、材质均匀。常用电极丝有钼丝、钨丝、黄铜丝和包芯丝等。钨丝抗拉强度高，直径在0.03～0.1 mm内，一般用于各种窄缝的精加工，但价格昂贵。黄铜丝适合于慢速加工，加工表面粗糙度和平直度较好，蚀屑附着少，但抗拉强度差，损耗大，直径在0.1～0.3 mm内，一般用于慢速单向走丝加工。钼丝抗拉强度高，适于快速走丝加工，所以我国快速走丝机床大都选用钼丝作电极丝，直径在0.08～0.2 mm内。

（五）穿丝孔和电极丝切入位置的选择

穿丝孔是电极丝相对工件运动的起点，同时也是程序执行的起点，一般选在工件上的基准点处。为缩短开始切割时的切入长度，穿丝孔也可选在距离型孔边缘2～5 mm处，如图4.9(a)所示。加工凸模时，为减小变形，电极丝切割时的运动轨迹与边缘的距离应大于5 mm，如图4.9(b)所示。

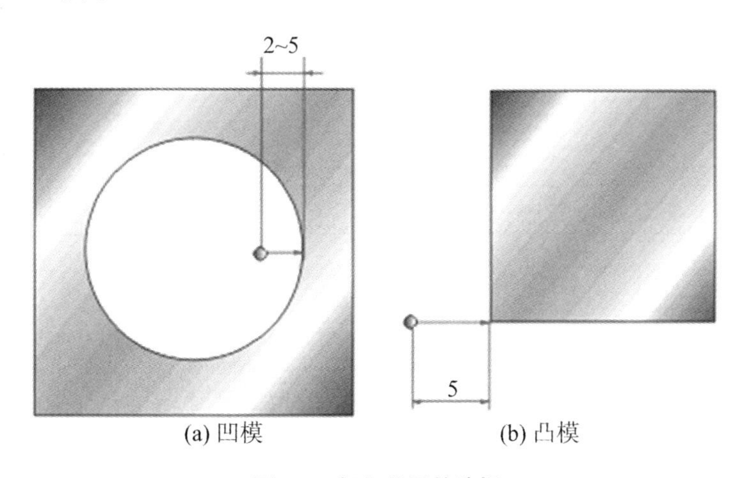

图4.9　切入位置的选择

（六）电极丝位置的调整

线切割加工之前，应将电极丝调整到切割的起始坐标位置上，其调整方法有目测法、火花法（见图4.10）和自动找中心（如图4.11）。

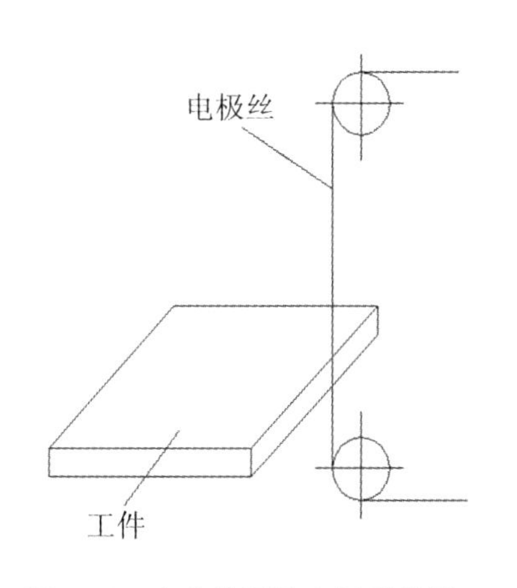

图4.10　火花法调整电极丝位置

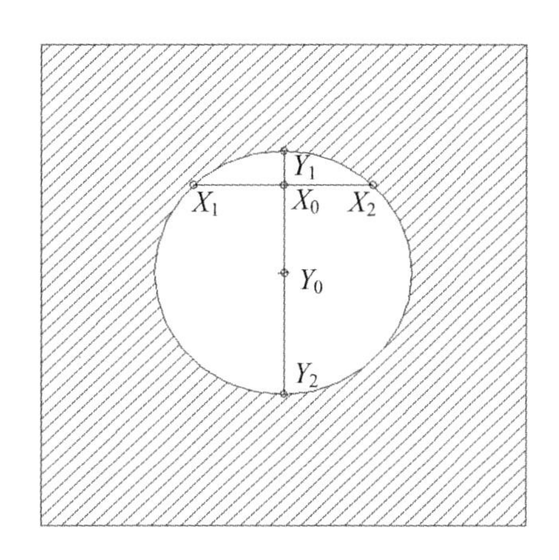

图4.11　自动找中心

（七）脉冲参数的选择

线切割加工一般都采用晶体管高频脉冲电源，用单个脉冲能量小、脉宽窄、频率高的脉冲参数进行正极性加工。加工时，可改变的脉冲参数主要有电流峰值、脉冲宽度、脉冲间隔、空载电压、放电电流等（见表 4.1）。

表 4.1 快速走丝线切割加工脉冲参数的选择

应　　用	脉冲宽度（$t_i/\mu s$）	电流峰值（I_e/A）	脉冲间隔（$t_0/\mu s$）	空载电压（V）
快速切割或加大厚度工件 $Ra>2.5\ \mu m$	20～40	大于 12	为实现稳定加工，一般选择 $t_0/t_i=3$～4 以上	一般为 70～90
半精加工 $Ra=1.25$～$2.5\ \mu m$	6～20	6～12		
精加工 $Ra<1.25\ \mu m$	2～6	4.8 以下		

（八）工艺尺寸的确定

丝切割加工时，为了获得所要求的加工尺寸，电极丝和加工图形之间必须保持一定的距离，如图 4.12 所示。图中双点画线表示电极丝中心的轨迹，实线表示型孔或凸模轮廓。编程时首先要求出电极丝中心轨迹与加工图形之间的垂直距离 ΔR（间隙补偿距离），并将电极丝中心轨迹分割成单一的直线或圆弧段，求出各线段的交点坐标后，逐步进行编程。具体步骤如下：

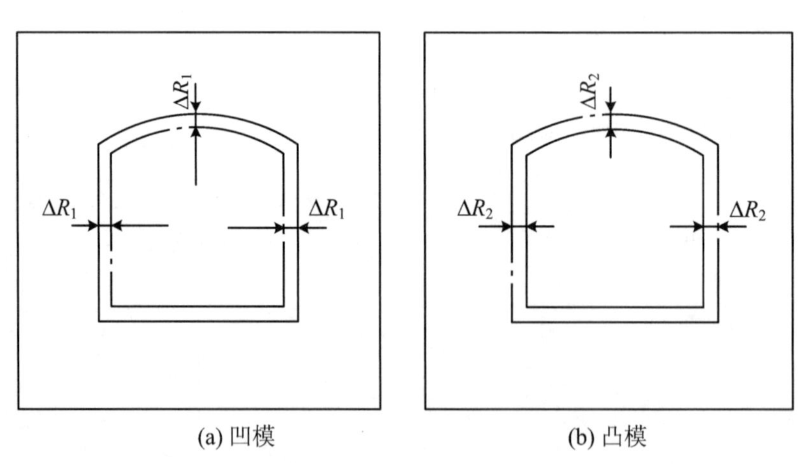

(a) 凹模　　(b) 凸模

图 4.12 电极丝中心轨迹

1. 设置加工坐标系

根据工件的装夹情况和切割方向，确定加工坐标系。为简化计算，应尽量选取图形的对称轴线为坐标轴。

2. 补偿计算

按选定的电极丝半径 r，放电间隙 δ 和凸、凹模的单面配合间隙 $Z/2$，则加工凹模的补偿

距离 $\Delta R1=r+\delta$，如图 4.12(a)所示。加工凸模的补偿距离 $\Delta R2=r+\delta-Z/2$，如图 4.12(b)所示。

3. 计算坐标值

将电极丝中心轨迹分割成平滑的直线和单一的圆弧线，按型孔或凸模的平均尺寸计算出各线段交点的坐标值。

（九）工作液的选配

工作液对切割速度、表面粗糙度、加工精度等都有较大影响，加工时必须正确选配。常用的工作液主要有乳化液和去离子水。慢速走丝线切割加工，目前普遍使用去离子水。对于快速走丝线切割加工，目前最常用的是乳化液。

三、程序编制

要使数控电火花线切割机床按照预定的要求，自动完成切割加工，就应把被加工零件的切割顺序、切割方向、切割尺寸等一系列加工信息，按数控系统要求的格式编制成加工程序，以实现加工。数控电火花线切割机床的编程，主要采用以下方法编写：3B 格式编制程序、ISO 代码编制程序、计算机自动编制程序。

（一）3B 格式编制程序

目前，我国数控线切割机床常用 3B 程序格式编程，其格式如表 4.2 所示。

表 4.2　无间隙补偿的程序格式(3B 型)

B	X	B	Y	B	J	G	Z
分隔符号	X 坐标值	分隔符号	Y 坐标值	分隔符号	计数长度	计数方向	加工指令

1. 分隔符号 B

因为 X、Y、J 均为数字，用分隔符号(B)将其隔开，以免混淆。

2. 坐标值(X、Y)

一般规定只输入坐标的绝对值，其单位为 μm，μm 以下应四舍五入。

3. 计数方向 G

4. 计数长度 J

计数长度是指被加工图形在计数方向上的投影长度(即绝对值)的总和，以 μm 为单位。

5. 加工指令 Z

加工指令 Z 是用来表达被加工图形的形状、所在象限和加工方向等信息的。控制系统根据这些指令，正确选择偏差公式，进行偏差计算，控制工作台的进给方向，从而实现机床的自动化加工。加工指令共 12 种，如图 4.13 所示。

位于四个象限中的直线段称为斜线。加工斜线的加工指令分别用 L_1、L_2、L_3、L_4 表示，如图 4.13(a)所示。与坐标轴相重合的直线，根据进给方向，其加工指令可按图 4.13(b)选取。

加工圆弧时，若被加工圆弧的加工起点分别在坐标系的四个象限中，并按顺时针插补，如图 4.13(c)所示，加工指令分别用 SR_1、SR_2、SR_3、SR_4 表示；按逆时针方向插补时，分别用

NR_1、NR_2、NR_3、NR_4表示，如图 4.13(d)所示。如加工起点刚好在坐标轴上，其指令可选相邻两象限中的任何一个。

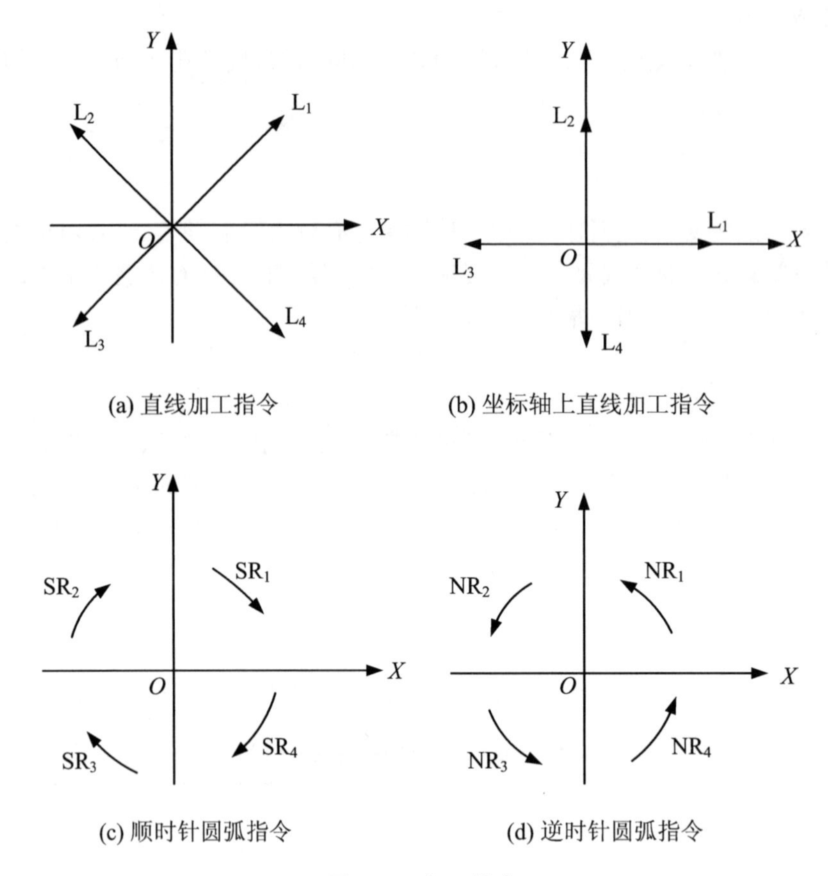

图 4.13　加工指令

6. 应用举例

图 4.14 所示为典型零件，按 3B 格式编写该零件的线切割加工程序。

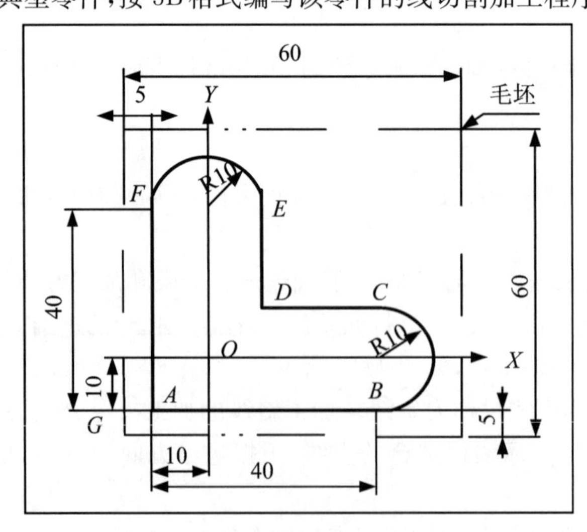

图 4.14　编程零件实例

工艺分析：图示毛坯尺寸为 60 mm×60 mm，对刀位置必须设在毛坯之外，以图中 G 点坐标(－20,－10)作为起刀点，A 点坐标(－10,－10)作为起割点。为了便于计算，编程时不考虑钼丝半径补偿值。逆时针方向走刀。

3B 格式程序如下：

程序	注解
B10000 B0 B10000 GX L1	从 G 点走到 A 点，A 点为起割点；
B40000 B0 B40000 GX L1	从 A 点到 B 点；
B0 B10000 B20000 GX NR4	从 B 点到 C 点；
B20000 B0 B20000 GX L3	从 C 点到 D 点；
B0 B20000 B20000 GY L2	从 D 点到 E 点；
B10000 B0 B20000 GY NR4	从 E 点到 F 点；
B0 B40000 B40000 GY L4	从 F 点到 A 点；
B10000 B0 B10000 GX L3	从 A 点回到起刀点 G；

程序结束。

（二）ISO 代码数控程序编制

我国快走丝数控电火花切割机床常用的 ISO 代码指令，与国际上使用的标准基本一致。常用指令包括运动指令、坐标方式指令、坐标系指令、补偿指令、M 代码、镜像指令、锥度指令、坐标指令和其他指令。

1. 运动指令

(1) G00 快速定位指令

在线切割机床不放电的情况下，使指定的某轴以快速移动到指定位置。

编程格式：G00 X_ Y_

例如，G00 X60000 Y80000，如图 4.15 所示。

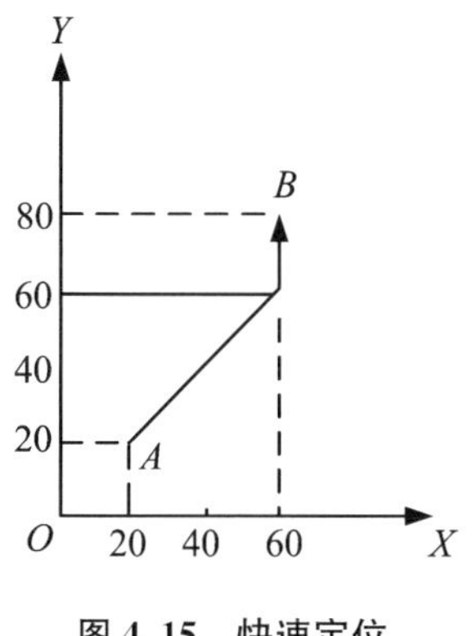

图 4.15　快速定位

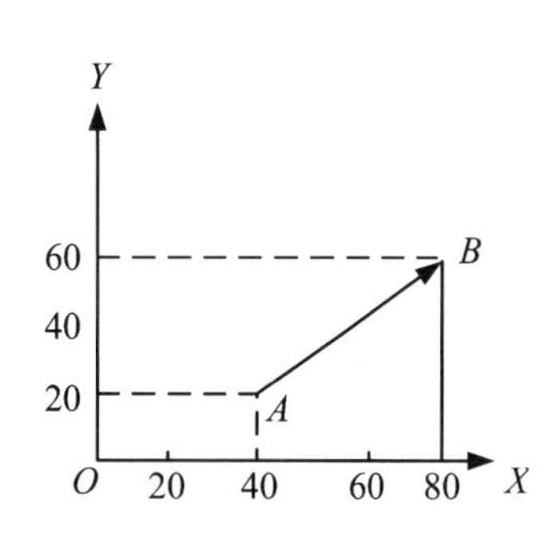

图 4.16　直线插补

(2) G01 直线插补指令

编程格式：G01 X_ Y_(U_ V_)

用于线切割机床在各个坐标平面内加工任意斜率的直线轮廓和用直线逼近曲线轮廓。如图 4.16 所示。

(3) G02、G03 圆弧插补指令

G02 表示顺时针加工圆弧的插补指令；

G03 表示逆时针加工圆弧的插补指令。

编程格式：G02 X_ Y_ I_ J_或 G03 X_ Y_ I_ J_

式中：X、Y 表示圆弧终点坐标。I、J 表示圆心坐标，是圆心相对圆弧起点的增量值，I 是 X 方向坐标值，J 是 Y 方向坐标值。

2. 坐标方式指令

G90 为绝对坐标指令。该指令表示程序段中的编程尺寸是按绝对坐标给定的。

G91 为增量坐标指令。该指令表示程序段中的编程尺寸是按增量坐标给定的，即坐标值均以前一个坐标作为起点来计算下一点的位置值。

3. 坐标系指令

坐标系指令如表 4.3 所示。

表 4.3 坐标系指令

G92	加工坐标系设置指令
G54	加工坐标系 1
G55	加工坐标系 2
G56	加工坐标系 3
G57	加工坐标系 4
G58	加工坐标系 5
G59	加工坐标系 6

常用 G92 加工坐标系设置指令。

编程格式：G92 X_ Y_

4. 补偿指令

补偿指令如表 4.4 所示。

表 4.4 补偿指令

G40	取消间隙补偿
G41	左偏间隙补偿，D 表示偏移量
G42	右偏间隙补偿，D 表示偏移量

G40、G41、G42 为间隙补偿指令。

G41 为左偏间隙补偿指令。

编程格式：G41 D_

式中：D 表示偏移量（补偿距离），确定方法与半径补偿方法相同，见图 4.17(a)和图 4.18(a)。一般数控线切割机床偏移量 ΔR 在 0～0.5 mm 之间。

G42 为右偏补偿指令。

编程格式：G42 D_

式中：D 表示偏移量（补偿距离），确定方法与半径补偿方法相同，见图 4.17(b)和图 4.18(b)。一般数控线切割机床偏移量 ΔR 在 0～0.5 mm 之间。

G40 表示取消间隙补偿指令。

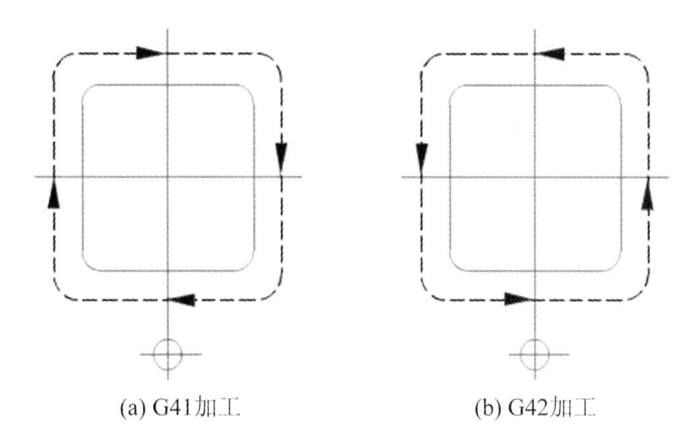

图 4.17 凸模加工间隙补偿指令的确定

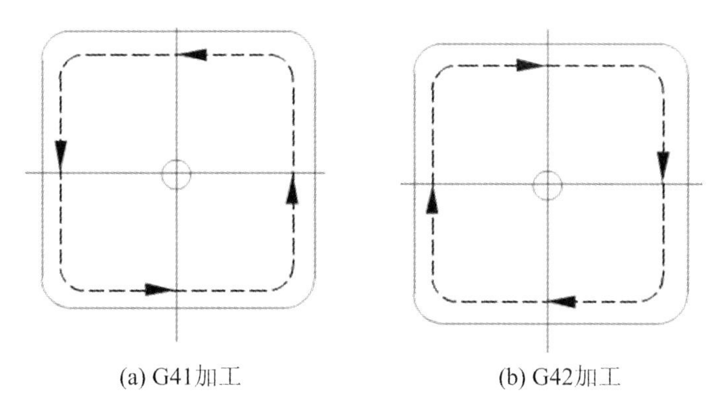

图 4.18 凹模加工间隙补偿指令的确定

5. M 代码

M 为系统辅助功能指令,常用 M 功能指令见表 4.5。

表 4.5 M 代码

M00	程序暂停
M02	程序结束
M05	接触感知解除
M96	主程序调用子程序
M97	主程序调用子程序结束

调用子程序编程格式:M96 程序名(程序名后加“.”)

6. 镜像指令

常用镜像功能指令见表 4.6。

表 4.6 镜像指令

G05	X 轴镜像
G06	Y 轴镜像
G07	X、Y 轴交换
G08	X 轴镜像，Y 轴镜像
G09	X 轴镜像，X、Y 轴交换
G10	Y 轴镜像，X、Y 轴交换
G11	Y 轴镜像，X 轴镜像，X、Y 轴交换
G12	消除镜像

7. 锥度指令

常用锥度功能指令见表 4.7。

表 4.7 锥度指令

G50	消除锥度
G51	锥度左偏，A 为角度值
G52	锥度右偏，A 为角度值

8. 应用举例

将图 4.14 所示的零件，按 ISO 代码格式编写该零件的线切割加工程序。

ISO 程序如下：

程序	注解
G92 X-20000 Y-10000	以 O 点为原点建立工件坐标系，起刀点坐标为(−20，−10)；
G01 X10000 Y0	从 G 点走到 A 点，A 点为起割点；
G01 X40000 Y0	从 A 点到 B 点；
G03 X0 Y20000 I0 J10000	从 B 点到 C 点；
G01 X-20000 Y0	从 C 点到 D 点；
G01 X0 Y20000	从 D 点到 E 点；
G03 X-20000 Y0 I-10000 J0	从 E 点到 F 点；
G01 X0 Y-40000	从 F 点到 A 点；
G01 X-10000 Y0	从 A 点回到起刀点 G；
M00	程序结束。

（三）数控线切割自动编程

由于计算机技术的飞速发展，很多厂家新出售的数控线切割机床都有微机编程系统。微机编程系统类型比较多，按输入方式不同，大致可分为：

(1) 数控语言式输入。

(2) 采用中文或西文菜单人机对话输入。

(3) 采用 AUTOCAD 方式输入。

(4) 采用鼠标器按图形标注尺寸输入，绘图法输入。

(5) 用数字化仪输入。

(6) 用扫描仪输入等。

利用上述方式之一输入工件图样尺寸之后，通过计算机内部的应用软件处理转换成线切割程序(3B或ISO代码等)，可在CRT屏幕上显示程序和图形，并可打印出程序清单或图形，或打出穿孔纸带，或录写成磁带、磁盘，现在则往往将数控程序通过通信接口由编程计算机直接传输给线切割机床的控制器，节省了纸带、磁带等中间环节，减少了差错。

(1) 语言式微机编程系统

人机对话式系统虽然易学，但使用时微机不断地提问，操作人员需要根据微机的提问逐个输入几何参数，很烦琐。语言式系统是指人把零件的源程序编好后，一次就输入微机中，没有人机对话的烦琐，但在源程序中除了几何元素定义语句之外，还要输入描述切割路线的语句以及间隙补偿、旋转、对称等语句。所以在使用语言式编程系统时，需要记忆的语句量比较多。

改进后的语言式编程系统，采用了一些几何元素定义语句，因而大幅度地减少了微机的提问，又省去了一般语言式描述切割路线的语句，对于所切割工件图形上的线也不必逐条加以定义，使编程工作很简捷，学起来也较容易，且在输入几何元素定义语句过程中，能及时显示计算结果，容易立即发现和纠正输入时的错误，当操作上发生错误时，微机能及时显示错误信息，提醒及时更正错误，所以使用起来比较方便灵活。

为了把图样中的信息和加工路线输入计算机，要利用一定的自动编程语言(数控语言)来表达，构成源程序。源程序输入后，必要的处理和计算工作则依靠应用软件(针对数控语言的编译程序)来实现。

自动编程中的应用软件(编译程序)是针对数控编程语言开发的，所以研制合适的语言系统是重要的先决条件。从20世纪70年代初起，我国研制了多种自动编程软件(包括数控语言和相应的编译程序)，如XY、SKX-1、SXZ-1、SB-2、SKG、XCY-1、SKY、CDL、TPT等。通常经后置处理可按需要显示或打印出3B(或4B、5B扩展型)格式的程序清单，或由穿孔机制出数控纸带。在国际上主要采用APT数控编程语言，但一般根据线切割机床控制的具体要求作了适当简化，使语言表达更为简单、直观、便于掌握；输出的程序格式为ISO或EIA。

(2) 人机对话输入式微机编程系统

最早是英文人机对话，现在用中文人机对话，显示屏幕上依次用中文提问并加上适当的解释，突破了以往编程机采用数控语言编程或采用“英文代号”提问的缺陷，从而免去了编程人员需记忆大量的代号含义及符号规则。

具有多种直线输入定义格式和圆弧输入定义格式；具有点切线、公切线、切角线、过渡圆(即二切圆)、三切圆的特别处理功能；具有列表点非圆曲线的自动编程功能等。

人机对话输入式的数控编程系统，特点是直观易懂，不需记忆很多语句指令，逐条人机问答对话，初学时容易入门，但使用长了就会觉得烦琐。目前单纯的人机对话输入方式已较少。

(3) 绘图式线切割自动编程系统

工件图样都是由点、线、圆(圆弧)等组成的，为此绘图式编程系统可以在计算机屏幕上用鼠标器绘出：点、线、圆(圆弧)以及作交线、切线、内外圆、椭圆、抛物线、双曲线、阿基米德螺旋线、渐开线、摆线、齿轮等非圆曲线和列表曲线。

只要按工件图样上标注的尺寸用鼠标器和光标在计算机屏幕上作图输入，即可完成自动编程，输出 3B 或 ISO 代码切割程序，无需硬记编程语言规则，过程直观明了，易于学习、掌握，应用日益广泛。国内开发最早，应用较多的有 YH 绘图式自动编程系统等。

(4) 用扫描仪输入的微机自动编程系统

由于近年来扫描仪性能的不断完善，价格的不断降低，很多厂商都在原微机自动编程系统中增加用扫描仪输入图形，而后通过应用软件将图形信息进行"矢量化"等处理成为"一笔画"，最后转换成 3B、ISO 等代码的数控线切割程序，特别适合于字体、工艺美术图案等线条外形复杂而精度要求又不是很高的曲线的编程。我国苏州市开拓电子技术公司的 YH 线切割绘图式自动编程系统、北京北航海尔软件有限公司的 CAXA 线切割编程系统超强版、温州飞虹电子仪器厂的 XBK 系列线切割编程控制系统、宁波傲强电子机械有限公司的 PM-A95 辅助设计型线切割自动编程软件，以及重庆华明光电子技术研究所等的 HGD 线切割数控编程软件，都在原编程功能的基础上增加了图形扫描输入的自动编程功能，大大地增强了编程的适应能力。

四、数控线切割机床基本操作步骤

在对零件进行线切割加工时，必须正确地确定工艺路线和切割程序，包括对图纸的审核及分析，加工前的工艺准备和工件的装夹，程序的编制，加工参数的设定和调整以及检验等步骤。

数控线切割机床一般工作过程如下：

(1) 分析零件图，确定装夹位置及走刀路线；

(2) 编制程序单，传输程序；

(3) 检查机床，调试工作液，找正电极丝，装夹工件并找正；

(4) 调节电参数、形参数；

(5) 切割零件，检验。

分析零件图是保证加工工件综合技术指标满足要求的关键，一般应着重考虑是否满足线切割工艺条件(如工件材料性质、尺寸大小和厚度等)，同时考虑所要求达到的加工精度。

确定装夹位置及走刀路线：装夹位置要合理，防止工件翘起或低头；切割点应取在图形的拐角处，或在容易将凸尖修去的部位。走刀路线要防止或减少零件的变形，一般选择靠近装夹位置的一边图形最后切割。

编制程序单：生成代码程序后一定要校核代码，仔细检查图形尺寸。

调试机床：调整电极丝的垂直度及张力，调整电参数，必要时试切检验。

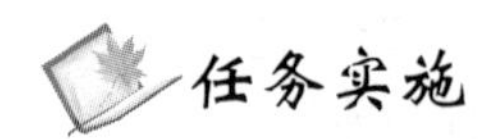

一、任务工艺分析

根据图 4.1 所示零件和加工要求，把穿丝点、起点和终点均设定在编程原点(0,0)。采用直径为 0.2 mm 的钼丝，单边放电间隙为 0.01 mm，因此在编程时要考虑到电极丝和放电间隙补偿。程序采用顺时针编程，因此补偿指令为 G41，电极丝补偿量为 0.11 mm(＝0.2/2＋0.01)mm。各编程点坐标见表 4.8。

表 4.8　编程点坐标

基点编号	X 坐标	Y 坐标	基点编号	X 坐标	Y 坐标
A	50	30	F	131.07	141.58
B	72.41	98.96	G	203.58	141.58
C	13.74	141.58	H	144.92	98.96
D	86.26	141.58	I	167.33	30
E	108.66	210.55	J	108.66	72.62

二、参考程序

```
O0109                                      程序号
N0010    H000=0                            给 H000 赋值为 0
N0020    H001=110                          给 H001 赋值为 0.11
N0030    G90  G92  X0  Y0                  指定绝对坐标,预设当前位置
N0040    T84  T86                          开启工作液,运丝
N0050    C096                              调入切入加工条件
N0060    G01  X50  Y29                     直线插补加工
N0070    C003                              调入加工参数
N0080    G41  H000                         建立左补偿
N0090    G01  X50  Y30                     直线插补到 A 点
N0100    G41  H001                         对切割路径进行右补偿
N0110    G01  X72.41    Y98.96             直线插补到 B 点
N0120         X13.74    Y141.58            直线插补到 C 点
N0130         X86.26    Y141.58            直线插补到 D 点
N0140         X108.66   Y210.55            直线插补到 E 点
N0150         X131.07   Y141.58            直线插补到 F 点
N0160         X203.58   Y141.58            直线插补到 G 点
N0170         X141.92   Y98.96             直线插补到 H 点
N0180         X167.33   Y30                直线插补到 I 点
N0190         X108.66   Y72.62             直线插补到 J 点
N0200         X50       Y30                直线插补到 A 点
N0210    M00                               暂停
N0220    G40  H000                         取消补偿
N0230    C097                              调入切出条件
N0240    G01  X20       Y19                取消补偿后,退出到点(20.19)
N0250         X0        Y0                 返回原点
N0260    T85  T87                          关闭工作液,停止走丝
N0270    M02                               程序结束
```

三、车间实际加工

零件程序编写后，在实训车间对该零件进行实际操作训练。

具体步骤：

(1) 开机。按下电源开关，接通电源。

(2) 将加工程序输入控制机。

(3) 开运丝。按下运丝开关，让电极丝空运转，检查电极丝抖动情况和松紧程度。若电极丝过松，则应充分且用力均匀紧丝。

(4) 开水泵，调整喷水量。开水泵时，请先把调节阀调至关闭状态，然后逐渐开启，调节至上下喷水柱包容电极丝，水柱射向切割区即可，水量不必过大。上线架底面前部有一排水孔，经常保持畅通，避免上线架内积水渗入机床电器箱内。

(5) 开脉冲电源选择电参数。应根据对切割效率、精度、表面粗糙度的要求，选择最佳的电参数，电极丝切入工件时，先将脉冲间隔拉开，待切入后，稳定时再调节脉冲间隔，使加工电流满足要求。

(6) 开启控制机，进入加工状态。观察电流表在切割过程中，指针是否稳定，精心调节，切忌短路。

(7) 加工结束后应先关闭水泵电机，再关闭运丝电机，检查 X、Y 坐标是否到终点。

到终点时，拆下工件，清洗并检查质量；未到终点应检查程序是否有错或控制机是否有故障，及时采取补救措施，以免工件报废。

机床电气操纵面板和控制面板上都有红色急停按钮开关，加工工件过程中若有意外情况，按下此开关即可断电停机。

任务评价

序号	能力点	掌握情况	序号	能力点	掌握情况
1	安全操作		4	对刀操作过程	
2	编程能力		5	程序运行	
3	电极丝、工件安装正确与否		6	零件检测	

思考与练习

1. 什么是电火花线切割加工？有什么特点？

2. 概述线切割加工的放电原理。

3. 比较两种数控加工编程方法。

4. 线切割机床的操作步骤如何？

5. 如图 4.19 所示 $\phi50$ mm 的圆凸模，切入长度为 5 mm，间隙补偿量 $f=0.1$，试用 3B 或 ISO 格式编制其线切割程序。

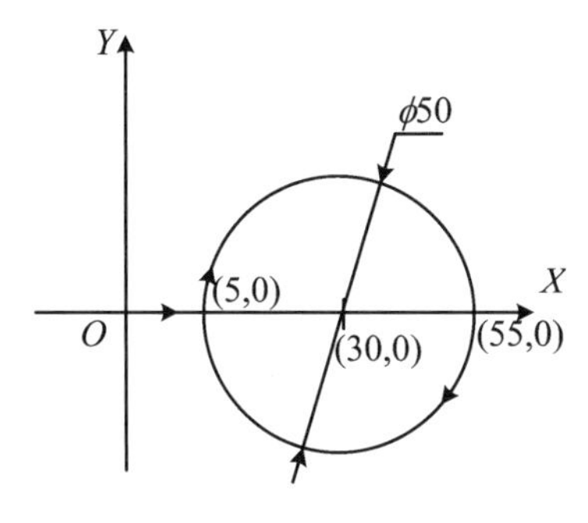

图 4.19 圆凸模

项目五　数控车削仿真操作

任务一　数控仿真软件认知

任务目标

(1) 了解数控仿真软件的发展历程；
(2) 了解数控仿真软件的应用；
(3) 掌握数控仿真软件的基本功能。

任务描述

观察与认识数控仿真软件的基本应用，练习宇龙数控加工仿真软件(见图 5.1)的基本操作。

图 5.1　数控仿真软件

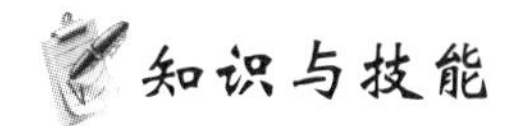

一、数控加工仿真技术简介

在数控加工过程中，为检查数控程序的正确性，传统上采用试切的方法，但这种方法费工费料，代价昂贵，延长了产品生产周期。后来又采用轨迹显示法，即用计算机控制铅笔绘图器，以笔代替刀具，以纸代替毛坯来仿真刀具运动轨迹的二维图形。这种方法可以显示二轴加工轨迹，也可以检查一些大的错误，但其运动仅限于平面，局限性很大。为此，人们一直在研究能逐步代替试切的仿真方法，并在试切环境的模型化、仿真计算和图形显示等方面取得了重要的进展。在这种情况下，数控加工的计算机仿真技术应运而生。仿真技术是复杂系统研究和设计的一种新型和有效的工具。所谓数控加工仿真，是指采用计算机图形学的手段对加工走刀和零件切削过程进行模拟，具有快速、仿真度高、成本低等优点。它采用可视化技术，通过仿真和建模软件，模拟实际的加工过程，在计算机屏幕上将铣、车、钻、镗等加工方法的加工路线描绘出来，并能提供错误信息的反馈，使工程技术人员能预先看到制造过程，及时发现生产过程中的不足，有效预测数控加工过程和切削过程的可靠性及高效性，此外，还可以对一些意外情况进行控制。数控加工仿真代替了试切等传统的走刀轨迹的检验方法，大大提高了数控机床的有效工时和使用寿命，因此在制造业得到了越来越广泛的应用。

数控加工仿真系统可由两个模块组成：

(1) 仿真环境。由机床、工件、夹具、刀具库构成。

(2) 仿真过程。包括几何仿真和力学仿真两个部分。几何仿真将刀具与零件视为刚体，不考虑切削参数、切削力等其他物理因素的影响，只仿真刀具、工件几何体的运动来验证NC程序的正确性；切削过程的力学仿真属于物理仿真范畴，需要考虑精度分析等影响加工质量的因素，它通过仿真切削过程的动态力学特性来预测刀具破损、刀具振动、控制切削参数，从而优化切削过程。

对于数控加工仿真系统的实现，目前较流行的有四种方案：

(1) 基于 VC++和 openGL 技术开发。

(2) 基于 VC++与现有造型软件结合的开发。

(3) 基于 VRML 技术的开发。

(4) 基于现有 CAD/CAM 软件的二次开发。

其中第一种方案和第二种方案都需要开发人员编写大量代码；第三种方案的优点是可以开发出基于网络的仿真系统，缺点是对于机床的加工仿真尚需大量的编程工作，而且缺乏相应的技术基础；第四种方案是利用基于特征的通用机械 CAD/CAM 软件系统，提供功能强大的二次开发模块。例如，UG、Pro/Engineer、CATIA 等著名的大型 CAD/CAM 软件就提供了 MS VC++的开发方法和接口，SolidWorks 提供了基于 COM 和 OLE 技术的二次开发接口。采用以上软件系统作为仿真系统的图形显示平台，开发者无须考虑环境光源、材质等影响真实感的因素，大大降低了编程的难度和强度；工件毛坯直接由设计过程调用，具有完全的真实形状，仿真结果直观易懂；仿真图形易于控制，具有旋转、放大、剖切和加工过程记录等特点，因此得到了广泛的应用。

二、数控仿真软件的应用

目前,应用较为广泛的数控仿真系统主要有上海宇龙的"数控加工仿真系统"和德国"MTS数控编程仿真系统"。这类软件可以用来学习数控机床的编程与操作,具有"以软代硬"来熟悉编程与操作、减少废品和撞机等优点,是一种现代化教学和实训的好方法。

(一) 上海宇龙"数控加工仿真系统"

整个系统分成四个模块,每一个模块中包含不同功能,每个模块功能都与相应的功能键连接。状态栏能够显示正在执行的程序代码情况、实时机床状态参数反馈及在线提示等。根据机床加工的特点和实际机床工作流程,系统采用的结构,包括用户界面模块、程序编辑模块、程序处理模块、模拟加工模块。

1. 用户界面模块

用于设立数控加工环境,主要包括三维显示的数控加工环境、数控系统仿真面板。如数控仿真系统中的FANUC 0i机床面板,在该面板上既包括数控系统的显示屏及功能键,也有机床操作部分的按钮及旋钮,通过该面板可将机床的加工过程逼真地显示在计算机屏幕上。面板可在NC程序的驱动下,用三维动画仿真显示加工过程,画面可放大或缩小,还可以从任意角度观察加工过程。

2. 程序编辑模块

用于数控程序的输入、修改及显示编辑。NC程序的读取如同生产实际一样,采用面板手工输入和程序文件读入两种方式。

3. 程序处理模块

通过对NC代码的理解、检查代码语法语意的正确性,经过译码、刀补计算、进给速度处理,得到刀具中心轨迹和其他所需数据,用于模拟加工。

4. 模拟加工模块

具有自动加工和手动加工等功能,系统通过对处理后NC程序的离散和插补,直接驱动数控系统显示屏或三维动画仿真。在模拟加工过程中,数控系统显示屏按实际加工状态,可工作在图形模拟或数字状态两种方式下。

(二) MTS数控仿真系统

从德国引进的MTS数控仿真系统有Top Turn、Top Mill和Top Cam三个模块,可以实现以下几个方面的主要功能:

(1) 交互式编程功能;

(2) 数控系统后置处理功能;

(3) 数据库储存工艺数据功能;

(4) 对刀功能;

(5) 建立工艺档案功能;

(6) 仿真模拟功能;

(7) 加工质量分析功能。

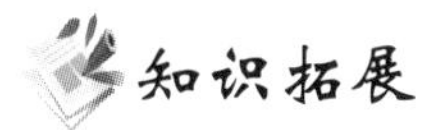

一、仿真软件的简介

20世纪90年代初，源自美国的虚拟现实技术在提升传统产业层次，挖掘其潜力方面起到了巨大作用。虚拟现实技术在改造传统产业上的价值体现在：用于产品设计与制造，可以降低成本，避免新产品开发的风险；用于产品演示，可借助多媒体效果吸引客户、争取订单；用于培训，可用“虚拟设备”来增强员工的操作熟练程度。本书介绍的仿真软件是由上海宇龙软件工程有限公司研制开发的。

（一）数控加工仿真软件的安装与卸载

1. 硬件准备

（1）将“软件加密锁”安装到教师机的并行口上。

（2）加密锁可以安装在其中任何一台计算机上，通常装在教师机上。需在装有加密锁的计算机上安装教师机程序，在其他主机上安装教师机程序无效。

2. 教师机的安装

（1）运行安装目录下的可执行文件 setup. exe，即可进入数控加工仿真系统的安装。

（2）安装程序启动以后，即进入欢迎使用界面。

（3）在欢迎界面中单击【下一步】按钮，即进入安装类型界面，选择“教师机”，安装教师的服务端程序和加密锁管理程序。

（4）在“安装类型”窗口单击【下一步】按钮，即进入许可证协议界面，选择“我接受许可证协议中的条款”复选框。

（5）在“许可证协议”窗口单击【下一步】按钮，进入“选择目的地位置”界面，在此窗口中，用户可以选择软件的安装路径，系统的默认路径为“C:\Program Files\数控加工仿真系统”，如果用户要改变安装路径，可单击【浏览】按钮选择路径。

（6）在“选择目的地位置”窗口中单击【下一步】按钮，进入安装准备窗口，单击【安装】按钮就开始往计算机中复制文件。

（7）复制文件结束后，系统将自动安装加密锁驱动程序，加密锁驱动程序安装结束，系统提示“是否要在桌面上安装数控加工仿真系统的快捷方式”，选择“是”或“否”，即进入设置完成界面；单击【完成】按钮完成安装，并退出安装程序。

3. 学生机的安装

学生机的安装与教师机的安装相似。

（1）运行安装目录下的可执行文件 setup. exe 进入数控加工仿真系统的安装。

（2）安装程序启动以后，进入欢迎使用界面。单击【下一步】按钮，进入安装类型界面；选择【学生机】，单击【下一步】按钮，进入【选择目的地位置】窗口，用户可以选择软件的安装路径，系统的默认路径为“C:\Program Files\数控加工仿真系统”，如果用户要改变安装路径，可单击【浏览】按钮选择路径。

（3）在【选择目的地位置】窗口中单击【下一步】按钮，进入安装准备窗口；单击【安装】按钮就开始往计算机中复制文件，根据提示操作直至安装完成。

（4）程序的卸载。打开【控制面板】的【添加/删除程序】，选中程序列表中的【数控加工仿真系统】,单击【添加/删除(R)…】按钮,即可删除本程序。

二、仿真软件的基本功能

(一) 项目文件

1. 项目文件作用

可保存所有操作结果,但不包括操作过程。

2. 项目文件的内容

(1) 机床、毛坯、加工过的零件、选用的刀具和夹具、在机床上的安装位置和方式。

(2) 工件坐标系、刀具长度和半径补偿数据、参数。

(3) 输入的数控程序。

3. "文件"菜单

(1) 新建项目。打开菜单【文件/新建项目】,选择新建项目后,就建立了一个新的项目,并且回到机床选择后的状态。

(2) 打开项目。打开选中的项目文件夹,在文件夹中选中并打开后缀名为". mac"的文件。

(3) 保存项目。打开菜单【文件/保存项目】,选择需要保存的内容,输入项目名,单击【确认】按钮。如果保存一个新的项目或者需要以新的项目名保存,选择【文件/另存项目】。

保存项目时,系统自动以用户给予的文件名建立一个文件夹,内容都保存在该文件夹之中。

(二) 视图设置

1. 工具条中视图变换的选择

在工具条 中单击相应按钮,其功能分别对应于【视图】菜单中的【复位】、【局部放大】、【动态缩放】、【动态平移】、【动态旋转】、【侧视图】、【俯视图】、【前视图】功能,或将光标置于显示区域内,单击鼠标右键,弹出相应的浮动菜单。

2. 控制面板界面切换

打开菜单【视图/控制面板切换】或在工具条中单击 按钮,即完成控制面板切换。

(三) "选项"设置

打开菜单【视图/选项】或在工具条中单击 按钮,在对话框中进行相应设置,如图 5.2 所示。其中【机床显示方式】可选择【透明】,这样能使工件和刀具突显出来;【速度设置】中的速度值用以调节仿真速度,有效数值范围 1～100。

如果选中【对话框显示出错信息】,出错信息提示将出现在对话框中;否则,出错信息将出现在屏幕的右下角。

(四) 系统管理

"系统管理"主要由具有用户管理权限的用户使用。

1. 用户管理

打开菜单【系统管理/用户管理】,拥有管理权限的用户可以更改自身及其他用户的基本信息及用户权限,普通用户只能更改用户自己的口令。

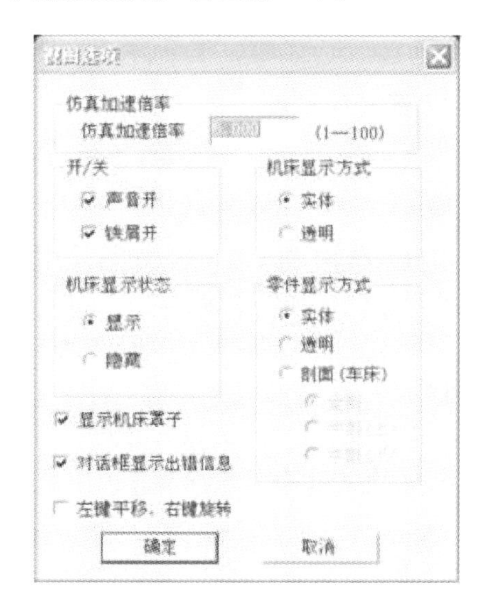

图 5.2　“视图选项”对话框

2. 刀具库管理

以铣刀刀具库管理为例,打开菜单【系统管理/铣刀库管理】,享有管理权限的用户可以对相应的刀具进行更改、添加、删除。

(1) 添加刀具

① 选择【添加刀具】,输入新的刀具编号(名称)。

② 选择刀具类型,根据图片选择类型,然后单击【选定该类型】按钮。

③ 输入刀具参数,单击【保存】按钮,添加刀具完成。

在添加刀具过程中,需要注意:【深度与进给速度关系】、【每齿切削厚度】以及【刀具旋转线速度】选项在这个版本中不使用。

(2) 删除刀具。在【刀具编号】(名称)列表框内选择要删除的刀具,单击【删除当前刀具】按钮,完成删除操作。

(3) 详细资料。选中刀具单击【详细资料】,可查看刀具基本信息。

3. 系统设置

打开菜单【系统管理/系统设置】,享有管理权限的用户可更改公共属性、FANUC 属性等设置。

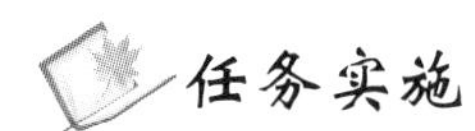

任务实施

(1) 熟悉数控仿真软件的基本功能;

(2) 熟悉零件的数控加工工艺过程;

(3) 观察与了解数控机床的一般操作方法和操作过程。

数控机床在回参考点操作后,一般先选择机床的类型,然后再根据待加工零件图,选择合适的毛坯和加工刀具。

一、选择机床类型

打开菜单【机床/选择机床…】,在选择机床对话框中选择控制系统类型和相应的机床并按【确定】按钮。

二、工件的定义和使用

1. 定义毛坯

打开菜单“零件/定义毛坯”。

(1) 名字输入:在毛坯名字输入框内输入毛坯名,也可使用缺省值。

(2) 选择毛坯形状:车床的毛坯供选择仅提供圆柱形毛坯。

(3) 选择毛坯材料:毛坯材料列表框中提供了多种供加工的毛坯材料,可根据需要在“材料”下拉列表中选择毛坯材料。

(4) 参数输入:尺寸输入框用于输入尺寸,单位为毫米。

(5) 保存退出:按“确定”按钮,保存定义的毛坯并且退出本操作。

2. 放置零件

打开菜单【零件/放置零件】命令或者在工具条上选择图标,系统弹出操作对话框。在列表中点击所需的零件,选中的零件信息加亮显示,按下【安装零件】按钮,系统自动关闭对话框,零件和夹具(如果已经选择了夹具)将被放到机床上。

3. 调整零件位置

零件可以在工作台面上移动。毛坯放上工作台后,系统将自动弹出一个小键盘,通过按动小键盘上的方向按钮,实现零件的平移和旋转或车床零件调头。

三、选择刀具

打开菜单【机床/选择刀具】 或者在工具条中选择,系统弹出刀具选择对话框。

1. 选择、安装车刀

(1) 在刀架图中点击所需的刀位。该刀位对应程序中的 T01～T08(T04)。

(2) 选择刀片类型。

(3) 在刀片列表框中选择刀片。

(4) 选择刀柄类型。

(5) 在刀柄列表框中选择刀柄。

2. 变更刀具长度和刀尖半径

【选择车刀】完成后,该界面的左下部位显示出刀架所选位置上的刀具。其中显示的【刀具长度】和【刀尖半径】均可以由操作者修改。

3. 拆除刀具

在刀架图中点击要拆除刀具的刀位,点击【卸下刀具】按钮。

4. 确认操作完成

点击【确认】按钮。

任务评价

序号	能　力　点	掌握情况	序号	能　力　点	掌握情况
1	文明操作		4	熟悉工件毛坯的选择	
2	手动操作能力		5	熟悉刀具的选择及参数设置	
3	熟悉数控仿真软件的安装				

思考与练习

1. 试述仿真加工的作用。
2. 简述仿真技术在数控加工领域的发展现状。
3. 简述仿真软件中车床刀具选用的步骤。

任务二　FANUC 0i 数控车床系统仿真操作

任务目标

(1) 掌握数控机床的启动及回零的过程;
(2) 掌握 FANUC 0i 面板按钮的功能;
(3) 熟悉 FANUC 0i 数控系统的基本操作;
(4) 熟悉 FANUC 0i 数控程序的处理。

任务描述

观察与认识 FANUC 0i 车床仿真加工系统界面,熟练掌握操作面板和系统面板(见图 5.3)的基本操作。

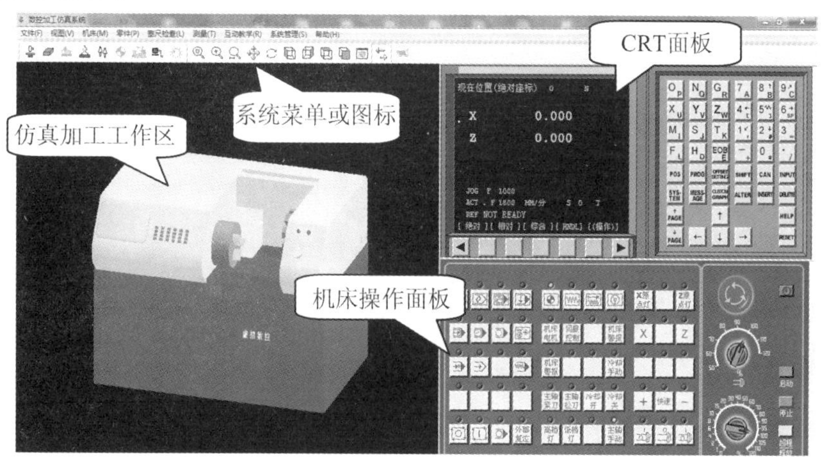

图 5.3　宇龙数控加工仿真系统 FANUC 0i 车床仿真加工系统界面

知识与技能

一、MDI 键盘说明

图 5.4 所示为 FANUC 0i 系统的 MDI 键盘(右半部分)和 CRT 界面(左半部分)。MDI 键盘用于程序编辑、参数输入等功能。MDI 软键功能如表 5.1 所示。

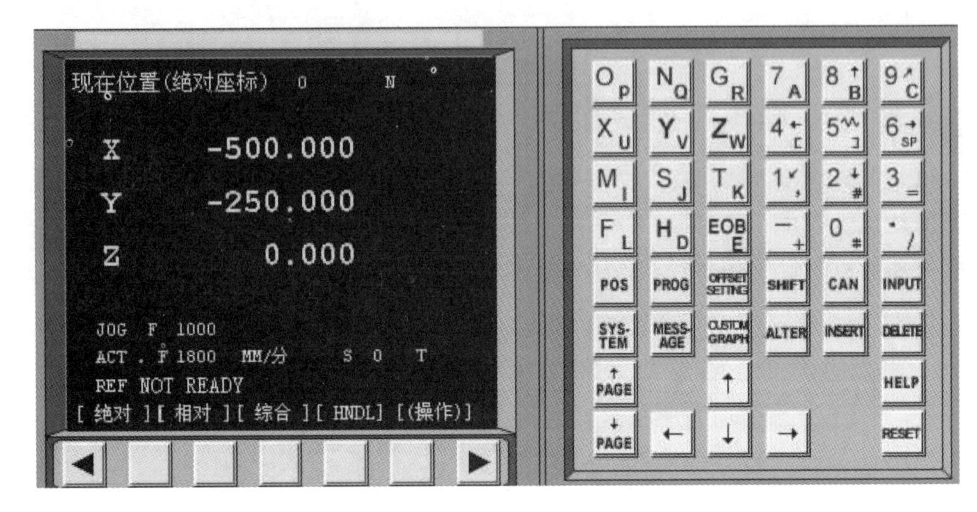

图 5.4　FANUC 0i MDI 键盘

表 5.1　MDI 软件功能

MDI 软键	名　称	功　能　简　介
↑PAGE ↓PAGE	翻页键	软键 ↑PAGE 实现左侧 CRT 中显示内容的向上翻页;软键 ↓PAGE 实现左侧 CRT 显示内容的向下翻页
↑ ← ↓ →	光标移动键	移动 CRT 中的光标位置。软键 ↑ 实现光标的向上移动;软键 ↓ 实现光标的向下移动;软键 ← 实现光标的向左移动;软键 → 实现光标的向右移动
O_P N_Q G_R X_U Y_V Z_W M_I S_J T_K F_L H_D EOB_E	地址键	实现字符的输入,点击 SHIFT 键后再点击字符键,将输入右下角的字符。例如:点击 O_P 将在 CRT 的光标所处位置输入“O”字符,点击软键 SHIFT 后再点击 O_P 将在光标所处位置处输入 P 字符;软键 EOB_E 中的“EOB”将输入“;”号表示换行结束
7 8 9 4 5 6 1 2 3 - 0 .	数字键	实现字符的输入,例如:点击软键 5 将在光标所在位置输入“5”字符,点击软键 SHIFT 后再点击 5 将在光标所在位置处输入“]”
POS	位置显示键	在 CRT 中显示坐标值

续表

MDI 软键	名　称	功　能　简　介
PROG	程序键	CRT 将进入程序编辑和显示界面
OFFSET SETTING	菜单设置键	CRT 将进入参数补偿显示界面
SYS-TEM	系统参数	本软件不支持
MESS-AGE	系统信息	本软件不支持
CUSTOM GRAPH	用户宏屏幕	在自动运行状态下将数控显示切换至轨迹模式
SHIFT	切换键	输入字符切换键
CAN	取消键	删除单个字符
INPUT	输入键	将数据域中的数据输入到指定的区域
ALTER	替换键	字符替换
INSERT	插入键	将输入域中的内容输入到指定区域
DELETE	删除键	删除一段字符
HELP	帮助键	本软件不支持
RESET	复位键	机床复位

二、操作面板按钮

操作面板按钮按钮功能如表 5.2 所示。

表 5.2　操作面板按钮功能

按　钮	名　称	功　能　简　介
	自动运行	此按钮被按下后，系统进入自动加工模式
	编辑	此按钮被按下后，系统进入程序编辑状态，用于直接通过操作面板输入数控程序和编辑程序
	MDI	此按钮被按下后，系统进入 MDI 模式，手动输入并执行指令
	远程执行	此按钮被按下后，系统进入远程执行模式即 DNC 模式，输入输出资料
	单节	此按钮被按下后，运行程序时每次执行一条数控指令
	单节忽略	此按钮被按下后，数控程序中的注释符号“/”有效
	选择性停止	当此按钮被按下后，“M01”代码有效
	机械锁定	锁定机床
	试运行	机床进入空运行状态
	进给保持	程序运行暂停，在程序运行过程中，按下此按钮运行暂停。按【循环启动】 恢复运行

续表

按　钮	名　称	功　能　简　介
	循环启动	程序运行开始;系统处于【自动运行】或【MDI】位置时按下有效,其余模式下使用无效
	循环停止	程序运行停止,在数控程序运行中,按下此按钮停止程序运行
	回原点	机床处于回零模式;机床必须首先执行回零操作,然后才可以运行
	手动	机床处于手动模式,可以手动连续移动
	手动脉冲	机床处于手轮控制模式
	手动脉冲	机床处于手轮控制模式
X	X 轴选择按钮	在手动状态下,按下该按钮则机床移动 X 轴
Z	Z 轴选择按钮	在手动状态下,按下该按钮则机床移动 Z 轴
+	正方向移动按钮	手动状态下,点击该按钮系统将向所选轴正向移动。在回零状态时,点击该按钮将所选轴回零
-	负方向移动按钮	手动状态下,点击该按钮系统将向所选轴负向移动
快速	快速按钮	按下该按钮,机床处于手动快速状态
	主轴倍率选择旋钮	将光标移至此旋钮上后,通过点击鼠标的左键或右键来调节主轴旋转倍率
	进给倍率	调节主轴运行时的进给速度倍率
	急停按钮	按下急停按钮,使机床移动立即停止,并且所有的输出,如主轴的转动等都会关闭
超程释放	超程释放	系统超程释放
	主轴控制按钮	从左至右分别为:正转、停止、反转
H	手轮显示按钮	按下此按钮,则可以显示出手轮面板
	手轮面板	点击 H 按钮将显示手轮面板
	手轮轴选择旋钮	手轮模式下,将光标移至此旋钮上后,通过点击鼠标的左键或右键来选择进给轴
	手轮进给倍率旋钮	手轮模式下将光标移至此旋钮上后,通过点击鼠标的左键或右键来调节手轮步长。×1、×10、×100 分别代表移动量为 0.001 mm、0.01 mm、0.1 mm

续表

按 钮	名 称	功 能 简 介
	手轮	将光标移至此旋钮上后，通过点击鼠标的左键或右键来转动手轮
	启动	启动控制系统
	关闭	关闭控制系统

三、机床准备

机床准备是指进入数控加工仿真系统后，针对机床操作面板，释放急停、启动机床驱动和各轴回零的过程。进入本仿真加工系统后，就如同面对实际机床，准备开机的状态。

（一）激活机床

检查急停按钮是否松开至状态，若未松开，点击急停按钮，将其松开。按下操作面板上的“启动”按钮，加载驱动，当“机床电机”和“伺服控制”指示灯亮，表示机床已被激活。

（二）机床回参考点

在回零指示状态下（回零模式），选择操作面板上的 X 轴，点击【＋】按钮，此时 X 轴将回零，当回到机床参考点时，相应操作面板上“X 原点灯”的指示灯；再用鼠标右键点击 Z 轴，再分别点击【＋】按钮，操作面板上的指示灯亮为回零状态，机床运动部件（主轴、车床刀架）为返回到机床参考点，故称为回零。

车床只有 X，Z 轴，LCD 对两轴的显示为（XZ：390，300），其回零状态如图 5.5 所示。

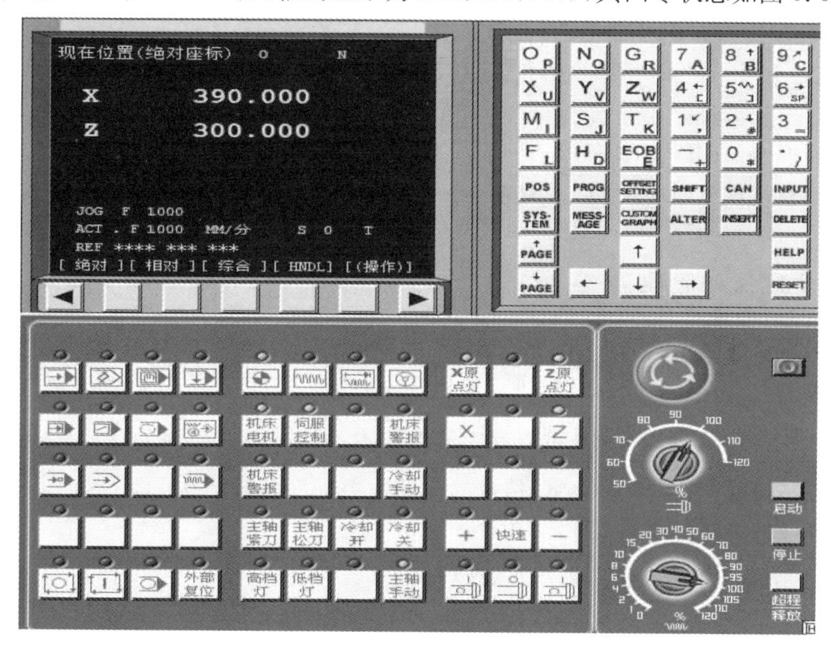

图 5.5 仿真车床回零状态

四、数控程序处理

（一）导入数控程序

数控程序可以通过记事本或写字板等编辑软件输入并保存为文本格式文件，也可直接用 FANUC 0i 系统的 MDI 键盘输入。

（1）打开机床面板，点击 键，进入编辑状态；

（2）点击 MDI 键盘上 键，进入程序编辑状态；

（3）打开菜单【机床/DNC 传送…】，在打开文件对话框中选取文件。如图 5.6(a)所示，在文件名列表框中选中所需的文件，按“打开”确认；

（4）按 LCD 画面软键【操作】，再点击画面软键 ，再按画面【READ】对应软键；

（5）在 MDI 键盘在输入域键入文件名，O××××，（O 后面是从 0000～9999 之间的任意正整数），如“O0001”；

（6）点击画面【EXEC】对应软键，即可输入预先编辑好的数控程序，并在 LCD 显示，如图 5.6(b)所示。

注：程序中调用子程序时，主程序和子程序需分开导入。

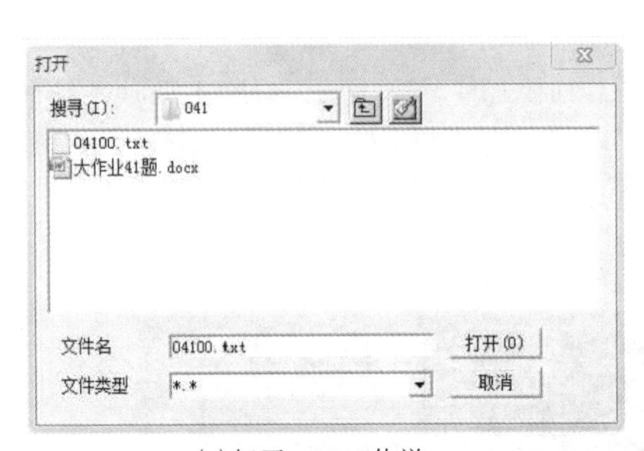

(a)打开—DNC传送

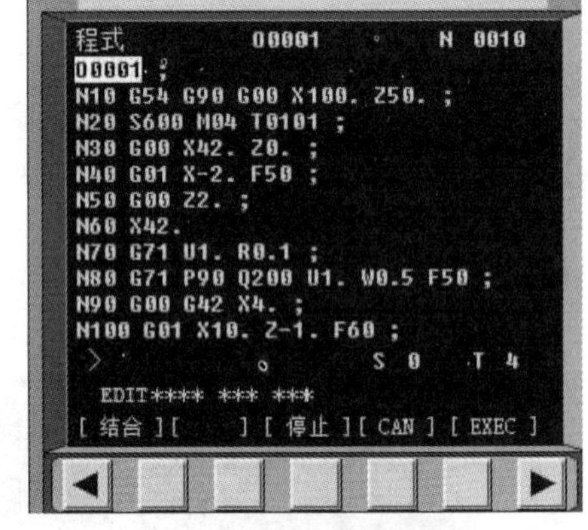

(b) 导入的数控程序

图 5.6 程序导入

（二）数控程序管理

1. 显示和数控程序目录

（1）打开机床面板，点击 键，进入编辑状态；

（2）点击 MDI 键盘上 键，进入程序编辑状态；

（3）再按软键【LIB】，经过 DNC 传送的全部数控程序名显示在 LCD 界面上。

2. 选择一个数控程序

（1）点击机床面板 EDIT 挡或 MEM 挡；

（2）在 MDI 面板输入域键入文件名 O××××；

(3) 点击 MDI 键盘光标键,即可从程序[LIB]中打开一个新的数控程序;

(4) 打开后,“O××××”将显示在屏幕中央上方,右上角显示第 1 程序号位置,如果是状态,NC 程序将显示在屏幕上。

3. 删除一个数控程序

(1) 打开机床面板,点击键,进入编辑状态;

(2) 在 MDI 键盘上按键,进入程序编辑画面;

(3) 将显示光标停在当前文件名上,按,该程序即被删除;

(4) 或者在 MDI 键盘上按键,键入字母“O”,再按数字键,键入要删除的程序号码:××××;

(5) 按键,选中程序即被删除。

4. 新建一个 NC 程序

(1) 打开机床面板,点击键,进入编辑状态;

(2) 点击 MDI 键盘上键,进入程序编辑状态;

(3) 在 MDI 键盘上按键,键入字母“O”,再按要创建的程序名数字键,但不可以与已有程序号的重复;

(4) 按键,新的程序文件名被创建,此时在输入域中,可开始程序输入;

(5) 在 FANUC 0i 系统中,每输入一个程序段(包括结束符),按一次键,输入域中的内容将显示在 LCD 界面上,也可一个代码一个代码地输入。

注:MDI 键盘上的字母、数字键,配合“Shift”键,可输入右下角第二功能字符。另外,MDI 键盘的插入键,被插入字符将输入在光标字符后。

5. 删除全部数控程序

(1) 打开机床面板,点击键,进入编辑状态;

(2) 在 MDI 键盘上按键,进入程序编辑画面;

(3) 按键,键入字母“O”;按键,键入“9999”;按键即可删除。

(三) 数控程序编辑

1. 程序修改

(1) 选择一个程序打开,点击、键,进入程序编辑状态,如图 5.7 所示。

(2) 移动光标。按 MDI 面板的键翻页,按键,移动光标,如图 5.7 所示。

(3) 插入字符。先将光标移到所需位置,点击 MDI 键盘上的数字/字母键,将代码输入到输入域中,按插入键,把输入域的内容插入到光标所在代码后面。

(4) 删除输入域中的数据。按键用于删除输入域中的数据,如图 5.8 输入域中,若按键,则变为“X26”。

(5) 删除字符。先将光标移到所需删除字符的位置,按键,删除光标所在的代码。

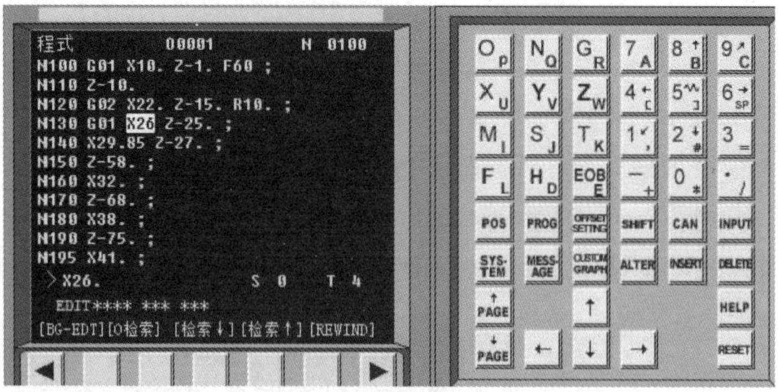

图 5.7 程序编辑

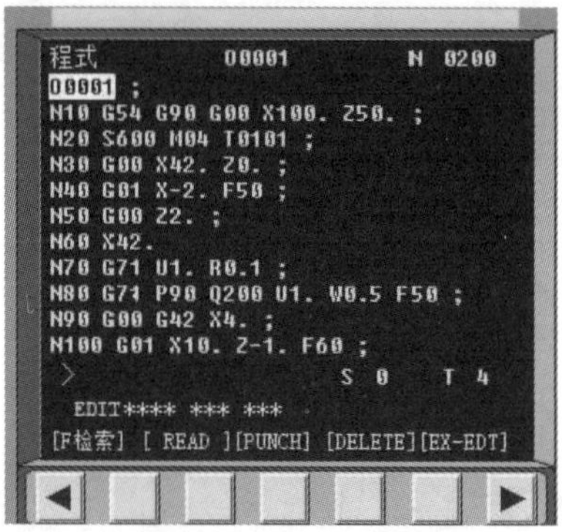

图 5.8 程序保存画面

(6) 查找。输入需要搜索的字母或代码;按光标↓ →键,开始在当前数控程序中光标所在位置后搜索。(代码可以是一个字母或一个完整的代码。例如:"N0010"、"M"等。)如果此数控程序中有所搜索的代码,则光标停留在找到的代码处;如果此数控程序中光标所在位置后没有所搜索的代码,则光标停留在原处。

(7) 替换。先将光标移到所需替换字符的位置,将替换成的字符通过 MDI 键盘输入到输入域中,按ALTER键,把输入域的内容替代光标所在的代码,如图 5.8 所示,按一下ALTER键,则将 N130 中的 X26 替换为 X26.。

2. 保存程序

编辑修改好的程序需要进行保存操作。在程序编辑状态下,点击【操作】软键,切换到图 5.7 所示状态,点击软键▶,进入打开、保存画面,如图 5.8 所示。

点击【PUNCH】,弹出【另存为】对话框,如图 5.9 所示,在弹出的对话框中输入文件名,选择文件类型和保存路径,按【保存】按钮执行或按【取消】按钮取消保存操作。

五、机床的基本操作

(一) 手动/连续加工方式

手动加工时,准备好刀具和工件,点击控制面板按钮,机床切换到 JOG 手动方式;点

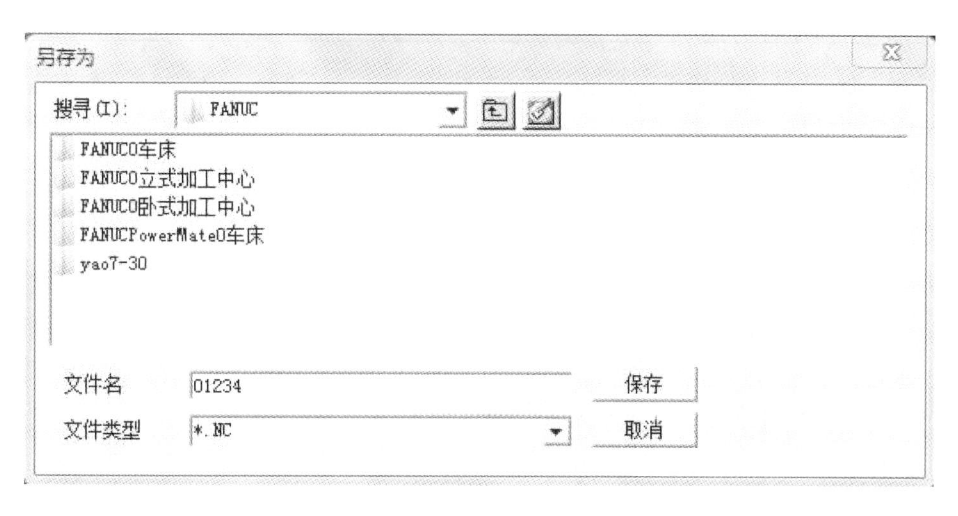

图 5.9　程序保存对话框

击轴选择按钮，选择要切削的坐标轴，点击按钮，控制主轴的转动(或停止)；点击坐标移动按钮，实现快速的空运动和正常、准确的切削移动运动，从而实现手动加工。

注：刀具切削零件时，主轴必须转动。若手动加工过程中刀具与零件发生非正常碰撞后(非正常碰撞包括车刀的刀柄与零件发生碰撞；铣刀与夹具发生碰撞等)，仿真数控系统弹出警告对话框，同时主轴自动停止转动，此时，调整机床运动部件，到适当位置，关闭报警框，重新启动主轴，即可继续加工。

(二) 手动/手轮(手脉)加工方式

在手动/连续加工过程中，或在对刀过程中，当需精确调节主轴位置时，需用手动/手轮方式进行微调切削加工(或调节)。

点击机床操作面板上手动脉冲键，切换到手轮方式，点击操作面板右下角的拉出手轮，如图 5.10 所示。选中要移动的坐标轴(铣床 XYZ，车床 XZ)，调整手轮倍率。按鼠标右键为运动部件向“－”方向运动，刀具接近工件；按鼠标左键为运动部件向“＋”方向运动，刀具离开工件。

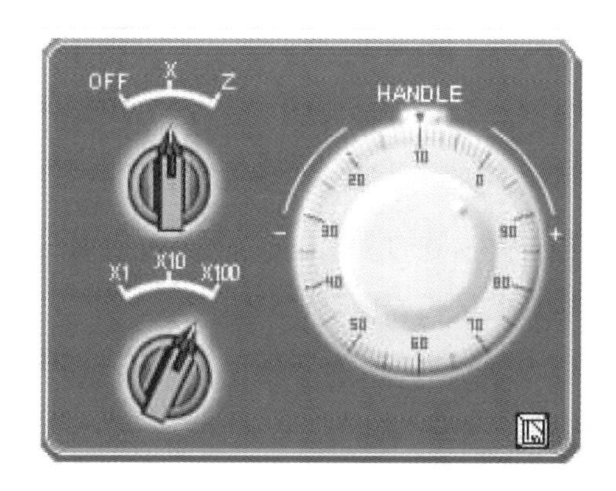

图 5.10　手动脉冲(手轮)发生器

使用手轮时，鼠标每按一下，在倍率旋钮上，×1 为 0.001 mm，×10 为 0.01 mm，×100 为 0.1 mm；点住手轮为快速进给。

（三）自动/连续方式

1. 自动加工操作流程

（1）检查机床是否机床回零。若未回零，先将机床回零；

（2）导入数控加工程序或新建 NC 程序；

（3）检查控制面板上 MEM 是否按下，若未，则用鼠标左键点击，将其置于自动加工挡，进入自动加工模式。

（4）按 外部复位 中的循环运行按钮，数控程序开始运行。

2. 中断运行

数控程序在运行过程中可根据需要暂停、停止、急停和重新运行。数控程序在运行时，点击 外部复位 中的进给保持按钮，程序暂停运行，再次点击，程序从暂停运行开始继续运行。

数控程序在运行时，点击 外部复位 中的循环停止按钮，程序停止运行，再次点击，程序从开头重新运行。

数控程序在运行时，按下急停按钮，数控程序中断运行，继续运行时，先将急停按钮松开，再按 外部复位 中的按钮，余下的数控程序从中断运行开始作为一个独立的程序执行。

（四）自动/单段方式

（1）检查机床是否机床回零。若未回零，先将机床回零。

（2）导入数控程序或自行编写一段程序。

（3）检查控制面板上 MEM 是否按下，若未，则用鼠标左键点击，将其置于自动加工挡，进入自动加工模式。

（4）点击机床控制面板，选择单段运行方式。

（5）按 外部复位 中的循环运行按钮，数控程序开始运行。

注 1：自动/单段方式执行每一行程序均需点击一次 外部复位 中的按钮。

注 2：选择跳过开关置"ON"上，数控程序中的跳过符号"/"有效。

注 3：将选择性停止开关置于"ON"位置上，"M01"代码有效。

按 RESET 键，可使程序重置。另外，在自动执行加工程序前，可根据需要调节进给速度倍率选择开关，来控制数控程序运行的进给速度，调节范围从 0～120%。

（五）检查运行轨迹

NC 程序导入后，可检查运行轨迹。

在控制面板上点击 MEM 键，再点击 MDI 面板中 CUSTOM GRAPH 键命令，程序执行转入检查运行轨迹模式;再点击操作面板上的按钮,即可观察数控程序的运行轨迹,此时也可通过“视图”菜单中的动态旋转、动态放缩、动态平移等方式对三维运行轨迹进行全方位的动态观察。

注:检查运行轨迹时,暂停运行,停止运行,单段执行等同样有效。

(六) MDI 工作模式

(1) 点击机床面板 MDI 模式键,机床切换到 MDI 状态,可 MDI 操作;

(2) 在 MDI 键盘上按键,进入手动数据输入(MDI)工作模式,可直接编辑代码指令,如图 5.11 所示;

(3) 在 MDI 输入域中输写数据指令,通过点击 MDI 键盘上数字、字母键,构成代码,字符显示,可以作取消、插入、删除等修改操作;

(4) 按键,删除输入域中的数据;

(5) 按键盘上插入键,将输入域中的内容输入到指定位置。LCD 界面如图 5.12 所示;

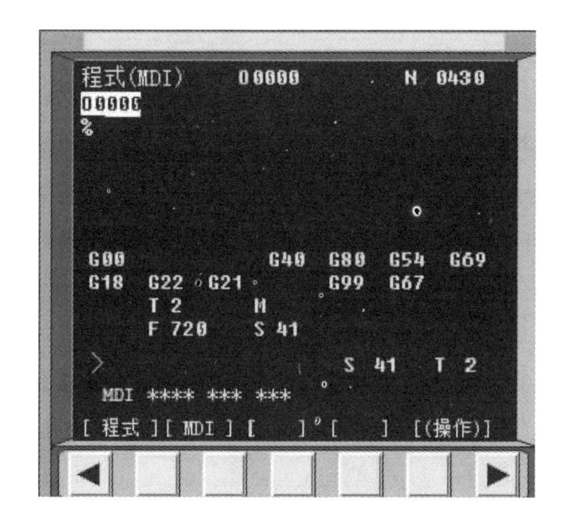

图 5.11　MDI 工作模式

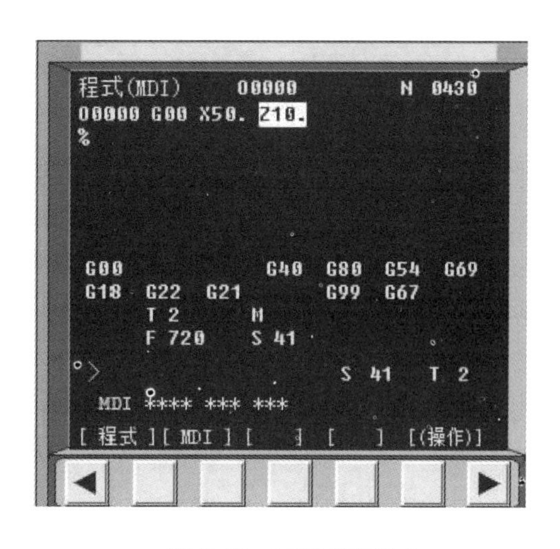

图 5.12　MDI 代码输入

(6) 按键,已输入的 MDI 程序被清空;

(7) 输入完整数据指令后,按运行控制按钮,运行指令代码。

注:运行结束后 LCD 界面上的数据被清空。可重复输入多个指令字,若重复输入同一指令字,后输入的数据将覆盖前输入的数据,重复输入 M 指令也会覆盖以前的输入。

知识拓展

一、对刀

数控程序一般按工件坐标系编程,对刀的过程就是建立工件加工坐标系与机床坐标系之间关系的过程。需要指出车床对刀过程中工件坐标系设在工件右端面中心。

在本数控加工仿真系统中,车床的机床坐标系原点可设置在卡盘底面中心,也可和铣床一样与机床回零参考点重合,通常设置在卡盘底面中心,如图 5.13(a)所示。

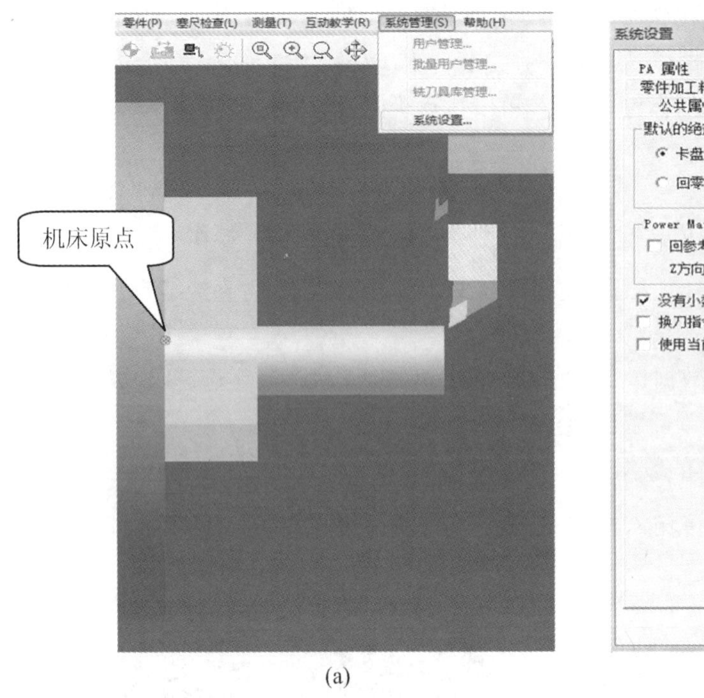

(a)

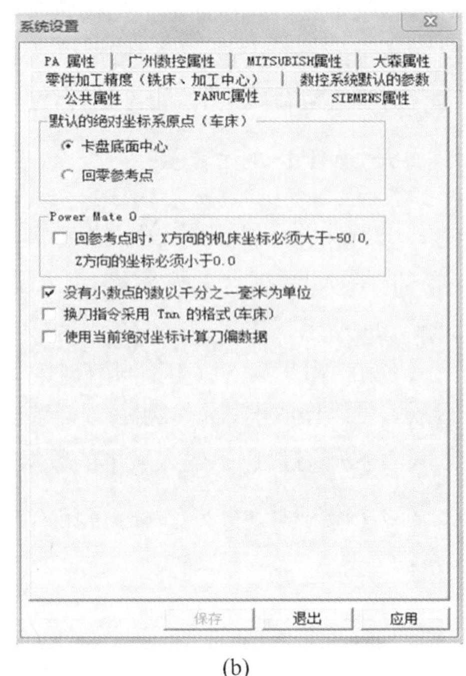

(b)

图 5.13　机床坐标系原点设置

打开菜单【系统管理/系统设置】打开系统设置画面，见图 5.13(b)，选择【FANUC 属性】选项，即可进行机床坐标系原点设置，并选择卡盘底面中心为机床坐标系原点。

(一) 试切法对刀

试切法对刀是用所选的刀具试切零件的外圆和端面，经过测量和计算得到零件端面(通常是右端面)中心点的坐标值的过程。它是车床建立加工坐标系常用方法。进入数控车床加工仿真系统后，首先激活系统，然后进行回零操作，完了以后就可进入对刀。

点击机床操作面板中手动操作按钮，将机床切换到 JOG 状态，进入【手动】方式，点击 MDI 键盘的 POS 按钮，LCD 显示刀架在机床坐标系中的坐标值，利用操作面板上的 X　Z 和 + 快速 - 按钮，将机床移动到如图 5.13(a)所示大致位置，准备对刀。

1. 试切工件外圆

首先，点击中的翻转按钮，使主轴转动，点击 X　Z 键，选中 Z 轴，点击 + 快速 - 的负向移动按钮，用所选刀具试切工件外圆，如图 5.14(a)所示。

然后，点击 + 快速 - 的正向移动按钮，Z 向退刀，将刀具退至如图 5.14(b)所示位置。记下 LCD 界面上显示的 X 绝对坐标，记为 $X1$。

点击中主轴停按钮，使主轴停止转动，点击菜单【测量/坐标测量】，如图 5.15 所示，点击试切外圆时所切线段，选中的线段由红色变为橙色，相应线段尺寸以蓝色亮起，记下测量对话框中对应线段的 X 值(试切外圆的直径)，记为 $X2$。

此时，工件中心轴线 X 的坐标值即为 $X1-X2$，记为 X；这个过程也可通过系统的“测量”功能获得，然后直接生成为刀具偏移值或 G54 的工件坐标系原点 X 坐标值。

(a) 试切外圆

(b) Z向退刀

(c) 试切端面

图 5.14　试切对刀

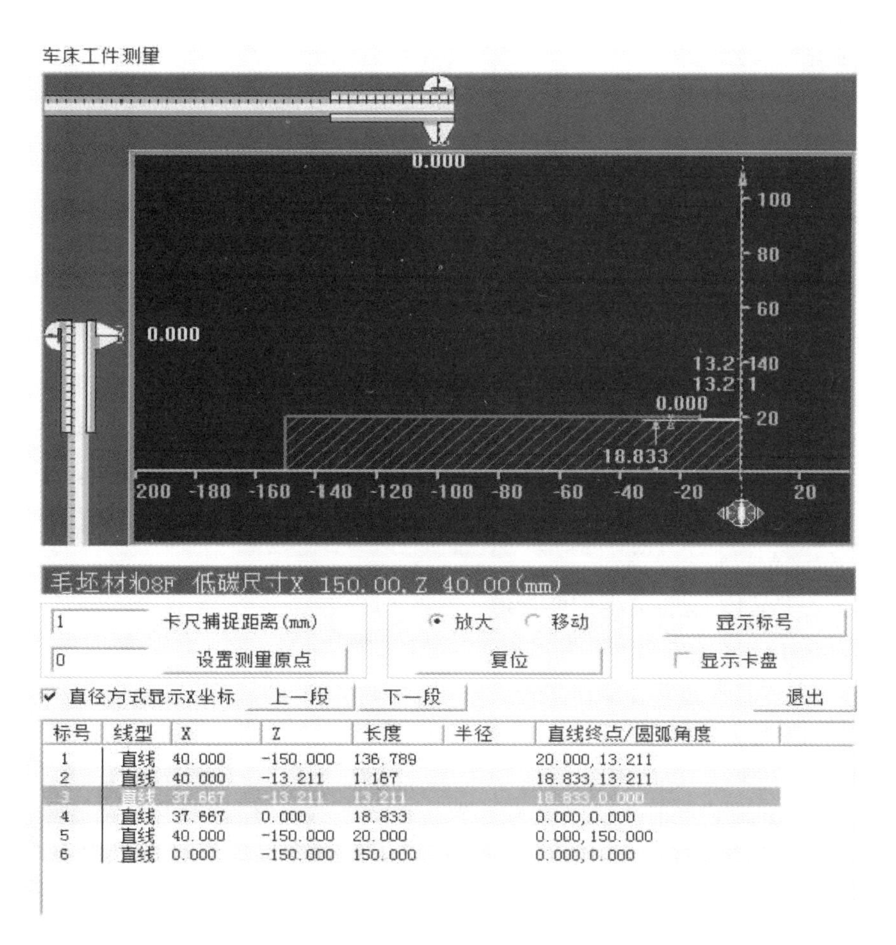

图 5.15　车床工件测量

2. 试切工件右端面

同理，刀具移动在切右端面的位置，试切端面，如图 5.14(c)，切完后，Z 向不动，沿 X 退刀,同时记下此时的 Z 坐标值,记为 Z。

那么,这个(X,Z)即为工件坐标系原点在机床坐标系中的坐标值。

(二) 设置工件加工坐标系

通过对刀得到的坐标值(X、Z)即为工件端面中心点在机床坐标系中的坐标值。要将此点作为工件坐标系原点,还需要一步工作,即采用坐标偏移指令 G50 或 G54～G59 来确认。我们假定毛坯尺寸定义为 ϕ40 mm×150 mm。试切后的尺寸如下：

试切外圆:测量的直径为 37.667 mm,此时机床坐标的 X 坐标为 206.967,则工件端面中心点的 X 值=206.967－37.667=169.30 (mm);

试切工件右端面:刀具在机床坐标系的 Z 坐标为 149.25,即工件端面中心点的 Z 坐标为 149.25。

1. G50 设定时

必须将刀具移动到与工件坐标系原点有确定位置关系(假设在 X、Z 轴上的距离分别为 α、γ)的点,那么,该点在机床坐标系中的坐标值是($X+\alpha$、$Z+\gamma$),然后通过程序执行 G50 $X\alpha$ $Z\gamma$,而得到 CNC 的认可。例如定义工件编程坐标系指令为：

G50　X100.　Z50.;

则刀具的起始点为:X=169.30+100=269.30,Z=149.25+50=199.25,执行操作时将刀具移动到(269.30,199.25),然后执行 G50 指令即可。

2. G54 设定时

设定时与铣床操作类似,只要将工件端面中心点坐标(169.30,149.25)输入 G54 偏移中即可。这个过程,也可通过系统的"测量"功能获得,自动生成 G54 的工件坐标系原点 X、Z 的坐标值,如此即完成了 G54 工件坐标系的设置。

二、车床刀具补偿参数

在 FANUC 0i 系统中,车床的刀具补偿在 X、Z 两个轴上都包括刀具的磨耗补偿参数和形状补偿参数,两者之和构成车刀偏置量补偿参数,设定后可在数控车床程序中通过 T 字调用。

刀具补偿表包括两个菜单：

【磨损】:刀具长度、宽度方向的磨损值。

【形状】:指工件坐标系在机床坐标系中的坐标位置。

调用刀补时刀具实际的补偿值为各方向对应的补偿值的代数和,当然也可以直接将刀具的磨损量补偿到刀具形状补偿中。

形状补偿中 X 值减小,刀具会向 X 负方向多进刀,将剩余的余量加工掉,如果形状补偿中 X 值增大,刀具会向 X 正方向退刀,从而留出加工余量;形状补偿中 Z 值减小,刀具会向卡盘方向多进刀,形状补偿中 Z 值增大,刀具在 Z 方向会留初余量,实际加工中可以利用这样的方法反复调整刀补将刀具对得非常准确。

R:刀尖圆弧半径补偿。

T:刀尖方位。

（一）输入磨耗补偿参数

激活机床后，在操作面板中点击POS键，系统转到位置显示POS状态，点击OFFSET SETTING进入【刀具补正/磨耗】补偿参数设置画面，如图5.16(a)所示，点击LCD下方【磨耗】对应软键，进入图5.16(b)所示磨耗设置画面，点击MDI面板上的PAGE或PAGE键，和光标←↓→键，选择补偿参数编号，点击MDI键盘，将所需的刀具磨耗值键入到输入域内。按INPUT键，即可把补偿值输入到所指定的位置。

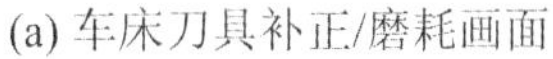
(a) 车床刀具补正/磨耗画面　(b) 车床刀具磨耗参数设置画面　(c) 车床刀具形状参数设置画面

图5.16　车床刀具补偿参数设定画面

（二）输入形状补偿参数

同上，进入图5.16(a)所示画面后，点击LCD下方【形状】对应软键，进入图5.16(c)所示形状设置画面，点击MDI面板上的PAGE或PAGE键，和光标←↓→键，选择补偿参数编号，点击MDI键盘，将所需的刀具X、Z向的形状补偿值键入到输入域内。按INPUT键，即可把补偿值输入到所指定的位置。按CAN依次逐字删除输入域中的内容。

注：输入车刀磨耗量补偿参数和形状补偿参数时，须保证两者对应值和为车刀相对于标基刀具的偏置量。在设置车床刀具补偿参数时可通过点击OFFSET SETTING键切换刀具磨耗补偿和刀具形状补偿的界面。

在图5.16(b)、(c)所示画面中，我们还可用刀具测量的方法来获得刀具的补偿值，操作时只要点击画面【操作】对应软键，即进入补偿值测量方式，这特别适用于多把刀具加工的情况。

在图5.16(a)所示画面中，我们还可以输入刀尖半径补偿值(R)和刀位点(T)数据。

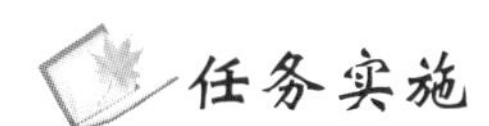

任务实施

(1) 熟悉数控系统主面板；

(2) 熟悉数控机床操作面板；

(3) 熟悉数控机床操作方法和操作过程；

(4) 观察与了解数控加工的仿真过程。

下面以FANUC 0i车床为例说明从工艺安排，刀具选择、工件安装、编程、对刀直到加工

的全部操作步骤 。

一、加工工艺分析与编程

（一）零件图

如图 5.17 所示。

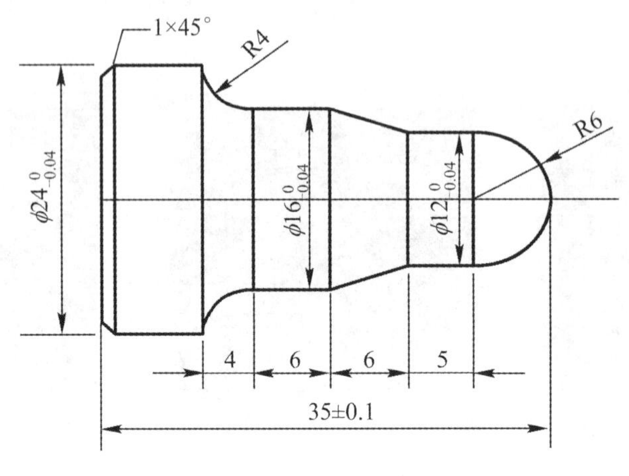

图 5.17 零件图

（二）加工准备

根据零件图，选择毛坯为 ϕ30 mm×37 mm 棒料，从右端至左端轴向进给切削，粗车每次切削深度 2 mm，进给量为 0.25 mm/r，精车余量 X 向 0.4 mm，Z 向 0.1 mm。选取刀尖半径为 0.4 mm ，V 型刀片，H 型刀柄。采用 G54 建立工件坐标系，工件坐标系原点设在工件端面的中心处。

（三）加工步骤

选择机床，机床回零，安装零件，导入数控程序，检查运行轨迹，装刀与对刀，设置参数，自动加工。

（四）数控加工程序

```
O1234；
G90 G54 G0 X100. Z50. T0101；
M03 S800；
X37. Z5.；
G1 X35. F0.25；
G0 X34.；
Z5.0；
G71 U2.0 R1.0；
G71 P10 Q20 U0.4 W0.1；
```

```
N10 G00 X0;
G1 G42 Z0 S1000 F0.05;
G3 X12. Z-6. R6.;
G1 Z-11.;
X16. Z-17.;
Z-23.;
G2 X24. Z-27. R4.;
N20 G1 Z-35.
G0 X100. Z50.;
T0202;
G0 X27. Z3.0;
G70 P10 Q20;
G0 X100. Z50.;
T0303;
G0 X27. Z-34.;
G1 X24. F0.1;
X22. Z-35;
G0 X100.;
Z50.;
M30;
```

二、仿真加工步骤

1. 选择机床

单击菜单【机床选择】,单击【机床选择】→【FANUC 0i】→【车床】→【确定】。

2. 机床回零

按 键,按顺序点击 +X +Z ,即可自动回参考点。

3. 安装零件

点击【零件|定义毛坯】→【改写零件尺寸直径 30 mm,长度 37 mm】→【确定】。

4. 放置零件毛坯

点击【零件/放置零件】菜单→【选择待加工的零件毛坯】→【确定】。

5. 调整零件安装位置

在零件毛坯安装到机床上的同时,系统会弹出一个调整零件安装位置的对话框,用户可根据需要进行零件安装位置的调整,待调整合适后,单击面板上的【退出】,零件将按照用户加工要求放置在机床上。

6. 输入编辑程序

按 程　序 → > → 新程序 对话窗口输入新程序名称→确认→ > → 关　闭 。

7. 检查运行轨迹

点击【自动运行】→ PROG →"*Ox*" → ↓ → OFFSET SETTING →【循环启动】 →【视图】菜单中的动态旋转、动态放缩、动态平移等方式对三维运行轨迹进行全方位的动态观察。

8. 装刀与对刀

点击【机床\选择刀具】→【车刀选择】→【选择 V 型刀片 H 型刀柄】。

对刀方法与前边 FANUC 一样。

9. 设置参数

参数设置参照输入修改零点偏置值。

10. 自动加工

完成对刀、刀具参数设置、导入数控程序后就可以进行自动加工了。先将机床回零单击操作面板上的 → ，就可以自动加工了，加工结果如图 5.18 所示。

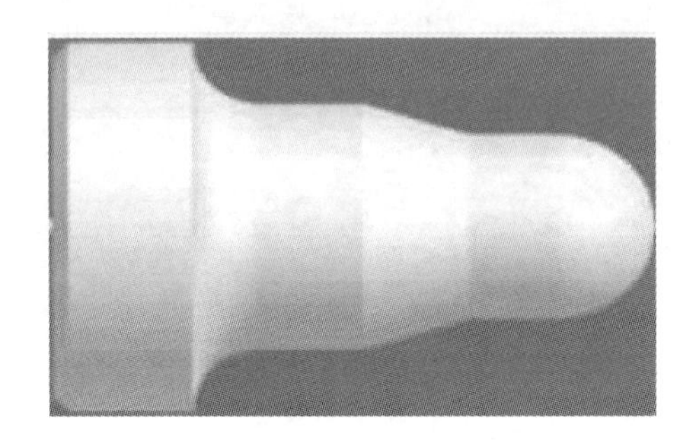

图 5.18 加工零件

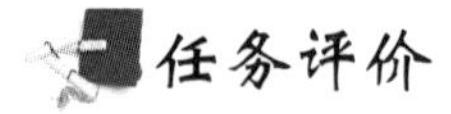

任务评价

序号	能 力 点	掌握情况	序号	能 力 点	掌握情况
1	回零与手动操作能力		4	数控加工程序编制能力	
2	MDI 方式操作能力		5	熟悉数控机床的工作过程	
3	数控加工工艺路线的设定		6	熟悉对刀及参数设置	

思考与练习

1. 试述 FANUC 0i 系统的对刀方法。
2. 试述 FANUC 0i 系统的对刀步骤。
3. 运用现有车削仿真软件，仿真模拟图 5.19 所示零件。

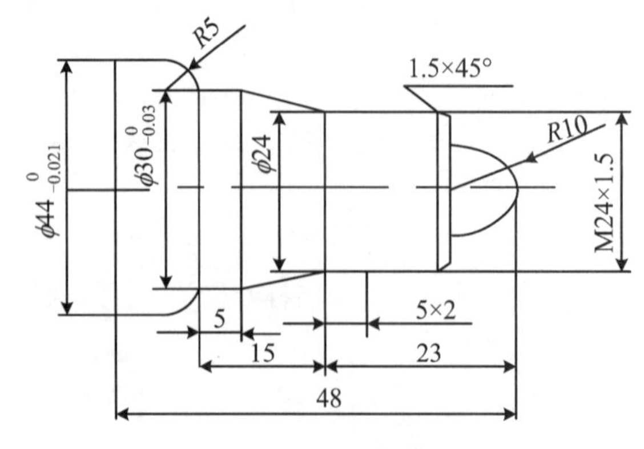

图 5.19 零件图

任务三　SIEMENS 数控车床系统仿真操作

任务目标

（1）掌握数控机床的启动及回零的过程；

（2）掌握 SIEMENS 802S 面板按钮的功能；

（3）熟悉 SIEMENS 802S 数控系统的基本操作；

（4）熟悉 SIEMENS 802S 数控程序的处理。

任务描述

观察与认识 SIEMENS 802S 车床仿真加工系统界面，熟练掌握操作面板和系统面板的基本操作。车床操作面板和系统面板如图 5.20 所示。

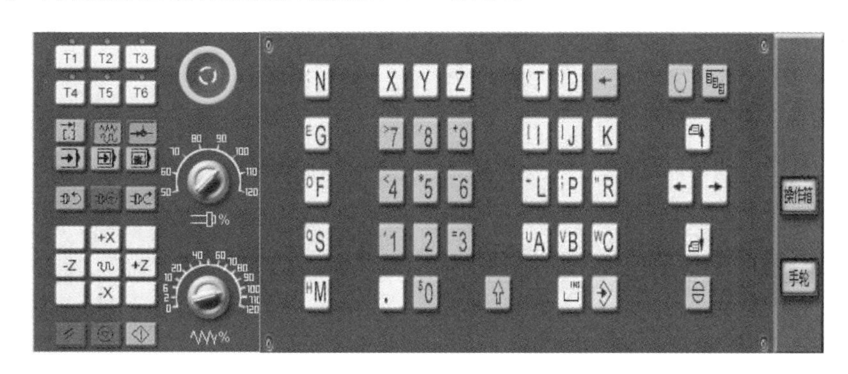

图 5.20　车床操作面板和系统面板

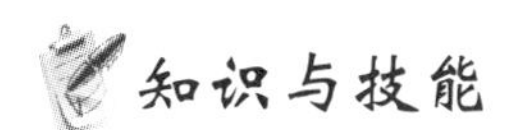

知识与技能

一、面板介绍

面板按钮功能如表 5.3 所示。

表 5.3　面板按钮功能

按　钮	名　　称	功　　能　　简　　介
	紧急停止	按下急停按钮，使机床移动立即停止，并且所有的输出如主轴的转动等都会关闭
	点动距离选择按钮	在单步或手轮方式下，用于选择移动距离
	手动方式	手动方式，连续移动
	回零方式	机床回零；机床必须首先执行回零操作，然后才可以运行
	自动方式	进入自动加工模式

续表

按　钮	名　称	功　能　简　介
	单段	当此按钮被按下时,运行程序时每次执行一条数控指令
	手动数据输入(MDA)	单程序段执行模式
	主轴正转	按下此按钮,主轴开始正转
	主轴停止	按下此按钮,主轴停止转动
	主轴反转	按下此按钮,主轴开始反转
	快速按钮	在手动方式下,按下此按钮后,再按下移动按钮则可以快速移动机床
+Z -Z +Y -Y +X -X	移动按钮	
	复位	按下此键,复位 CNC 系统,包括取消报警、主轴故障复位、中途退出自动操作循环和输入、输出过程等
	循环保持	程序运行暂停,在程序运行过程中,按下此按钮运行暂停。按 恢复运行
	运行开始	程序运行开始
50 60 70 80 90 100 110 120 %	主轴倍率修调	将光标移至此旋钮上后,通过点击鼠标的左键或右键来调节主轴倍率
0 2 6 10 20 40 60 70 80 90 100 110 120 %	进给倍率修调	调节数控程序自动运行时的进给速度倍率,调节范围为 0～120%。置光标于旋钮上,点击鼠标左键,旋钮逆时针转动,点击鼠标右键,旋钮顺时针转动
	报警应答键	
	上档键	对键上的两种功能进行转换。用了上挡键,当按下字符键时,该键上行的字符(除了光标键)就被输出
INS	空格键	
	删除键(退格键)	自右向左删除字符
	回车/输入键	(1) 接受一个编辑值。(2) 打开、关闭一个文件目录。(3) 打开文件
M	加工操作区域键	按此键,进入机床操作区域
	选择转换键	一般用于单选、多选框

二、机床准备

机床准备是指进入数控加工仿真系统后，针对机床操作面板，释放急停、启动机床驱动和各轴回零的过程。进入本仿真加工系统后，就如同面对实际机床，准备开机的状态。

（一）激活机床

检查急停按钮是否松开至状态，若未松开，点击急停按钮，将其松开。点击操作面板上的“复位”按钮，使得右上角的标志消失，此时机床完成加工前的准备。

（二）机床回参考点

检查操作面板上【手动】和【回原点】按钮是否处于按下状态，否则依次点击按钮和使其呈按下状态，此时机床进入回零模式，CRT 界面的状态栏上将显示【手动 REF】。

1. *X* 轴回零

按住操作面板上的+X按钮，直到 CRT 界面上的 *X* 轴回零灯亮。如图 5.21 所示。

2. *Z* 轴回零

按住操作面板上的+Z按钮，直到 CRT 界面上的 *Z* 轴回零灯亮；

3. 主轴回零

先进入手动模式，点击操作面板上的【主轴正转】按钮或【主轴反转】按钮，使主轴回零；再进入此时 CRT 界面如图 5.22 所示。

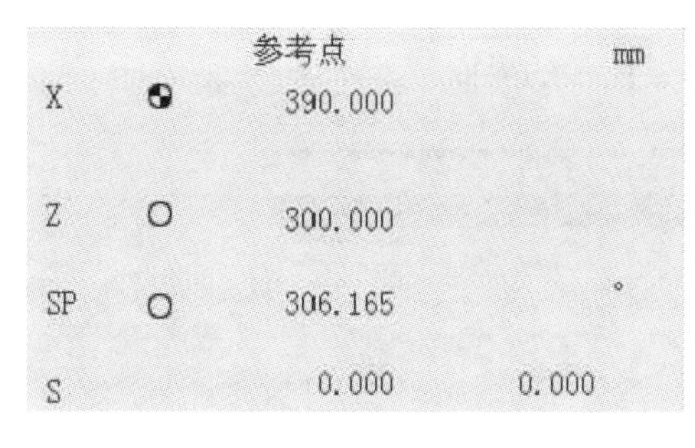

图 5.21　*X* 轴回零

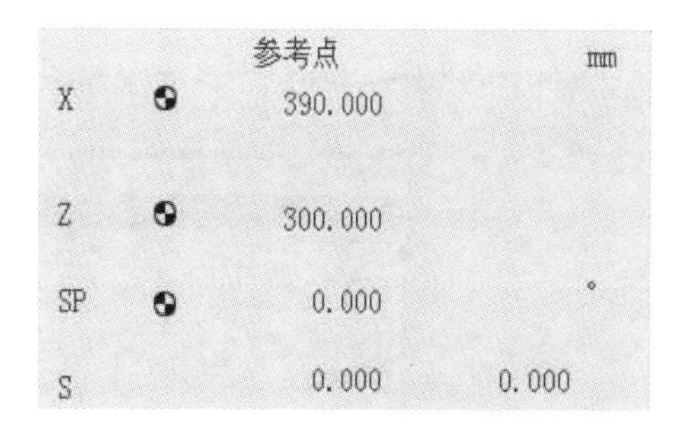

图 5.22　*Z* 轴回零

在坐标轴回零的过程中，还未到达零点按钮已松开，则机床不能再运动，CRT 界面上出现警告框，此时再点击操作面板上的“复位”按钮，警告被取消，可继续进行回零操作。

三、数控程序处理

（一）导入数控程序

先利用记事本或写字板方式编辑好加工程序并保存为文本格式文件，文本文件的头两行必须是如下的内容：

%_N_复制进数控系统之后的文件名_MPF

；$PATH=/_N_MPF_DIR

(1) 依次点击按钮、软键通 讯、显 示进入如图 5.23 所示的界面。

(2) 点击软件输入启动，等待程序的输入。

(3) 点击菜单【机床/DNC 传送】，弹出如图 5.23 所示的打开文件对话框，在打开文件对话框中选择需要导入的文件，如果文件格式正确的话，数控程序将显示在程序列表中。

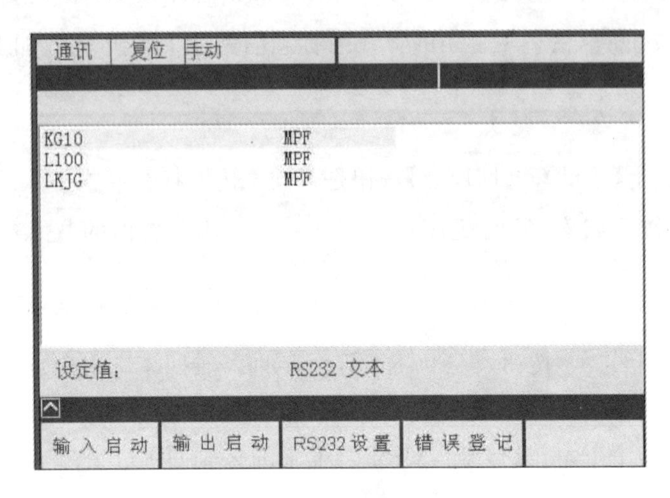

图 5.23 打开文件对话框

(二) 数控程序管理

1. 显示数控程序目录

依次点击按钮、软键程 序进入如图 5.24 所示的界面。

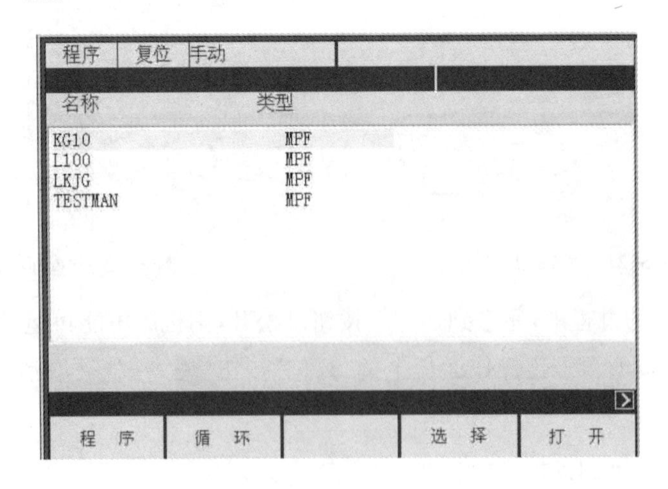

图 5.24 选择数控程序

2. 选择一个数控程序

(1) 点击操作面板上的【自动】按钮，使其呈按下状态；

(2) 点击系统面板上的方位键 ，，光标在数控程序名中移动；

(3) 在所要选择的数控程序名上，按软键选择，数控程序被选中，可以用于自动加工。此时 CRT 界面右上方显示选中的数控程序名。

(4) 当数控程序正在运行时，即 CRT 界面的状态栏显示【运行】时不能选择程序，否则将弹出如图 5.26 所示的错误报告。按软键【确认】取消错误报告。

3. 打开一个数控程序

点击系统面板上的方位键 ，，光标在数控程序名中移动；点击软键打开，数控程序被打开，可以用于编辑。

4. 新建一个数控程序

在如图 5.25 所示界面中点击按钮 >，出现如图 5.26 所示界面。

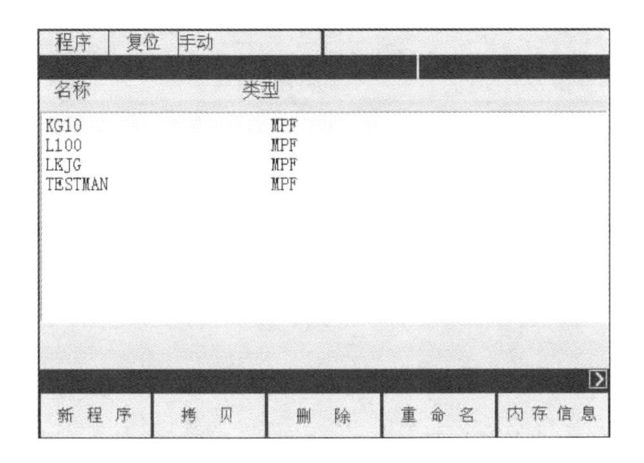

图 5.25　数控程序

图 5.26　错误报告

(1) 点击软键新程序，弹出如图 5.27 所示的“新程序”对话框。

图 5.27　“新程序”对话框

(2) 点击系统面板上的【数字/字母键】，在【请指定新程序名】栏中输入要新建的数控程序的程序名，按软键【确认】，将生成一个新的数控程序，进入程序编辑界面。

(3) 数控程序名需以 2 个英文字母开头，或以字母 L 开头，或跟不大于 7 位的数字。

5. 删除一个数控程序

点击系统面板上的方位键 ，，光标在数控程序名中移动；点击软键【删除】，当前光标所在的数控程序被删除。

6. 重命名

点击系统面板上的方位键 ， ，光标在数控程序名中移动；点击软键【重命名】，弹出如图 5.28 所示的【改换程序名】对话框；标题栏中显示的是当前光标所在的程序名，点击系统面板上的【数字/字母键】，在【请指定新程序名】栏中，输入新的程序名，按软键【确认】。

7. 拷贝

点击系统面板上的方位键 ， ，光标在数控程序名中移动；点击软键【拷贝】，弹出如图 5.29 所示的【复制】对话框，标题栏中显示的是当前光标所在的程序名；

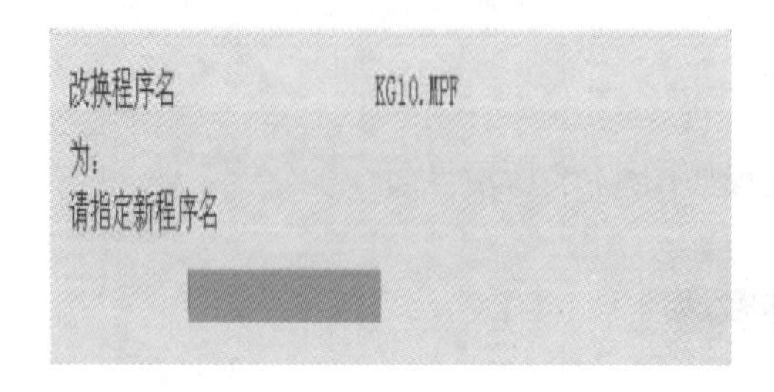

图 5.28　改换程序名

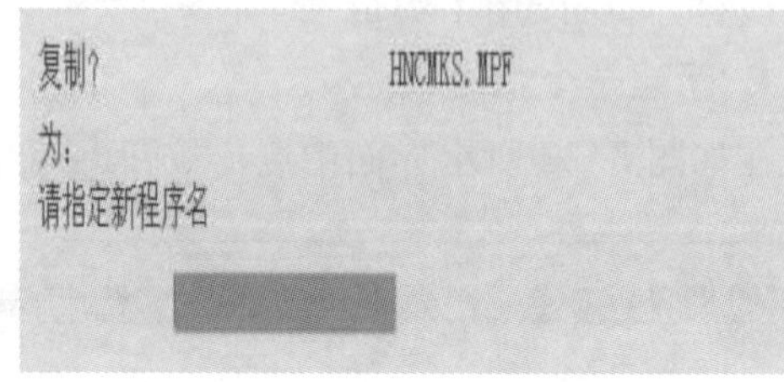

图 5.29　"复制"对话框

点击系统面板上的【数字/字母】键，在【请指定新程序名】栏中输入复制的目标文件名，按软键【确认】。

（三）数控程序管理

1. 进入编辑状态

点击系统面板上的方位键 ， ，光标在数控程序名中移动；点击软键【打开】，系统将打开当前光标所在位置的程序，进入编辑状态，如图 5.30 所示。

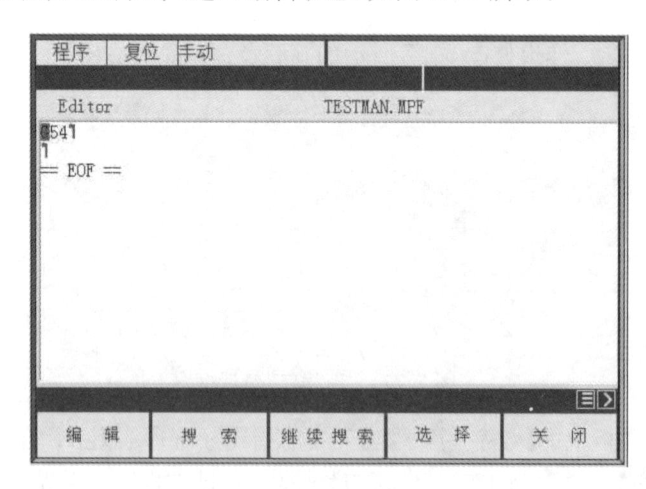

图 5.30　程序编辑状态

2. 移动光标

点击系统面板上的方位键 ， ， ， ，使光标移动到所需位置。

3. 插入字符

将光标移动到所需插入字符的后一位置处，点击光标输入所需插入的字符，字符被插在光标前面。

4. 删除字符

将光标移动到所需删除字符的后一位置处，点击系统面板上的 按钮，可将字符删除。

5. 搜索

在图 5.30 所示界面中，点击软键【搜索】，弹出如图 5.31 所示的对话框。点击系统面板输入所要查找的字符串，按软键【确认】，则系统从光标停留的位置开始查找，找到后，光标停留在字符串的第一个字符上，且对话框消失。若没有找到，则光标不移动，且系统弹出如图 5.32 所示的错误报告，按软键【确认】可以取消错误报告。

图 5.31　搜索文本

图 5.32　错误报告

需要继续查找同一字符时，按软键【继续搜索】，则系统从光标停留的位置继续开始查找。

6. 块操作

(1) 定义块

在图 5.30 所示界面中，点击软键【编辑】，进入到如下界面：将光标移动到需要设置成块的开头或结尾处，点击软键【标记】，此字符处光标由红色变为黑色，点击 或 ，将光标向后移动，则起始的字符定义为块头，结束处的字符定义为块尾；点击 或 ，将光标向前移动，则起始的字符定义为块尾，结束处的字符定义为块头。块头和块尾之间的部分被定义为块，可进行整体的块操作。

(2) 块复制

块定义完成后，按软键【拷贝】，则整个块被复制。

(3) 块粘贴

块复制完成后，将光标移动到需要粘贴块的位置，按软键【粘贴】，整个块被粘贴在光标处。

(4) 删除块

块定义完成后，按软键【删除】，则整个块被删除。

7. 插入固定循环等

(1) 在图 5.30 所示界面中，将光标移动到需要插入固定循环等特殊语句的位置，点击系统面板上的 按钮，弹出如图 5.33 所示的列表。点击系统面板上的方位键 和 ，选择需要插入的特殊语句的种类，点击 确认。

(2) 若选择了【LCYCL】则弹出如图 5.34 所示的下级列表，点击系统面板上的方位键 和 ，选择需要插入的固定循环的语句，点击 确认，则进入如图 5.35 所示的该语句参数设置界面。完成参数设置后，按软键【确认】。

(3) 界面右侧为可设定的参数栏，点击系统面板上的方位键 和 ，使光标在各参数栏中移动，输入参数后，点击 确认。

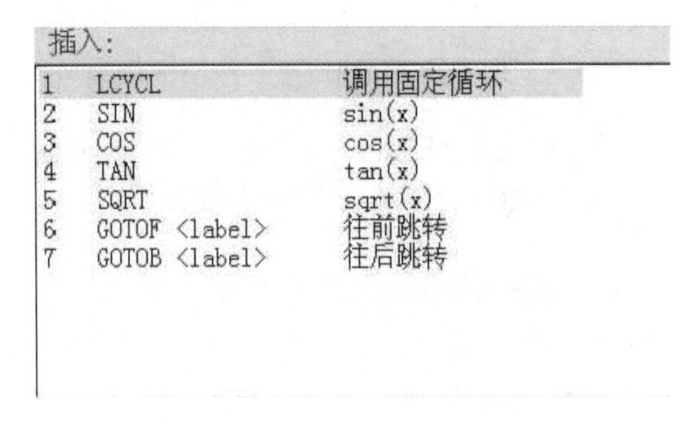

图 5.33　固定循环列表

LCYC82
LCYC83
LCYC85
LCYC840
LCYC93
LCYC94
LCYC95
LCYC97

图 5.34　下级列表

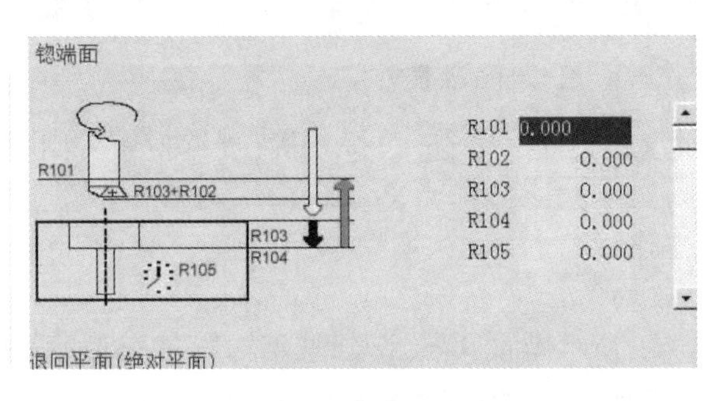

图 5.35　语句参数设置界面

(4) 若选择了其他特殊语句，语句自动被插入在指定位置，可在编辑界面再进行修改。

8. 分配软键

在图 5.30 所示界面中，点击扩展按钮 > ，进入下界面；点击软键【分配软键】，进入如图 5.36所示的【分配软键】界面，列表中显示的是可供分配的软键名。(均为固定循环)界面下半部分显示的是现有的软键分配情况。如希望将【LCYC840】作为第一个软键，则在列表中点击系统面板上的方位键 和 ，使光标停留在【LCYC840】上，按软键【1】，即完成设置。完成所有的设置后按软键【确认】。

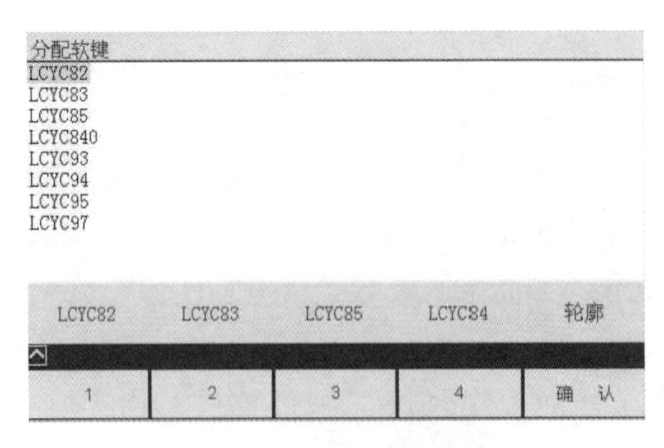

图 5.36　【分配软键】界面

(四) 导出程序

按软键【通讯】,将光标定位在【零件程序和子程序…】上,按软键【显示】,显示数控程序目录,点击系统面板上的方位键 和 ,将光标移动到需要导出的数控程序的位置,按软键【输出启动】,弹出如图 5.37 所示的【另存为】对话框。

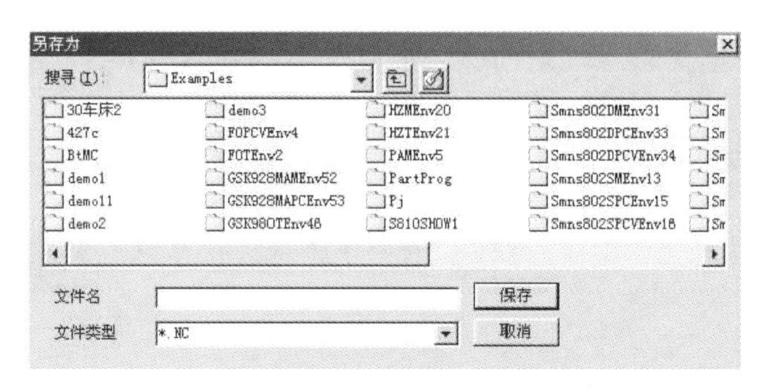

图 5.37　【另存为】对话框

选择适当的保存路径,填写适当的文件名后,按【保存】按钮,完成修改后的数控程序的保存操作。按【取消】按钮,则放弃此项操作。

四、机床的基本操作

(一) 手动/连续加工方式

手动加工时,准备好刀具和工件,点击操作面板上的手动按钮 ,使其呈按下状态 ,点击操作面板上的 +X 按钮,机床向 X 轴正向移动,点击 -X ,机床向 X 轴负方向移动,同理,点击 +Z , -Z ,机床在 Z 轴方向移动,可以根据加工零件的需要,点击适当的按钮,移动机床;点击操作面板上的 和 ,使主轴转动,点击 按钮,使主轴停止转动。

注:刀具切削零件时,主轴需转动。加工过程中刀具与零件发生非正常碰撞后(非正常碰撞包括车刀的刀柄与零件发生碰撞;铣刀与夹具发生碰撞等),系统弹出警告对话框,同时主轴自动停止转动,调整到适当位置,继续加工时需使主轴重新转动。

(二) 手动/手轮(手脉)加工方式

在手动/连续加工过程中,或在对刀过程中,当需精确调节主轴位置时,需用手动/手轮方式进行微调切削加工(或调节)。

点击操作面板上的手动按钮 ,使其呈按下状态 ;选择适当的点动距离。初始状态下,点击 按钮,进给倍率为 0.001 mm,再次点击进给倍率为 0.01 mm,通过点击 按钮,进给倍率可在 0.001～1 mm 之间切换;

在如图 5.38 的界面中点击软键 手 轮 方 式 ,进入如图 5.39 的界面。

在图 5.39 界面中点击软键 X 或 Z 选择当前进给轴,点击确认回退到如图 5.38 的界面。

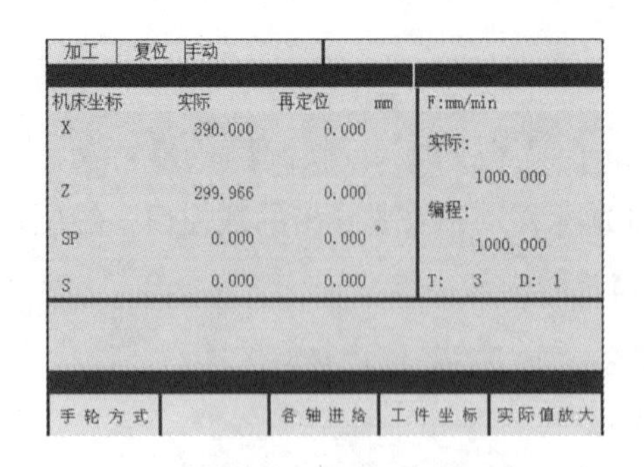

图 5.38　加工方式选择

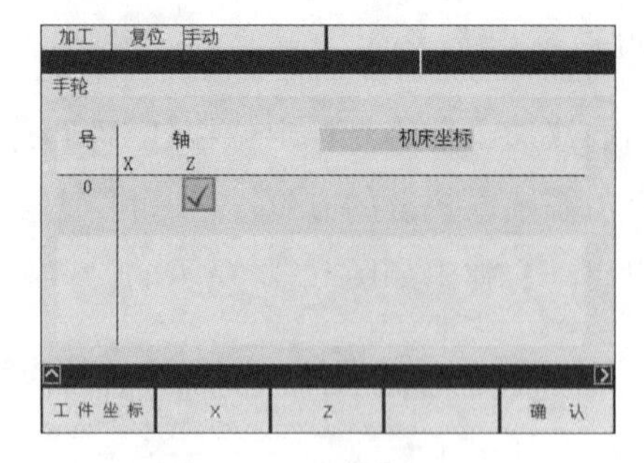

图 5.39　进给轴选择

在系统面板的右侧点击按钮 手轮 ，打开手轮对话框；在手轮上按住鼠标左键，机床向负方向运动；在手轮上按住鼠标右键，机床向正方向运动。点击按钮可以关闭手轮对话框。

（三）自动/连续方式

1. 自动加工操作流程

（1）检查机床是否机床回零，若未回零，先将机床回零；

（2）点击操作面板上的【自动模式】按钮，使其呈按下状态，机床进入自动加工模式；

（3）选择一个供自动加工的数控程序；

（4）点击操作面板上的【运行开始】按钮，数控程序开始运行。

2. 中断运行

数控程序在运行过程中可根据需要暂停、停止、急停和重新运行。数控程序在运行过程中，点击【循环保持】按钮，程序暂停运行，机床保持暂停运行时的状态。再次点击【运行开始】按钮，程序从暂停运行开始继续运行。

数控程序在运行过程中，点击【复位】按钮，程序停止运行，机床停止，再次点击【运行开始】按钮，程序从暂停运行开始继续运行。

数控程序在运行过程中，按【急停】按钮，数控程序中断运行，继续运行时，先将急停按钮松开，再点击【运行开始】按钮，余下的数控程序从中断运行开始作为一个独立的程序执行。

注：在自动加工时，如果点击切换机床进入手动模式，将出现警告框 016913，点击系统面板上的可取消警告，继续操作。

（四）自动/单段方式

（1）检查机床是否机床回零，若未回零，先将机床回零；

(2) 点击操作面板上的【自动模式】按钮，使其呈按下状态，机床进入自动加工模式；

(3) 选择一个供自动加工的数控程序；

(4) 点击操作面板上的【单段】按钮，使其呈按下状态；

(5) 每点击一次【运行开始】按钮，数控程序执行一行；

注：数控程序执行后，想回到程序开头，可点击操作面板上的【复位】按钮。

(五) 检查运行轨迹

检查【系统管理/系统设置】菜单中【SIEMENS 属性】是否选中【PRT 有效时显示加工轨迹】。若为选中则选择它。具体操作如下：

点击菜单【系统管理/系统设置】，弹出如图 5.40 所示的对话框。

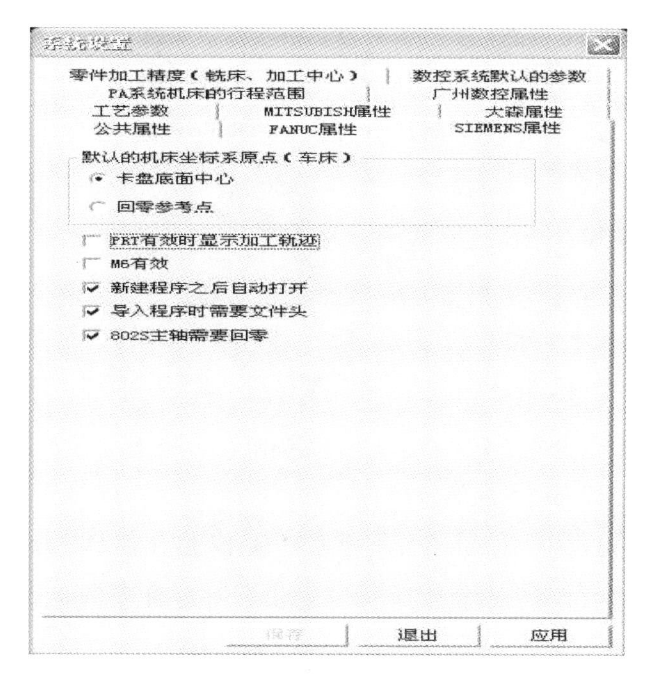

图 5.40 “系统管理/系统设置”

(1) 点击【SIEMENS 属性】选项，检查【PRT 有效时显示加工轨迹】选项前面是否有“√”，若没有则点击此选项，使其被选中。按【应用】，再按【退出】，完成设定操作。

(2) 点击 CRT 界面下方的 M 按钮，将控制面板切换到加工界面下。

(3) 点击操作面板上的【自动模式】按钮，使其呈按下状态，机床进入自动加工模式。

(4) 按软键【程序控制】，点击系统面板上的方位键和，将光标移到【PRT 程序测试有效】选项上，点击按钮，将此选项打上“√”，按软键【确认】，即选中了察看轨迹模式，原来显示机床处变为一坐标系，可通过“视图”菜单中的动态旋转，动态放缩，动态平移等方式对三维运行轨迹进行全方位的动态观察。

(5) 在自动运行模式下,选择一个可供加工的数控程序。

(6) 点击操作面板上的【运行开始】按钮,则程序开始运行,可以观察运行轨迹。

注:检查运行轨迹时,暂停运行,停止运行,单段执行等同样有效。

(六) MDA 工作模式

点击操作面板上的 MDA 模式按钮,使其呈按下状态,机床进入 MDA 模式,此时 CRT 界面出现 MDA 程序编辑窗口;用系统面板输入指令(操作类似于数控程序处理);输入完一段程序后,点击操作面板上的"运行开始"按钮,运行程序。

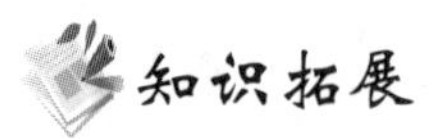

一、对刀

数控程序一般按工件坐标系编程,对刀过程就是建立工件坐标系与机床坐标系之间对应关系的过程。常见的是将工件右端面中心点设为工件坐标系原点。

注:本系统提供了多种观察机床的视图。可点击菜单"视图"进行选择,也可点击主菜单工具栏上的小图标进行选择。

(一) 单把刀具对刀

SIEMENS802S 提供了两种对刀方法:工件测量法和长度偏移法。下面介绍对刀方式时均采用卡盘中心为机床坐标原点。

点击菜单【视图/俯视图】或点击主菜单工具条上的按钮,使机床呈俯视图。点击菜单【视图/局部放大】或点击主菜单工具条上的按钮,此时鼠标呈放大镜状,在机床视图处点击拖动鼠标,将需要局部放大的部分置于框中。

创建刀具的具体过程如下:点击操作面板上的按钮,出现如下的界面:依次点击软键 参 数 、刀具补偿 、按钮 > 及软键 新 刀 具 。弹出如图 5.41 所示的对话框。在【T-号】栏中输入刀具号(如:"1")。点击按钮,光标移到【T-型】栏中,输入刀具类型(车刀:500,钻头:200)。按软键【确认】。完成新刀具的建立。此时进入如图 5.42 所示的参数设置界面。

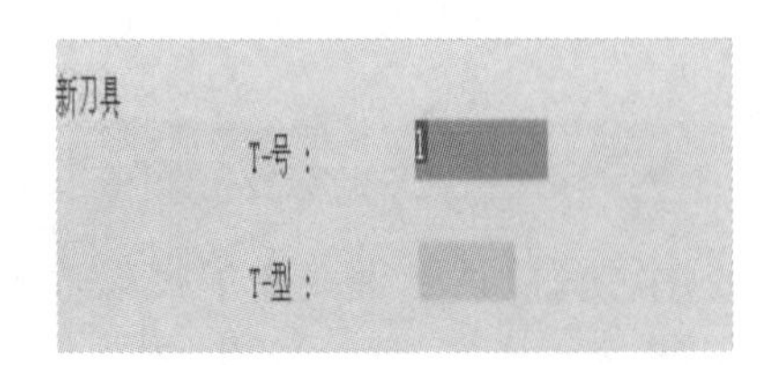

图 5.41 刀具创建

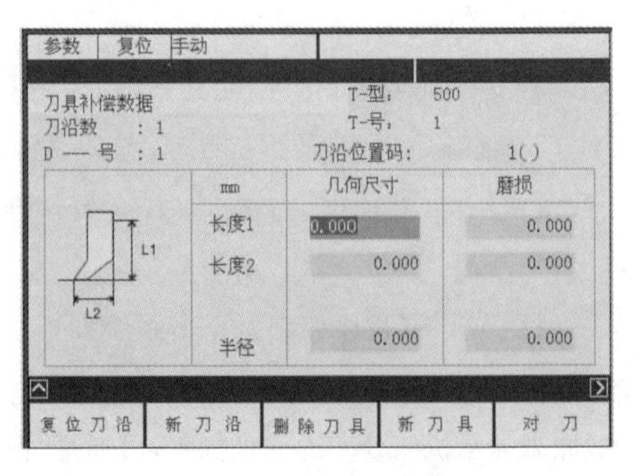

图 5.42 参数设置界面

1. 工件测量法

(1) 点击操作面板中 按钮，切换到手动状态，适当点击 -X、+X，+Z、-Z 按钮，使刀具移动到可切削零件的大致位置；

(2) 点击操作面板上 或 按钮，控制主轴的转动；

(3) 在如图 5.42 所示界面下点击 ∧ 按钮回到上级界面；依次点击软键 零点偏移、测量，弹出如图 5.43 所示的“刀号”对话框；

图 5.43　“刀号”对话框

(4) 使用系统面板输入当前刀具号(此处输入“1”)，点击软键【确认】，进入如图 5.44 所示的界面；

(5) 点击 -Z 按钮，用所选刀具试切工件外圆，点击 +Z 按钮，将刀具退至工件外部，点击操作面板上的 ，使主轴停止转动；

(6) 点击菜单【工艺分析/测量】，点击刀具试切外圆时所切线段(选中的线段由红色变为黄色)。记下下面对话框中对应的 X 的值，记为 $X2$，如图 5.45 所示；将 $-X2$ 填入到“零偏”对应的文本框中，并按下 键；

(7) 点击软键 计算，此时 G54 中 X 的零偏位置已被设定完成；

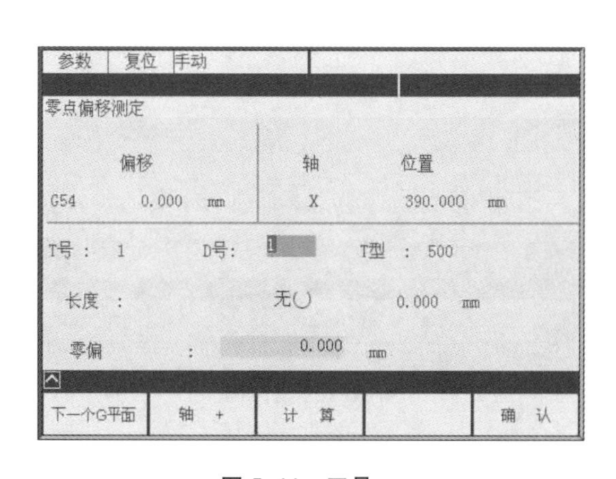

图 5.44　刀具

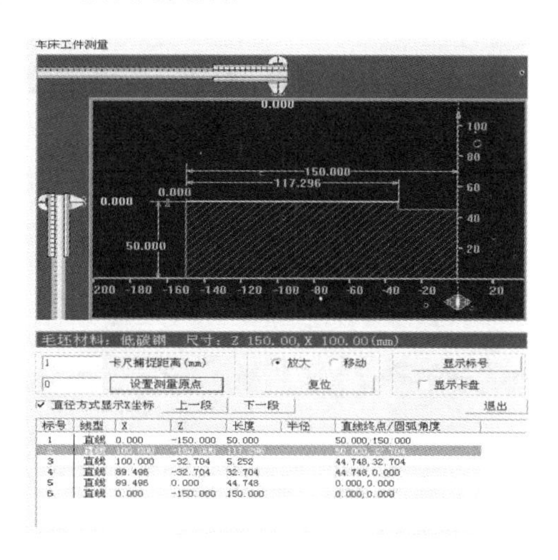

图 5.45　“工艺分析/测量”对话框

(8) 点击软键 轴 +，进一步测量 Z 方向的零偏；

(9) 点击 +Z 按钮，将刀具移动到如图 5.46 的位置，点击操作面板上 或 按钮，控制主轴的转动；

(10) 点击 -X 按钮试切工件端面，如图 5.47 所示，然后点击 +X 将刀具退出到工件外部；点击操作面板上的，使主轴停止转动；

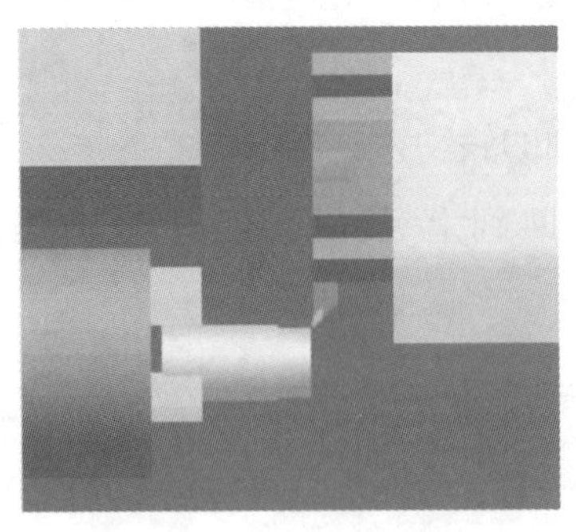

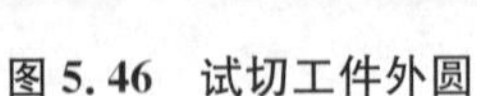

图 5.46　试切工件外圆

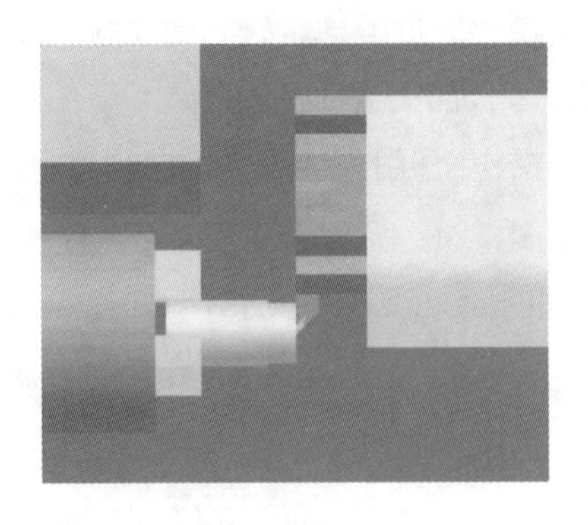

图 5.47　试切工件端面

（11）填入到【零偏】对应的文本框中，并按下键；

（12）点击软键计 算，此时 G54 中 X 的零偏位置已被设定完成；

（13）点击软键确 认，进入如下的界面，可以发现 G54 已经设置完成；

注：对其他的工件坐标系有类似的设定方法。在如图 5.48 所示的界面下使用软键下一个G平面可以选择 G54～G57。

2. 长度偏移法

（1）点击操作面板上的按钮，进入手动状态；

（2）在初始界面上依次点击软键参 数、刀具补偿、按钮>及软键对　刀，进入下界面，如图 5.49 所示。

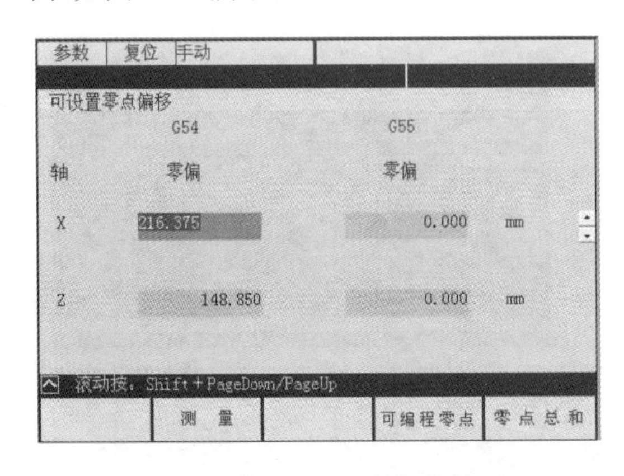

图 5.48　“零偏”对话框

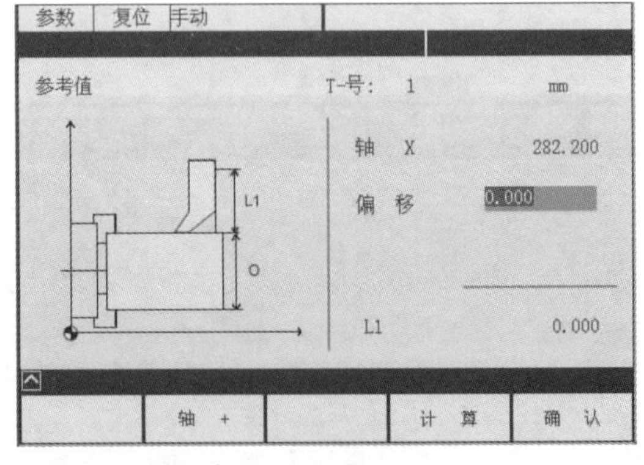

图 5.49　“参数”设置对话框

（3）用类似的方法试切零件外圆，并测量被切的外圆的直径；

（4）将所测得的直径值写入到偏移所对应的文本框中，按下键；

（5）依次点击软键计 算、确 认，进入如下界面，如图 5.50 所示，此时长度 1 被自动设置；

（6）依次点击软键对　刀、轴 +，进一步测量长度 2；

（7）用类似的方法试切端面；

（8）在偏移所对应的文本框中输入 0，按下 键；

（9）依次点击软键 计 算 、确 认 ，进入如下界面，如图 5.51 所示，长度 2 被自动设置。

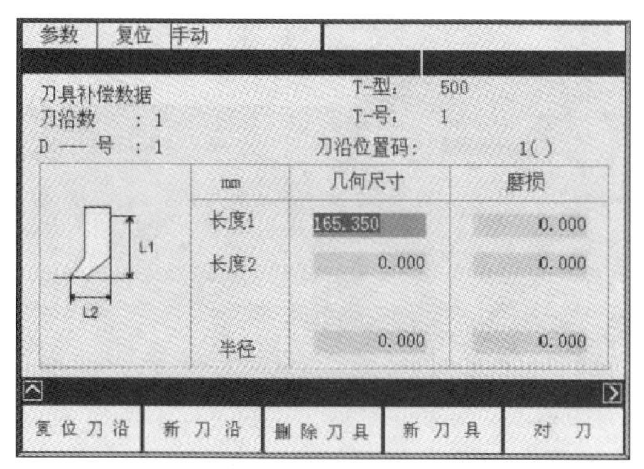
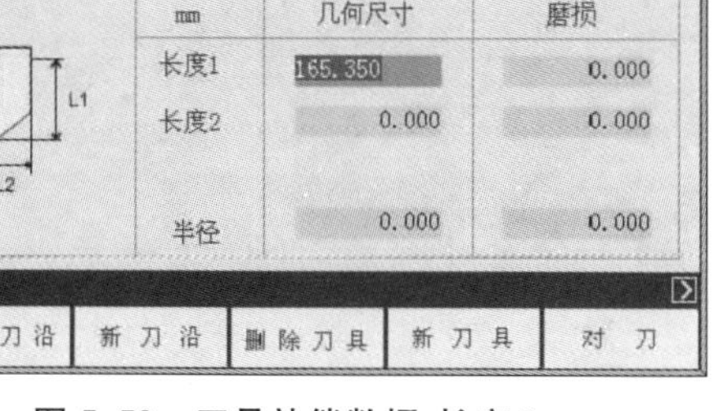

图 5.50　刀具补偿数据-长度 1

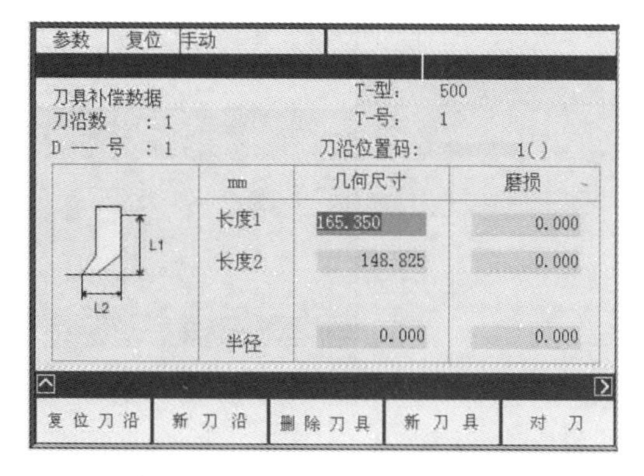

图 5.51　刀具补偿数据-长度 2

（二）多把刀对刀

采用“长度偏移法”对多把刀进行对刀，对刀的方法与上面的方法基本相同，唯一的区别在于需要换刀，将指定刀具切换成当前刀具，具体步骤如下（假设需要将 3 号刀设成当前刀具）：

（1）在操作箱上点击 按钮，进入 MDA 方式，在如下界面中输入“T3D1M6”，按下 键；

（2）在操作箱上点击 按钮，执行指令，3 号刀将被设成当前刀具。

二、设置参数

（一）G54～G57 参数设置

（1）依次点击按钮 、软键 参 数 、零点偏移；

（2）在系统面板上点击 ＋ 或 ＋ ，可以进行翻页，显示或修改 G54（G55）或 G56（G57）的内容；

（3）点击按钮 ∧ 可以退出本界面。

（二）刀具参数设置

依次点击按钮 ，软键 参 数 、刀 具 补 偿 可以进入刀具参数设置界面，而点击按钮 ∧ 可以退出本界面。

1. 新建刀具

（1）依次点击按钮 ，软键 参 数 、刀 具 补 偿 、按钮 > 及软键 新 刀 具 。

（2）点击系统面板上的数字键，在【T-号】栏中输入刀号，在【T-型】中输入刀具类型号（钻头 200，车刀 500）。设置完成后，按软键【确认】，进入如图 5.52 所示的界面。

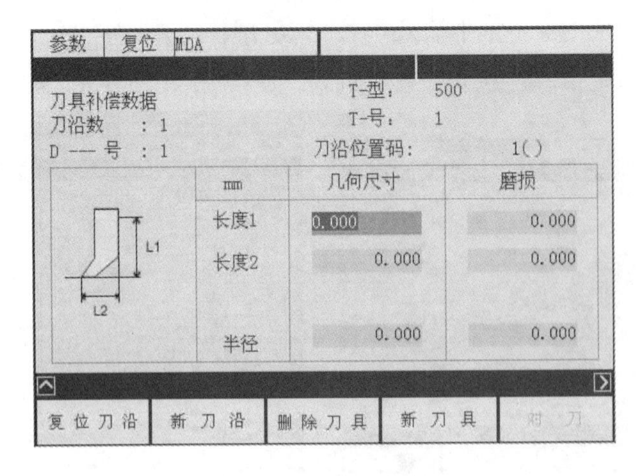

图 5.52 创建新刀沿

(3) 可在此界面上输入刀具的长度参数,半径参数。

(4) 将光标移动到【刀沿位置码】上,点击 ◯ ,可以选择 1～9 的刀沿位置码。

2. 新刀沿

在图 5.52 所示界面上点击软键 新 刀 沿 ,进入如下界面,如图 5.53 所示。输入需要创建新刀沿的刀具号,并按下 ⊛ 键,点击软键 确 认 ,就可以创建一个新刀沿。

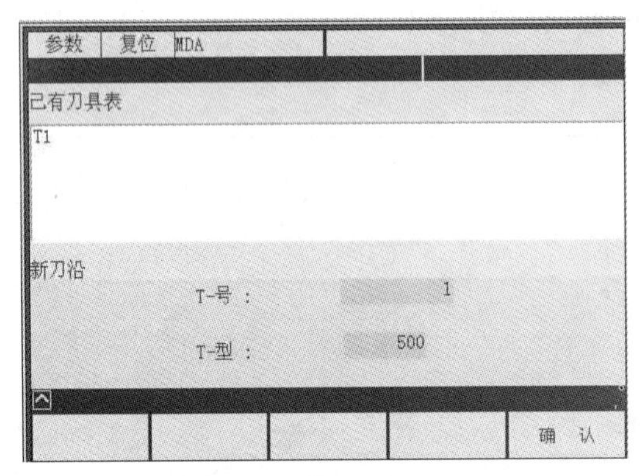

图 5.52 创建新刀沿的刀具号

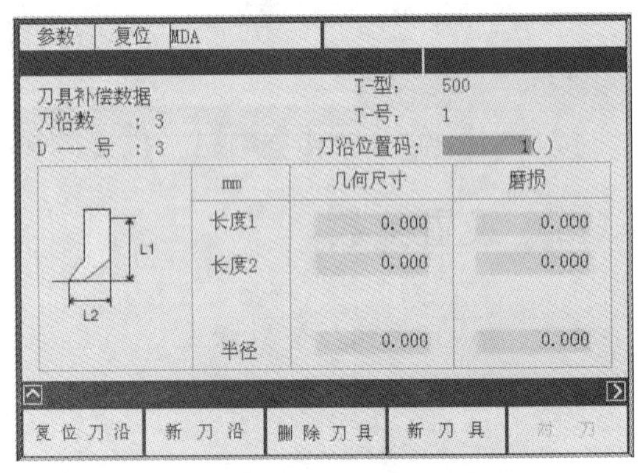

图 5.53 复位刀沿

3. 复位刀沿

在如图 5.53 所示界面上,点击软键 复 位 刀 沿 ,当前刀沿的数据将被清零。

4. 对刀

此功能只能在手动方式下才能使用。

(1) 显示刀具/刀沿数据

在如图 5.54 所示界面上,点击按钮 > ,进入如下界面,如图 5.55 所示。

使用软键 << D 、D >> 可以切换刀沿。

使用软键 << T 、T >> 可以切换刀具。

(2) 搜索刀具

在如图 5.54 所示界面上,点击软键 搜 索 ,进入如下界面,如图 5.55 所示。

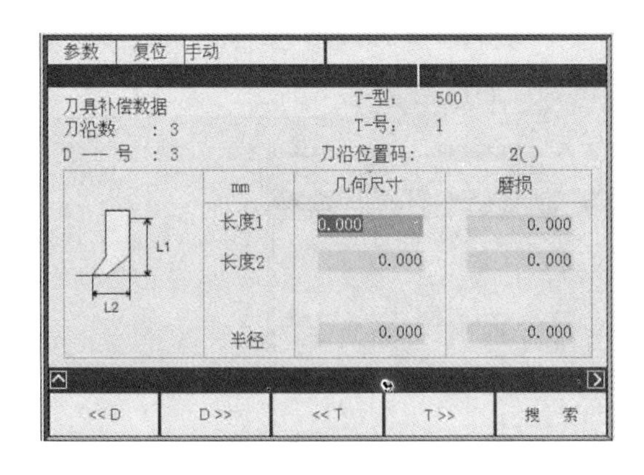

图 5.54　显示刀具/刀沿数据

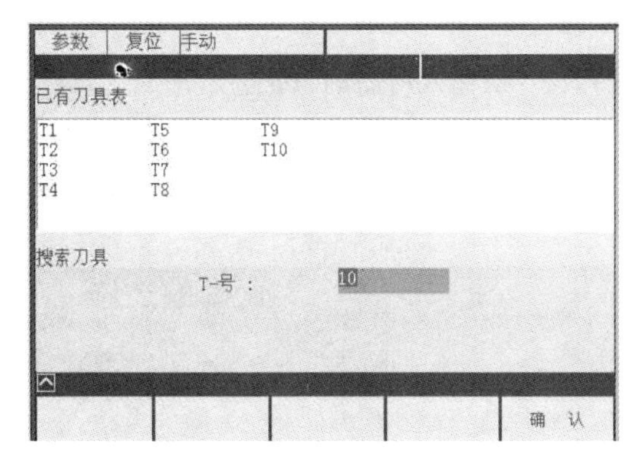

图 5.55　搜索刀具

在【T-号】栏中输入需要搜索的刀具号，点击软键确认，界面上将显示被搜索到的刀具的数据。

注：要搜索的刀具号需是在已有刀具表中显示的刀具。

(3) 删除刀具

在如图 5.53 所示界面上点击软键删除刀具，进入如下界面，如图 5.56 所示。

在【T-号】栏中输入需要删除的刀具号，点击软键确认，就可以删除指定的刀具。

三、设置 R 参数

依次点击按钮、软键参数，进入如图 5.57 所示的界面。

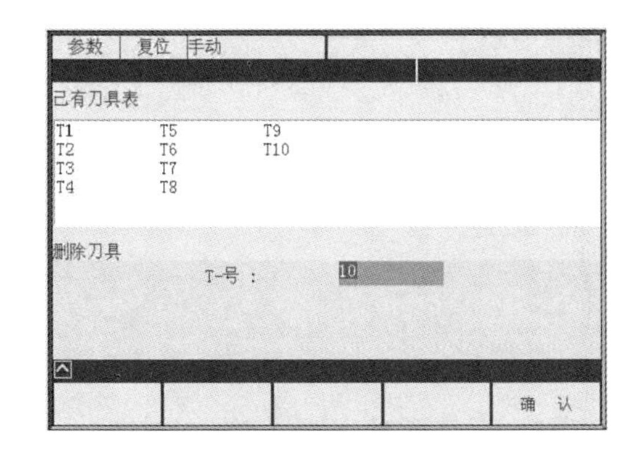

图 5.56　删除刀具

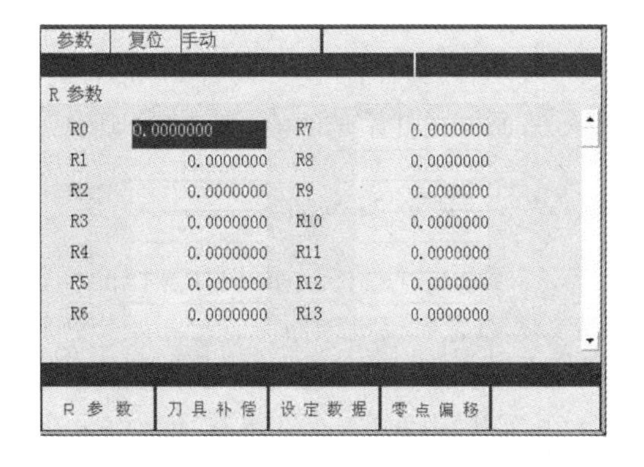

图 5.57　设置 R 参数

在系统面板上点击方位键，，，，在同一页上移动光标的位置，点击 + / 可在不同页间切换。在光标停留处点击系统面板上的数字键，输入 R 参数的值，按确认。

四、设定数据

在如图 5.58 所示界面上点击软键设定数据，进入界面。

(1) 在子菜单中按软键【JOG 数据】，光标停留在【JOG 数据】栏中，点击系统面板上的方

位键 ， ，光标在【Jog进给率】/【主轴转速】项中切换，在光标停留处，点击系统面板上的数字键，输入所需的Jog进给率或主轴转速，点击 确认。

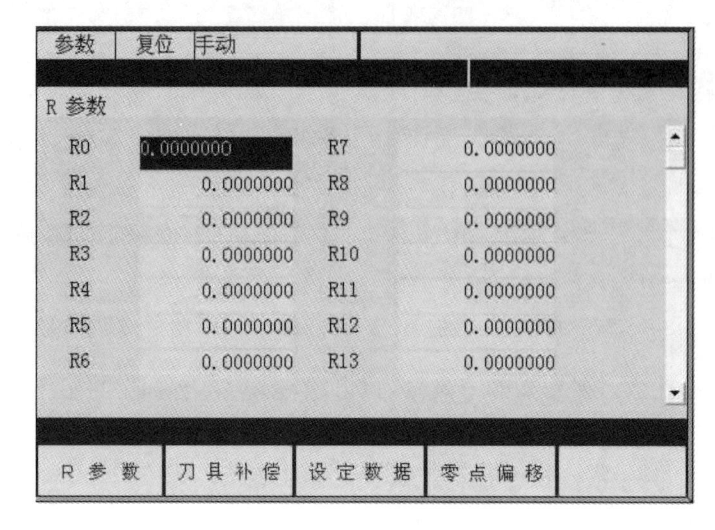

图5.58　设定数据

(2) 在子菜单中按软键【主轴数据】，光标停留在【主轴数据】栏中，点击系统面板上的方位键 ， ，光标在【最大】/【最小】/【编程】项中切换，点击系统面板上的数字键，输入所需的主轴最大/最小/编程值，点击 确认。

(3) 在子菜单中按软键【空运行进给率】，光标停留在【空运行进给率】栏中，点击系统面板上的数字键，输入所需的空运行进给率，点击 确认。

(4) 在子菜单中按软键【开始角】，光标停留在【开始角】栏中，点击系统面板上的数字键，输入所需的开始角的值，点击 确认。

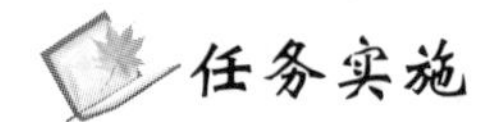

(1) 熟悉数控系统主面板和操作面板；
(2) 熟悉数控机床操作方法和操作过程；
(3) 观察与了解数控加工的仿真过程。

下面以SIEMENS 802S车床为例说明从工艺安排、刀具选择、工件安装、编程、对刀直到加工的全部操作步骤 。

一、加工工艺分析与编程

(一) 零件图

如图5.59所示。

(二) 加工准备

根据零件图，选择毛坯为 ϕ62 mm×95 mm棒料，从右端至左端轴向进给切削，粗车每次切削深度2 mm，进给量为0.25 mm/r，精车余量 X 向0.4 mm，Z 向0.1 mm。选取刀尖半径为 0.4 mm，V 型刀片，H 型刀柄。采用 G54 建立工件坐标系，工件坐标系原点设在工件端面的中心处。

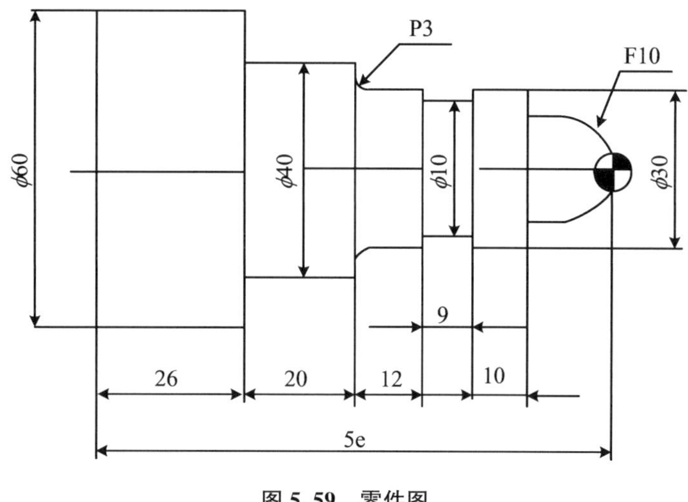

图 5.59　零件图

（三）加工步骤

选择机床，机床回零，安装零件，导入数控程序，检查运行轨迹，装刀与对刀，设置参数，自动加工。

（四）数控加工程序

```
%-N-lathe802S-MPF；
G90G54G0X100. Z50. T1D1；
M03S800；
X65. Z5. ；
G1X60. F0. 25；
G0X62. ；
Z5. 0；
G71U2. 0R1. 0；
G71P10Q20U0. 4W0. 1；
N10G00X0；
G1G42Z0S1000F0. 05；
G3X20. Z-10. R10. ；
G1Z-15. ；
X30. ；
W-28. ；
G2X36. Z-46. R3. ；
G1X40. ；
W-20. ；
X60. ；
```

```
Z-92.;
N20G0G40X62.;
G0X100.Z50.;
T2;
X62.Z5.0;
G70P10Q20;
G0X100.Z50.;
T3;
X62.Z-30.;
G1X26.F0.1;
X38.;
Z-34.;
X26.;
X38.;
G0X100.Z50.;
M30;
```

二、仿真加工步骤

1. 选择机床

单击菜单【机床选择】,单击【机床选择】→【SIEMENS 802S】→【车床】→【确定】。

2. 机床回零

按 键,按顺序点击 +X +Z ,即可自动回参考点。

3. 安装零件

点击【零件|定义毛坯】→【改写零件尺寸直径 62 mm、长度 95 mm】→【确定】。

4. 放置零件毛坯

点击【零件/放置零件】菜单→【选择待加工的零件毛坯】→【确定】。

5. 调整零件安装位置

在零件毛坯安装到机床上同时,系统会弹出一个调整零件安装位置的对话框,用户可根据需要进行零件安装位置的调整,待调整合适后,单击面板上的【退出】,零件将按照用户加工要求放置在机床上。

6. 输入编辑程序

按 程 序 → > → 新程序 →对话窗口输入新程序名称→确认→ > → 关 闭 。

7. 检查运行轨迹

点击【自动运行】→ PROG →"Ox"→ ↓ → CUSTOM GRAPH →【循环启动】→【视图】菜单中的动态旋转、动态放缩、动态平移等方式对三维运行轨迹进行全方位的动态观察。

8. 装刀与对刀

点击【机床\选择刀具】→【车刀选择】→【选择 V 型刀片 H 型刀柄】。

对刀方法与前边 FANUC 一样。

9. 设置参数

参数设置参照输入修改零点偏置值。

10. 自动加工

完成对刀、刀具参数设置、导入数控程序后就可以进行自动加工了。先将机床回零单击操作面板上的 → ，就可以自动加工了，加工结果如图 5.60 所示。

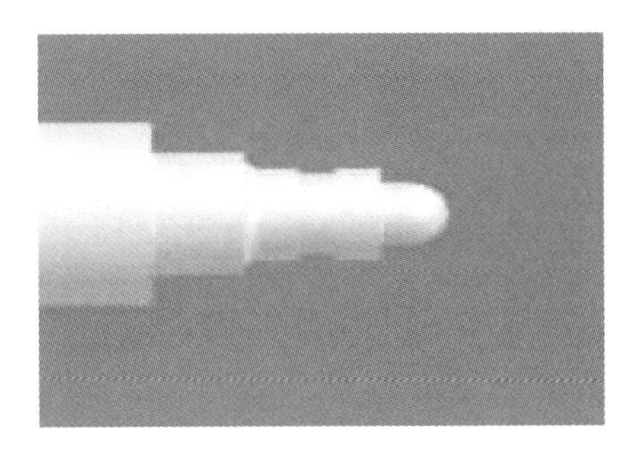

图 5.60　加工零件

任务评价

序号	能　力　点	掌握情况	序号	能　力　点	掌握情况
1	回零与手动操作能力		4	数控加工程序编制能力	
2	MDI 方式操作能力		5	熟悉数控机床的工作过程	
3	数控加工工艺路线的设定		6	熟悉对刀及参数设置	

思考与练习

(1) 试述 SIEMENS 802S 系统的对刀方法。

(2) 试述 SIEMENS 802S 系统的对刀步骤。

(3) 试述 FANUC 0i 系统和 SIEMENS 802S 系统车床对刀步骤的异同。

(4) 运用现有车削仿真软件，仿真模拟图 5.61 所示零件。

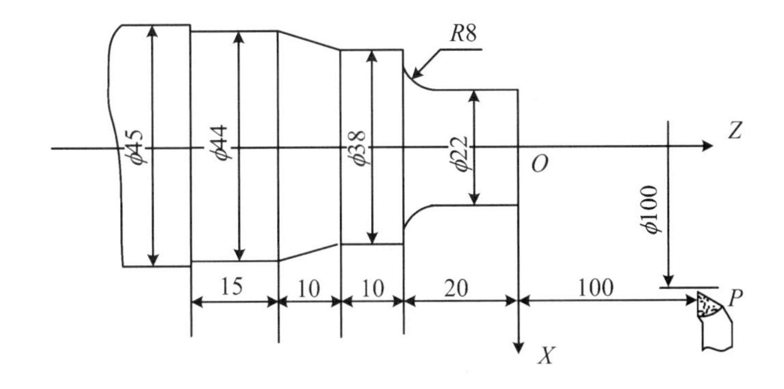

图 5.61　零件图

项目六　数控铣削仿真操作

任务一　FANUC 0i 数控铣床系统仿真操作

任务目标

（1）熟悉 FANUC 0i 数控铣床的操作面板及各按钮和按键的功能；

（2）掌握 FANUC 0i 数控铣床的各项基本操作方法和步骤；

（3）能够利用 FANUC 0i 数控铣床仿真软件对零件进行仿真加工。

观察与认识 FANUC 0i 数控铣床仿真加工系统界面，熟练掌握操作面板和系统面板的基本操作。

知识与技能

一、数控铣床（加工中心）仿真软件系统的进入和退出

（一）进入数控铣床（加工中心）仿真软件

打开电脑，单击或双击图标 数控加工仿真系统，则屏幕显示如图 6.1 所示，再点击 快速登录 后就进入仿真操作界面，如图 6.2 所示。

单击菜单栏【机床】，即进入机床选择界面，如图 6.3 所示，按图中所示选择机床后，点击“确定”。

点击菜单栏【视图】→【选项】，将 ☑显示机床罩子 中的 ☑ 去掉后，可以更清晰地看到机床运动和加工过程，所以建议不显示机床罩子，如图 6.4 所示。

（二）退出数控铣床仿真软件

单击屏幕右上方的图标 ☒，则退出数控铣床仿真系统。

二、数控铣床仿真软件的工作窗口介绍

数控铣床仿真软件的工作窗口分为标题栏区、菜单区、工具栏区、机床显示区、机床操作

图 6.1　宇龙软件主界面

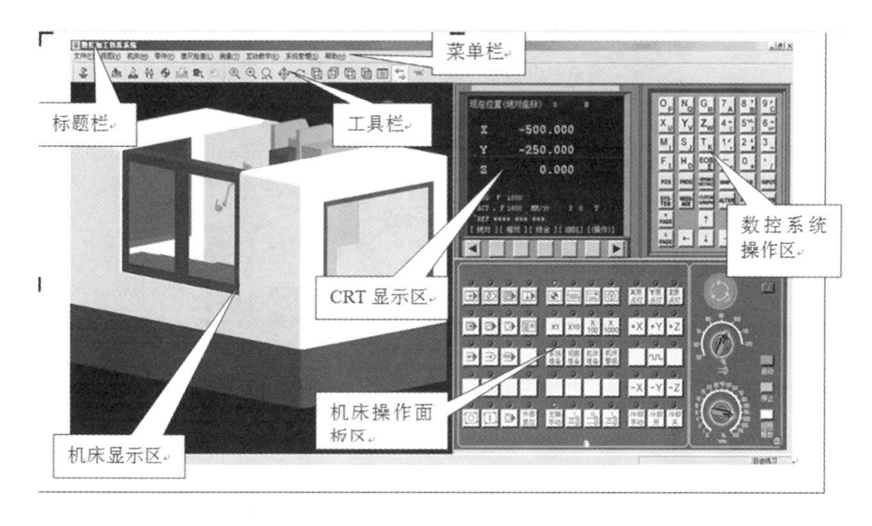

图 6.2　宇龙仿真软件 FANUC 0i 系统工作窗口

面板区、数控系统操作区，如图 6.2 所示。

三、各种主要菜单、工具、按钮、按键功能说明

（一）菜单栏

菜单各项的功能如表 6.1 所示。

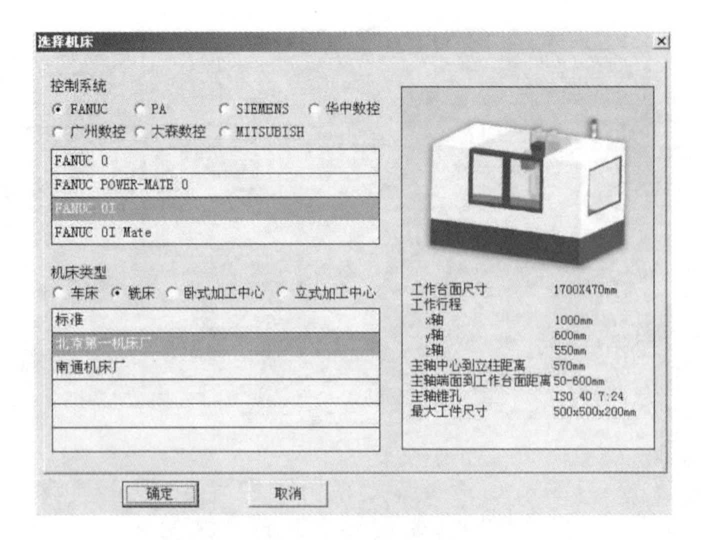

图 6.3 选择机床

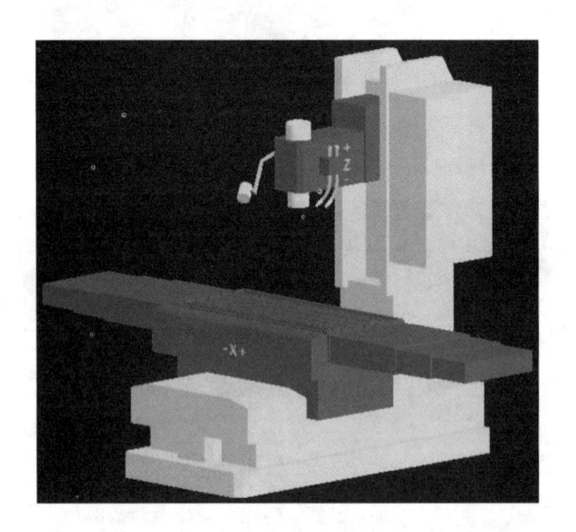

图 6.4 机床显示

表 6.1 菜单各项的功能

菜单	名 称	功 能 简 介
机床	选择机床	可选择不同数控系统和不同生产厂家的机床
	选择刀具	可选择不同类型和不同规格的刀具
	基准工具	可选择不同的对刀工具(基准棒和机械寻边器)
	拆除工具	将刀具或基准工具从主轴上拆除
	DNC 传送	传送程序
	开门	在保留机床罩子的情况下打开机床门

续表

菜单	名　称	功　能　简　介
零件	定义毛坯	可定义毛坯为长方体或圆柱体，并且设置其尺寸
	安装夹具	可选择平口钳或工艺板作为夹具
	放置零件	将零件放置在工作台上
	移动零件	用 中的相应箭头调整零件位置
	拆除零件	拆除工作台上的夹具和零件
	安装压板	选择压板类型
	移动压板	选择相应压板后，用 移动压板到合适位置
	拆除压板	将压板从工作台上拆除

（二）工具栏

工具栏各项的功能如表 6.2 所示。

表 6.2　工具栏各项的功能

工具	名　称	功　能　简　介
	复位	回到初始显示状态
	放大	对机床进行局部放大
	动态缩放	可进行动态缩小或放大
	平移	对机床进行平移
	旋转	对机床进行旋转，更好地观察
	左视图	在对刀时，更好地调整对刀工具与零件的位置以方便对刀；观察零件加工情况
	右视图	
	俯视图	
	前视图	
	选项	可以对这些项目进行选择：
	控制面板切换	可以在只显示机床仿真加工区和整个机床之间进行切换

（三）数控系统操作区

详见本书项目六的任务二。

（四）机床操作面板区

详见本书项目六的任务二。

四、数控铣床仿真软件各项基本操作

（一）机床回零操作

（1）单击机床面板上的启动按钮，接通机床电机和伺服控制电路，使该指示灯变亮。

（2）检查机床急停按钮是否松开，若未松开，单击急停按钮，将其松开。

（3）点击操作面板上回原点按钮，指示灯点亮，机床系统转入回原点模式。

（4）在回原点模式下，先将 Z 轴回原点，点击操作面板上的按钮+Z，直到 Z 轴方向移动指示灯变亮；同样，再点击按钮，使指示灯变亮；最后点击，使指示灯变亮。此时 CRT 界面如图 6.5 所示。

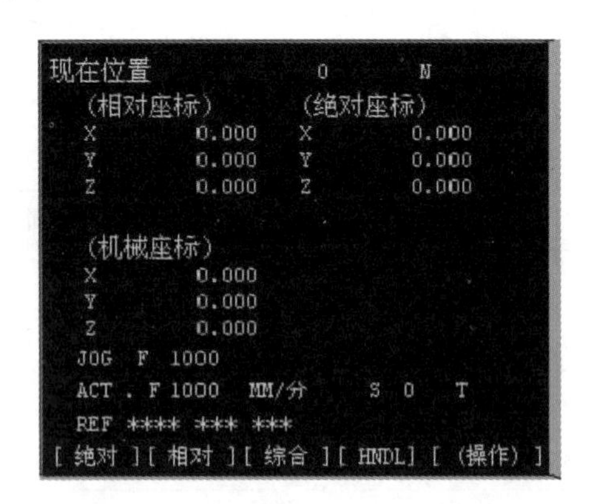

图 6.5 机床回零后 CRT 界面

（二）MDI 操作

（1）点击操作面板上的 MDI 键按钮，使其指示灯变亮，进入 MDI 模式。

（2）在 MDI 键盘上按键，进入编辑页面。

（3）输入数据指令：在输入键盘上点击数字/字母键，可以作取消、插入、删除等修改操作。

（4）按数字/字母键键入字母“O”，再键入程序号，但不可以与已有程序号重复。

（5）输入程序后，用回车换行键结束一行的输入后换行。

（6）移动光标按上下方向键翻页。按方位键移动光标。

（7）按键，删除输入域中的数据；按键，删除光标所在的代码。

（8）按键盘上键，输入所编写的数据指令。

(9) 输入完整数据指令后,按循环启动按钮运行程序。

(10) 用清除输入的数据。

例如:输入“M03 S500 EOB”后,再按、,则主轴转动。

(三) 手轮脉冲加工操作

在手动/连续方式或在对刀,需精确调节机床时,可用手动脉冲方式调节机床。其操作步骤是:

(1) 点击操作面板上的【手动脉冲】按钮或,使指示灯变亮。

(2) 点击按钮,显示手轮如图 6.6 所示。

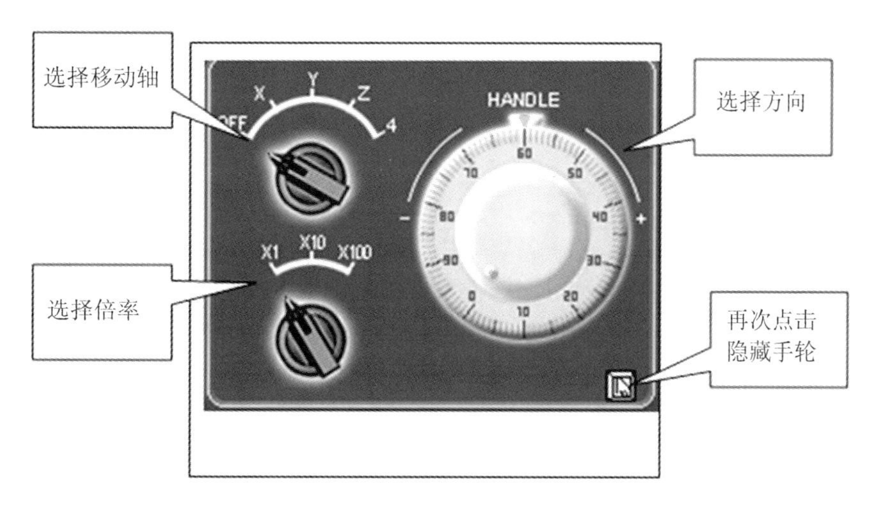

图 6.6　手轮

(3) 选择坐标轴:鼠标对准【轴选择】旋钮,点击左键或右键。点击左键则旋钮逆时针转动;点击右键则旋钮顺时针转动。

(4) 选择合适的脉冲当量:鼠标对准【手轮进给速度】旋钮,点击左键或右键。点击左键则旋钮逆时针转动;点击右键则旋钮顺时针转动。

(5) 选择移动方向:鼠标对准手轮,点击左键或右键。点击左键则手轮逆时针转动;点击右键则手轮顺时针转动。

(6) 点击控制主轴的转动和停止。

(7) 再次点击右下角,可隐藏手轮。

(四) 手动加工操作

(1) 点击操作面板上的【手动】按钮,使其指示灯亮,机床进入手动模式。

(2) 分别点击 X , Z 键,选择移动的坐标轴。

(3) 分别点击 + , - 键,控制机床的移动方向。

（4）点击控制主轴的转动和停止。

注意：在刀具切削零件时，主轴必须转动。加工过程中刀具与零件发生非正常碰撞后（非正常碰撞包括车刀的刀柄与零件发生碰撞；铣刀与夹具发生碰撞等），系统弹出警告对话框，同时主轴自动停止转动，此时应该将机床调整到适当位置，如果继续加工需再次点击按钮，使主轴重新转动。

（五）安装零件、选择刀具、基准工具

在数控仿真系统中，安装零件需要按照以下步骤进行：

1. 定义零件毛坯

点击【零件/定义毛坯】菜单，在定义毛坯对话框中，按照待加工零件毛坯尺寸进行数值设置，然后单击【确定】按钮，如图 6.7 所示。

2. 选择夹具

点击【零件/安装夹具】菜单，在选择夹具对话框中，选择加工零件的毛坯和所用的夹具后，单击【确定】按钮，如图 6.8 所示。

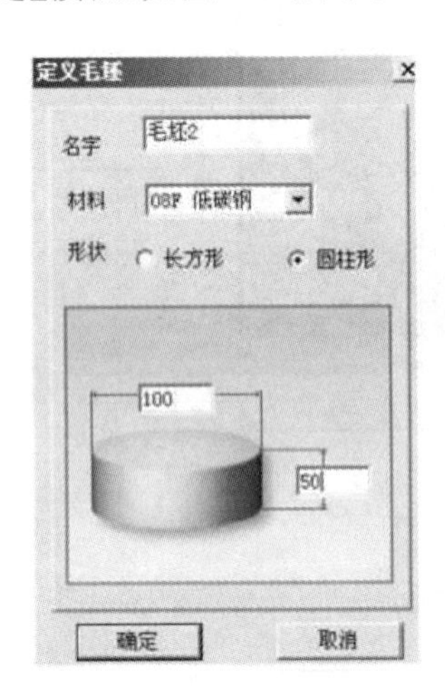

图 6.7　定义毛坯

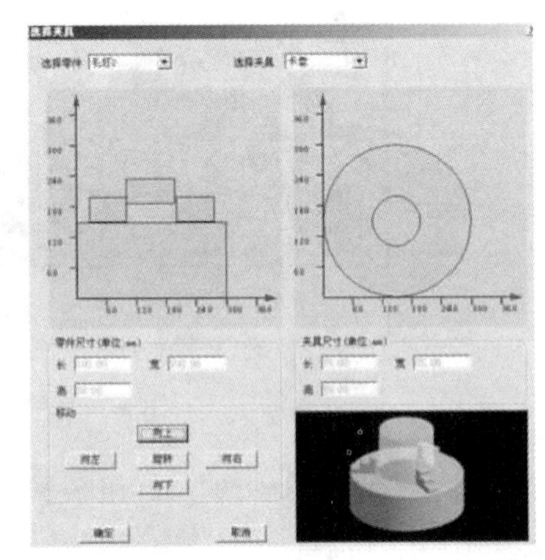

图 6.8　安装夹具

3. 选择刀具

点击【机床/选择刀具】菜单，在选择刀具对话框中，选择加工零件所用的刀具后，单击【确定】按钮，如图 6.9 所示。

4. 选择基准工具

点击【机床/基准工具】菜单，在选择基准工具对话框中，选择对刀所用的工具后，单击【确定】按钮，如图 6.10 所示。

（六）数控程序处理

1. 导入数控程序

数控程序可以通过记事本或写字板等编辑软件输入并保存为文本格式（*.txt 格式）文件，也可直接用 FANUC 0i 系统的 MDI 键盘输入。

导入数控程序的方法和步骤：

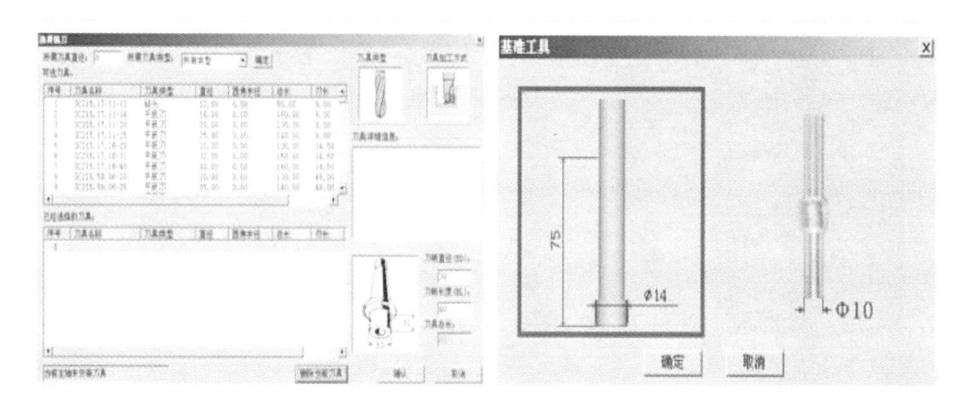

图 6.9　选择刀具　　　　图 6.10　选择基准工具

(1) 编辑状态导入

① 点击操作面板上的编辑键，编辑状态指示灯变亮，此时已进入编辑状态。

② 点击 MDI 键盘上的 PROG，CRT 界面转入编辑页面。再按菜单软键【操作】，在出现的下级子菜单中按软键 ▶，按菜单软键【READ】，转入如图 6.11 所示界面。

③ 点击 MDI 键盘上的【数字/字母】键，输入“Ox”(x 为任意不超过四位的数字)，按软键【EXEC】。

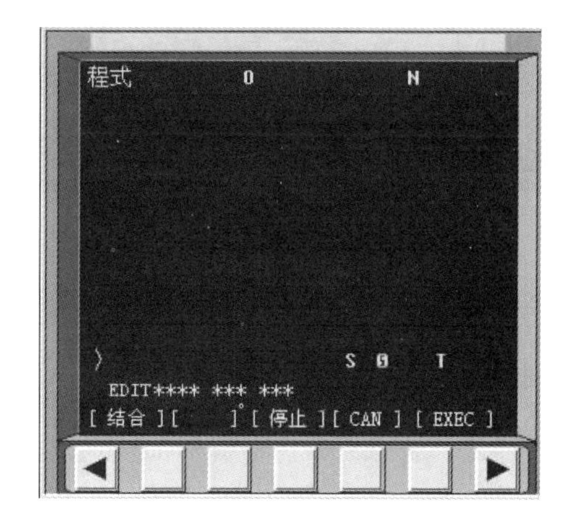

图 6.11　编辑状态导入程序

(2) 菜单法导入

点击菜单【机床/DNC 传送】，在弹出的对话框(见图 6.12)中选择所需的 NC 程序，按“打开”确认，则数控程序被导入并显示在 CRT 界面上。

2. 数控程序管理

(1) 显示数控程序目录

经过导入数控程序操作后，点击操作面板上的编辑键，编辑状态指示灯变亮，此时已进入编辑状态。点击 MDI 键盘上的 PROG，CRT 界面转入编辑页面。按菜单软键【LIB】，经过 DNC 传送的数控程序名列表显示在 CRT 界面上，如图 6.13 所示。

(2) 选择一个数控程序

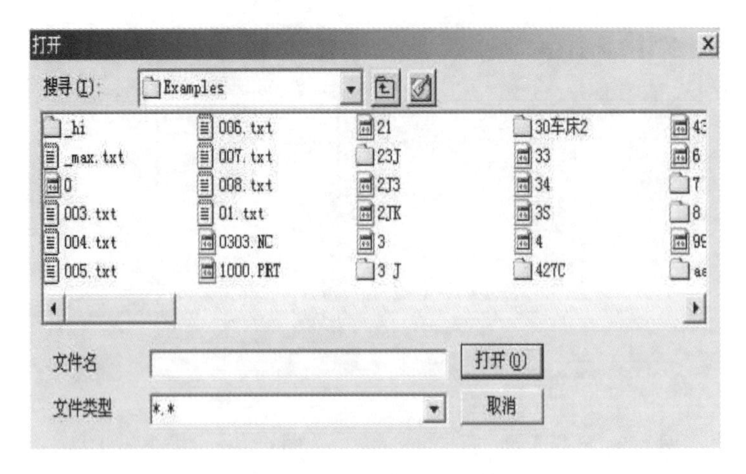

图 6.12　菜单法导入程序

图 6.13　程序目录显示

经过导入数控程序操作后，点击 MDI 键盘上的，CRT 界面转入编辑页面。利用 MDI 键盘输入“Ox”(x 为数控程序目录中显示的程序号)，按↓键开始搜索，搜索到后“Ox”显示在屏幕首行程序号位置，NC 程序将显示在屏幕上。

(3) 删除一个数控程序

点击操作面板上的编辑键，编辑状态指示灯变亮，此时已进入编辑状态。利用 MDI 键盘输入“Ox”(x 为要删除的数控程序在目录中显示的程序号)，按键，程序即被删除。

(4) 新建一个 NC 程序

点击操作面板上的编辑键，编辑状态指示灯变亮，此时已进入编辑状态。点击 MDI 键盘上的，CRT 界面转入编辑页面。利用 MDI 键盘输入“Ox”(x 为程序号，但不能与已有程序号重复)按键，CRT 界面上将显示一个空程序，可以通过 MDI 键盘开始程序输入。输入一段代码后，按键则数据输入域中的内容将显示在 CRT 界面上，用回车换行键结束一行的输入后换行。

(5) 删除全部数控程序

点击操作面板上的编辑键，编辑状态指示灯变亮，此时已进入编辑状态。点击MDI键盘上的，CRT界面转入编辑页面。利用MDI键盘输入“O-9999”，按键，全部数控程序即被删除。

3. 数控程序编辑

点击操作面板上的编辑键，编辑状态指示灯变亮，此时已进入编辑状态。点击MDI键盘上的，CRT界面转入编辑页面。选定了一个数控程序后，此程序显示在CRT界面上，可对数控程序进行编辑操作。

(1) 移动光标

按和用于翻页，按方位键移动光标。

(2) 插入字符

先将光标移到所需位置，点击MDI键盘上的数字/字母键，将代码输入到输入域中，按键，把输入域的内容插入到光标所在代码后面。

(3) 删除输入域中的数据

按键用于删除输入域中的数据。

(4) 删除字符

先将光标移到所需删除字符的位置，按键，删除光标所在的代码。

(5) 查找

输入需要搜索的字母或代码；按开始在当前数控程序中光标所在位置后搜索(代码可以是：一个字母或一个完整的代码。例如：“N0010”、“M”等)。如果此数控程序中有所搜索的代码，则光标停留在找到的代码处；如果此数控程序中光标所在位置后没有所搜索的代码，则光标停留在原处。

(6) 替换

先将光标移到所需替换字符的位置，将替换成的字符通过MDI键盘输入到输入域中，按键，把输入域的内容替代光标所在处的代码。

4. 数控程序保存

编辑好程序后需要进行保存操作。

点击操作面板上的编辑键，编辑状态指示灯变亮，此时已进入编辑状态。按菜单软键【操作】，在下级子菜单中按菜单软键【Punch】，在弹出的对话框中输入文件名，选择文件类型和保存路径，按【保存】按钮，如图6.14所示。

(七) 自动和手动加工操作

1. 自动/连续加工操作

(1) 自动加工操作流程

① 检查机床是否回零，若未回零，先将机床回零。

② 导入数控程序或自行编写一段程序。

③ 点击操作面板上的“自动运行”按钮，使其指示灯变亮。

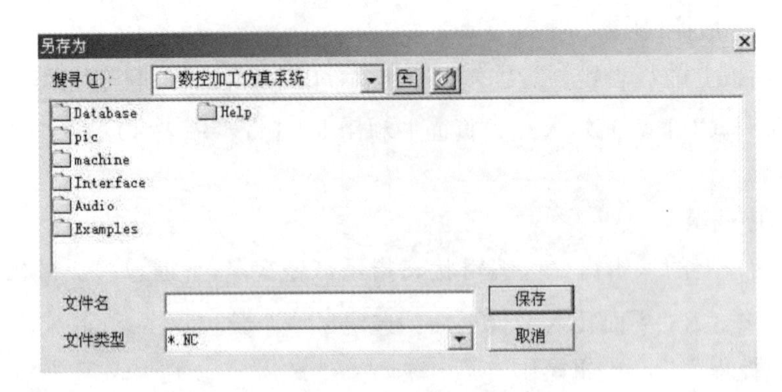

图 6.14　保存程序

④ 点击操作面板上的【循环启动】按钮，程序开始执行。

(2) 中断运行操作

数控程序在运行时，可根据需要暂停、停止、急停和重新运行。

① 数控程序暂停操作：单击操作面板上的暂停按钮，程序停止执行；若再运行程序，再按【循环启动】，程序从暂停位置处重新恢复运行。

② 数控程序紧急停止操作：单击操作面板上的暂停按钮，程序立即停止执行；若再运行程序，再按【循环启动】，程序从开头暂停位置处重新恢复运行。

③ 数控程序急停操作：单击操作面板上的急停按钮，数控程序立即中断执行；若再运行程序，先将急停按钮松开，再按【循环启动】，余下的数控程序从中断运行开始作为一个独立的程序执行。

2. 自动/单段加工操作

检查机床是否机床回零。若未回零，先将机床回零。再导入数控程序或自行编写一段程序。其操作步骤是：

(1) 点击操作面板上的【自动运行】按钮，使其指示灯变亮。

(2) 点击操作面板上的【单节】按钮。

(3) 点击操作面板上的【循环启动】按钮，程序开始执行。

注：

(1) 自动/单段方式执行每一程序段均需点击一次【循环启动】按钮。

(2) 点击【单节跳过】按钮，则程序运行时跳过符号“/”有效，该行成为注释行，不执行。

(3) 点击【选择性停止】按钮，则程序中 M01 有效。

(4) 可以通过【主轴倍率】旋钮和【进给倍率】旋钮来调节主轴旋转的速度和移动的速度。

(5) 按键可将程序重置。

（八）轨迹操作模式

用于 NC 程序导入后，检查程序的运行轨迹。其操作步骤是：

（1）点击操作面板上的【自动运行】按钮，使其指示灯变亮，转入自动加工模式。

（2）点击 MDI 键盘上的 PROG 按钮，点击数字/字母键，输入“Ox”（x 为所需要检查运行轨迹的数控程序号），按 ↓ 开始搜索，找到后，程序显示在 CRT 界面上。

（3）点击 CUSTOM GRAPH 按钮，进入检查运行轨迹模式，点击操作面板上的【循环启动】按钮，即可观察数控程序的运行轨迹，此时也可通过“视图”菜单中的动态旋转、动态放缩、动态平移等方式对三维运行轨迹进行全方位的动态观察。

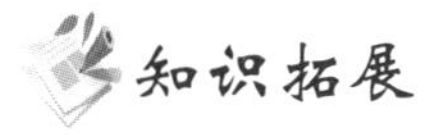知识拓展

一、对刀

（1）安装好零件和基准工具。

（2）在 MDI 状态下让主轴转动。

（3）借助“工具栏”菜单中的动态旋转、动态放缩、动态平移等工具和操作面板上的按钮利用操作面板上的按钮 +X +Y +Z、-X -Y -Z 调整好基准工具与零件的位置。

（4）利用机械寻边器进行 X、Y 轴对刀。

机械寻边器工作原理：寻边器由固定端和测量端两部分组成。固定端由刀具夹头夹持在机床主轴上，中心线与主轴轴线重合。在测量时，主轴以 400 r/min 旋转。通过手动方式，使寻边器向工件基准面移动靠近，让测量端接触基准面。在测量端未接触工件时，由于离心力作用使得固定端与测量端的中心线不重合，两者呈偏心状态。当测量端与工件接触后，偏心距减小，这时使用点动方式或手轮方式微调进给，寻边器继续向工件移动，偏心距逐渐减小。当测量端和固定端的中心线重合的瞬间，测量端会明显的偏出，出现明显的偏心状态。这是主轴中心位置距离工件基准面的距离等于测量端的半径。

根据 G54 设置位置不同有对称对刀法和单侧对刀法，如图 6.15 中，X 轴应该采用对称对刀法、Y 轴采用单侧对刀法。

① 首先进行 X 轴方向对称法对刀。

将机床移动到大致位置，如图 6.16 所示。

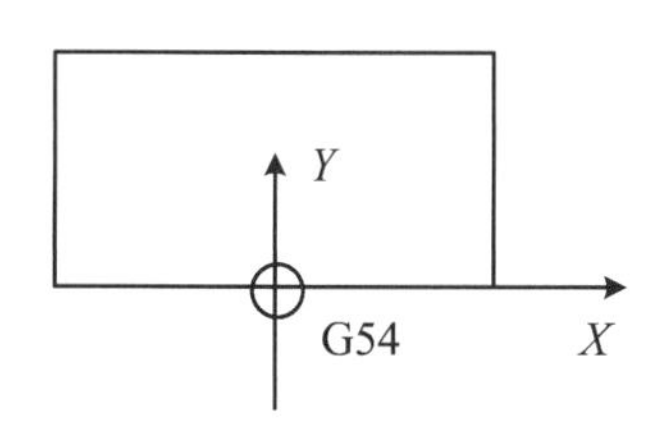

图 6.15　G54 位置

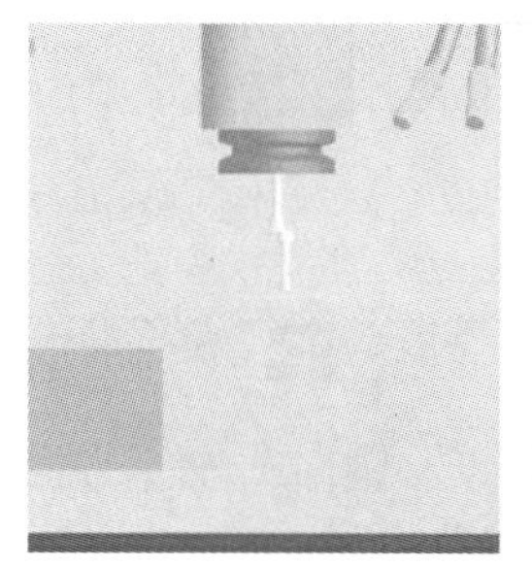

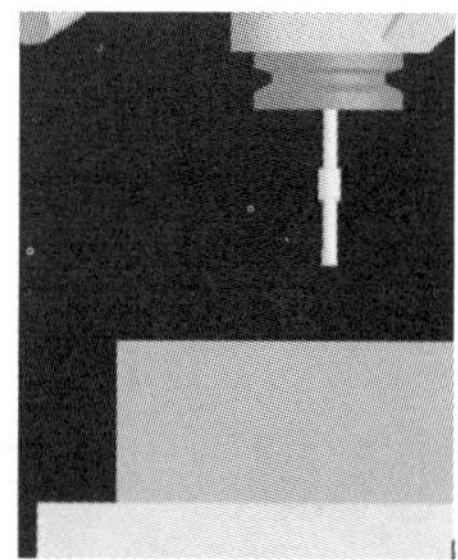

图 6.16　前视图和右视图

先点击▣，再点击右下角▣图标，采用手轮方式移动机床。对刀步骤如下：

选择Z轴▣、选择倍率▣、在手轮▣点左键降Z轴至适当位置、选择X轴▣、选择倍率▣、在手轮▣点左键向X轴负方向移动、随着距离减小不断减小倍率，直到寻边器下端不再晃动为止（如图6.17），记录机械坐标系中的X值为X_1；抬高Z轴到高于工件上表面、选择倍率▣、在手轮▣点左键向X轴负方向移动到另一侧（如图6.18）、选择Z轴▣、选择倍率▣、在手轮▣点左键降Z轴至适当位置、选择X轴▣、选择倍率▣、在手轮▣点右键向X轴正方向移动、随着距离减小不断减小倍率，直到寻边器下端不再晃动为止（如图6.19），记录机械坐标系中的X值为X2。

图6.17 轴正向对刀

图6.18 移到X轴负向

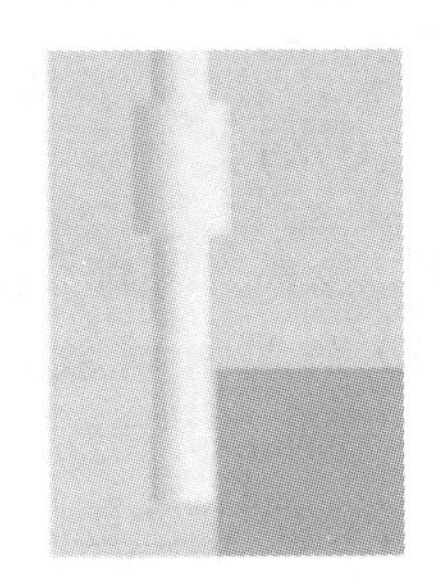

图6.19 X轴负向对刀

X值处理方法：G54中X值为$(X_1+X_2)/2$。分析：因为是两侧对称对刀。

② 进行Y轴方向单向法对刀。

将机床移动到大致位置，如图6.20所示。

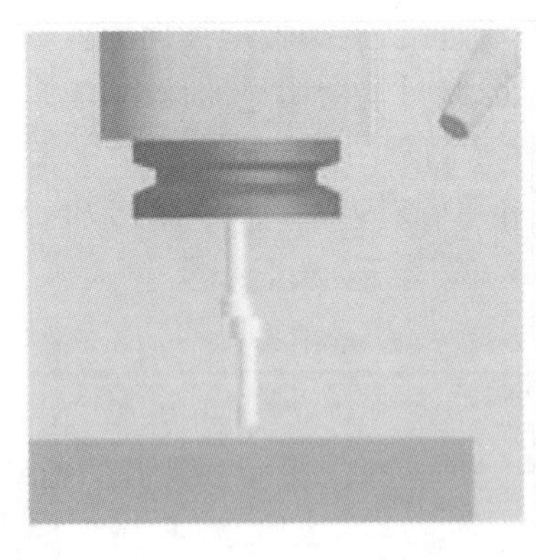

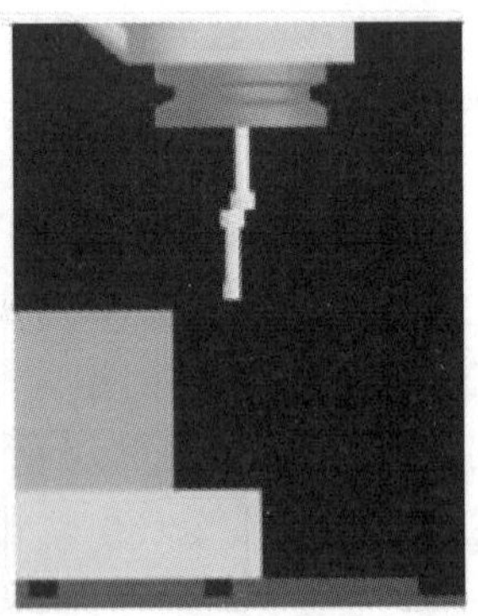

图6.20 前视图和左视图

选择Z轴▣、选择倍率▣、在手轮▣点左键降Z轴至适当位置、选择Y轴▣、选择倍率▣、在手轮▣点右键向Y轴正方向移动、随着距离减小不断减小倍率，直到寻边器下端不再晃动为止，记录机械坐标系中的Y值为Y_1。

Y值处理方法：G54中Y值为：Y_1+5。分析：因为是从Y轴负方向对刀，所以要加上对刀工具的半径，如果是从Y轴正方向对刀，则要减去一个对刀工具的半径。

注:在机床上实际操作时,是无法找到上、下两端正好同轴的那一瞬间的,而当两端同轴时,若此时再进行增量或手轮方式的小幅度进给(最好选择倍率为×1 挡)时,由于离心力的作用寻边器的测量端会突然大幅度偏移,一般就认为此时寻边器与工件恰好吻合。

(5) 采用塞尺检查法进行 Z 轴对刀。

点击菜单“机床/选择刀具”,选择所需刀具装到主轴上。调整好刀具与工件的位置,如图 6.21 所示。

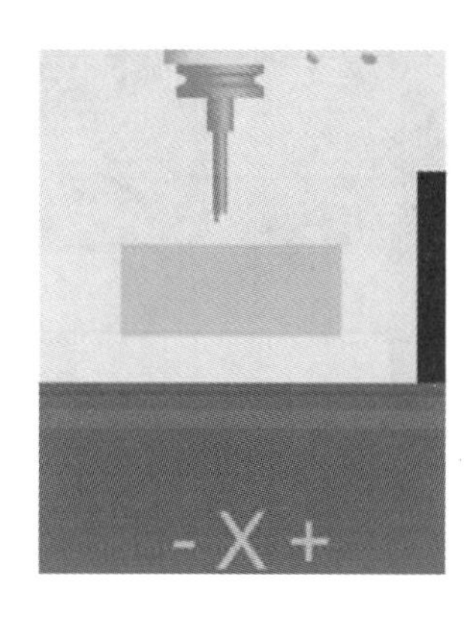

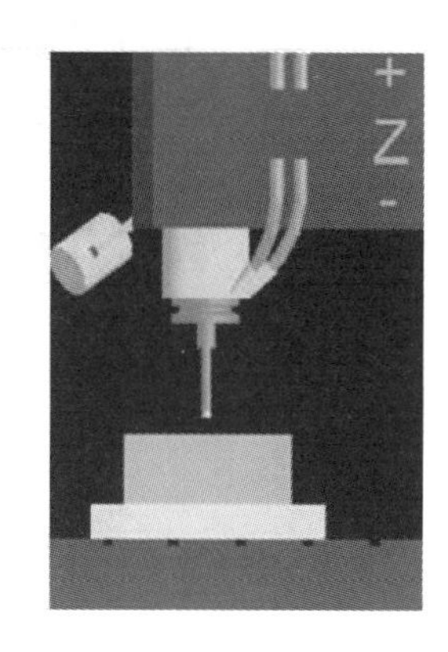

图 6.21　Z 向对刀时刀具的位置

点击菜单“塞尺检查/1 mm”,机床工作区显示如图 6.22 所示。采用手轮方式移动机床,选择 Z 轴、先选择倍率、在手轮点左键降 Z 轴至适当位置再不断减小倍率至提示信息区显示塞尺检查结果“合适”时为止,如图 6.23 所示,记录机械坐标系中的 Z 值为 Z_1。

Z 值处理方法:G54 中 Z 值为:Z_1-1。分析:因为刀具在此高度上还要下降一个塞尺的厚度(1 mm)才是 G54 中的 Z_0 高度。

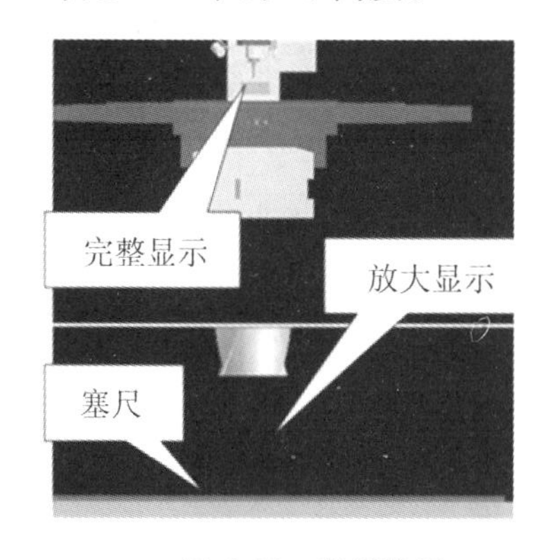

图 6.22　调用塞尺

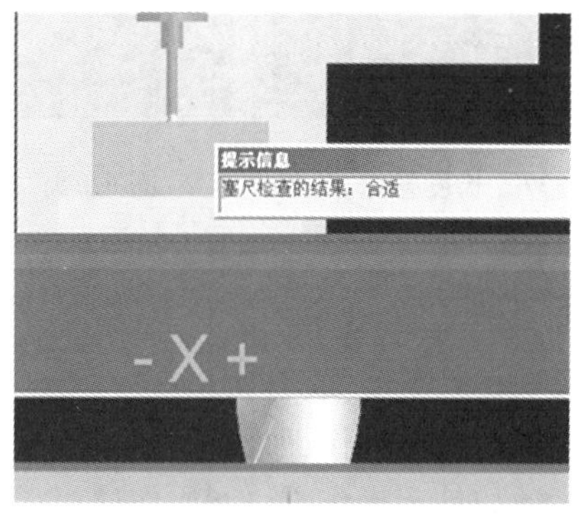

图 6.23　塞尺检查结果

二、参数输入操作

(一) 设置工作坐标系参数

先按,再按后出现图 6.24 的界面,用中相应箭头移动白色光标到对应坐标轴位置上(图 6.25 中,光标移动到 G54 的 X 坐标上),输入测量所得到的 X 值($X=-400.0$),再按 INPUT 后,就完成了 X 值的输入。用同样方法输入 Y、Z 的值后,显示如图 6.26 所示。

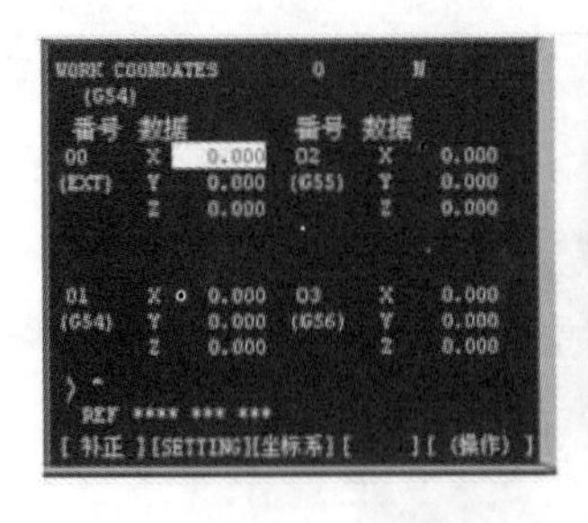

图 6.24　工作坐标系界面

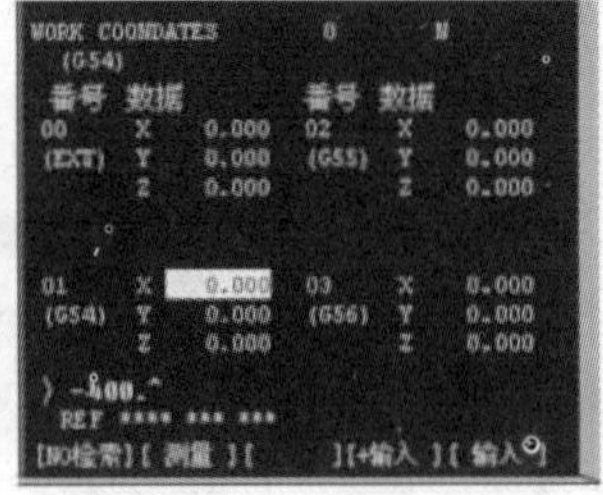

图 6.25　输入 X 值

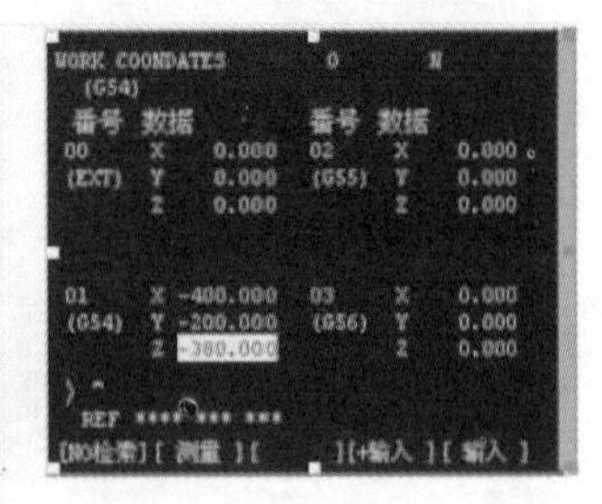

图 6.26　设置 G54

(二) 设置刀具补偿参数

先按 OFFSET SETTING,再按 补正 后出现图 6.27 的界面,图中第一列为代号,第二列为刀具长度补偿值输入区,图 6.27 中光标所示位置为刀具长度补偿代号 H01 的数值输入位置。第四列为刀具半径补偿值输入区,图 6.28 中光标所在位置为刀具半径补偿代号 D02 的数值输入位置。用 ← ↑ ↓ → 中相应箭头移动白色光标到对应补偿位置上,再输入相应数值后如图 6.29 所示。

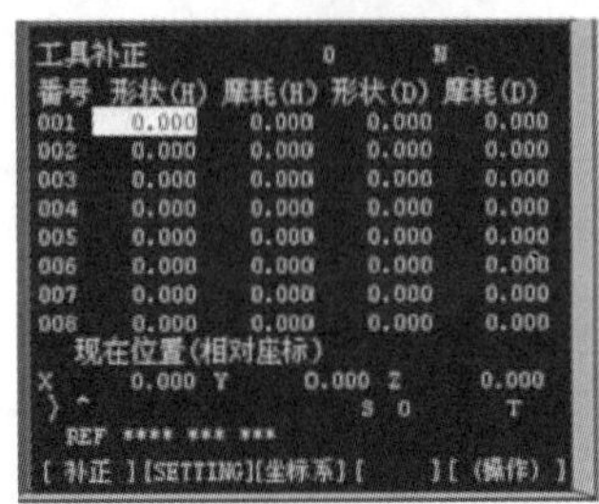

图 6.27　长度补偿

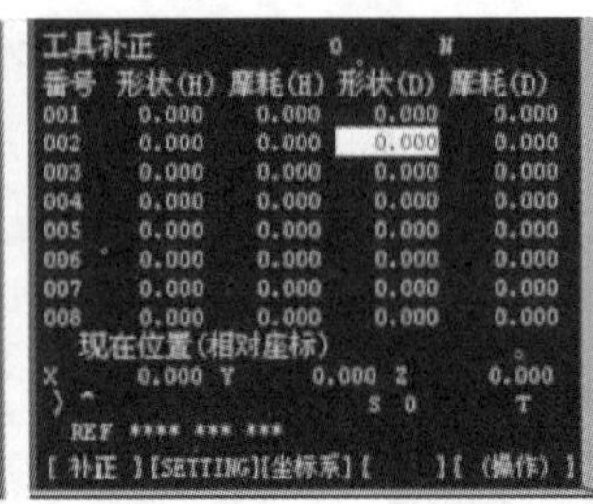

图 6.28　半径补偿

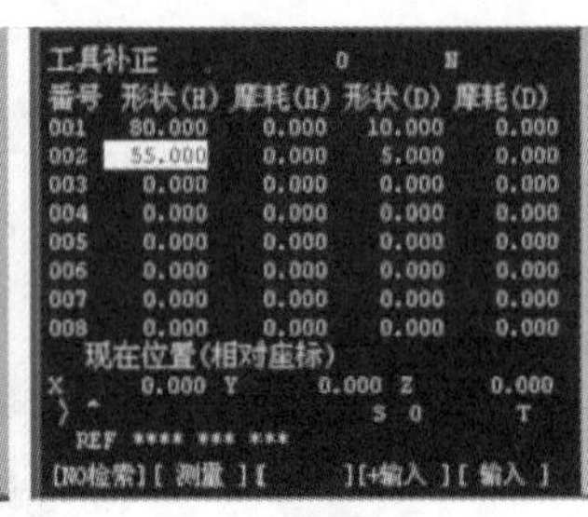

图 6.29　刀具补偿值输入

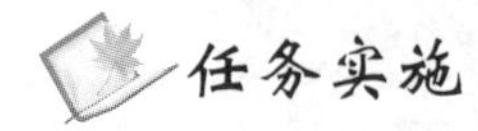

任务实施

(1) 熟悉数控系统主面板;

(2) 熟悉数控机床操作面板;

(3) 熟悉数控铣床操作方法和操作过程;

(4) 掌握数控加工的仿真操作过程。

本节以一个实例来介绍数控铣床编程及模拟操作过程。

如图 6.30 所示零件,粗加工进给速度设为 $F=200$ mm/min、主轴转速 $S=1000$ r/min;精加工进给速度设为 $F=100$ mm/min、主轴转速 $S=2000$ r/min。槽深 3 mm,底面精加工余量为 0.1 mm。试编写数控加工程序并仿真加工。

根据图形要求,选择工件尺寸为 120 mm×100 mm,刀具选 $\phi 16$ mm 的平铣刀,设置工件零点如图 6.30 所示。

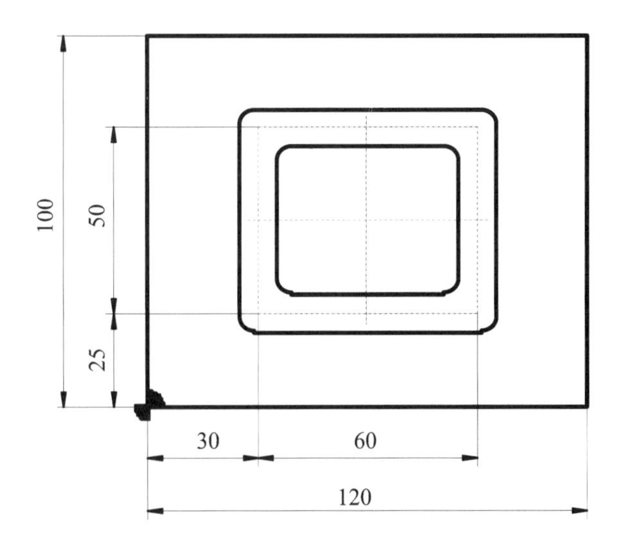

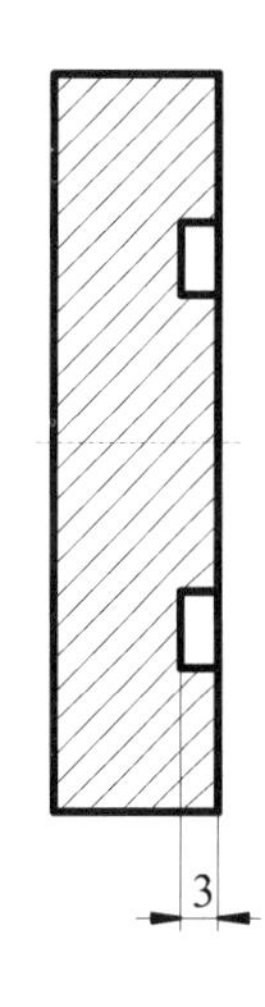

图 6.30　仿真加工实例

其程序如下：

%	M03 S2000
O1000	G01 Z-3.0 F20.
G21	X30. F100.
G17 G40 G49 G80	Y75.
G90 G54 G00 X60.0 Y25.0 M03 S1000	X90.
Z100.0	Y25.
Z2.0	X60.
G01 Z-2.9 F20.	G00 Z100.
X30. F200.	G91 G28 Z0
Y75.	M05
X90.	M30
Y25.	%
X60.	
G01 Z2.0 F20.	

仿真加工操作步骤：

一、启动宇龙仿真软件

单击或双击图标，再点击快速登录，进入仿真软件操作界面。

二、选择数控系统和机床生产厂家

单击【机床】、【选择机床】后，按图 6.31 所示步骤选择机床。所选机床为北京第一机床厂生产的 FANUC 0i 系统的数控铣床。为了便于观察与操作，单击图标后，选择不【显示机床罩子】。

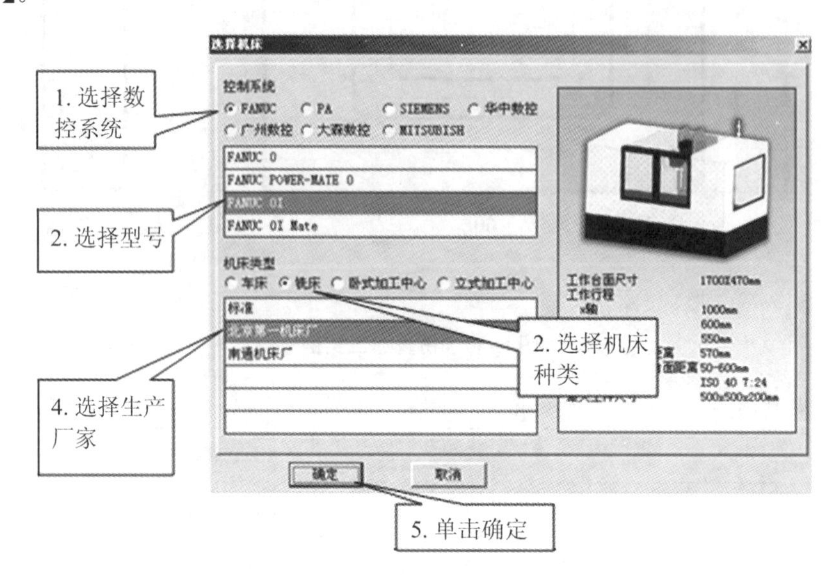

图 6.31 选择机床

三、机床回零

(1) 松开急停按钮；

(2) 点击按钮，接通电源；

(3) 点击按钮，先回 Z 轴，按，再按、回 X 轴和 Y 轴。此时，三个灯亮，按后，坐标显示如图 6.32 所示。

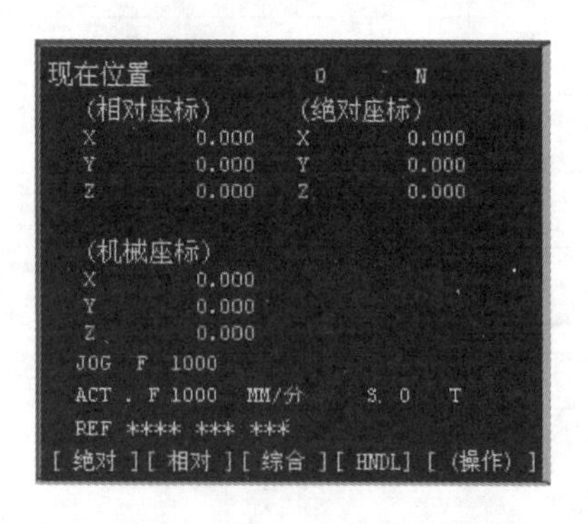

图 6.32 机床回零

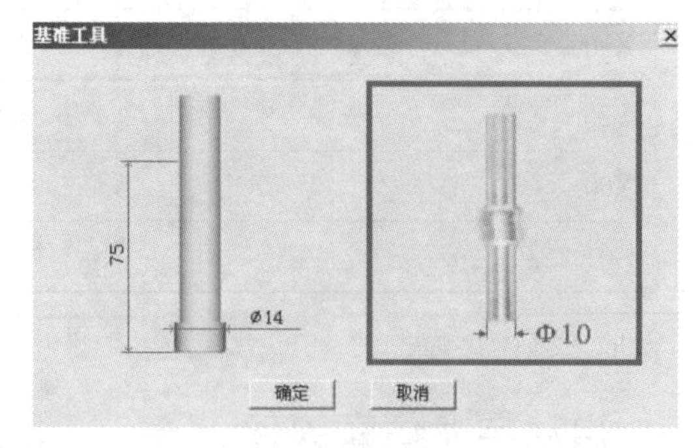

图 6.33 选择基准工具

四、选择并安装基准工具、毛坯、夹具

（1）点击【机床】、【基准工具】后，选择图 6.33 中的机械寻边器，其下端直径为 10 mm。点击“确定”后，机械寻边器自动装到主轴上。

（2）点击【零件】、【定义毛坯】后，按图 6.34 定义毛坯。

（3）点击【零件】、【安装夹具】后，按图 6.35 选择夹具。

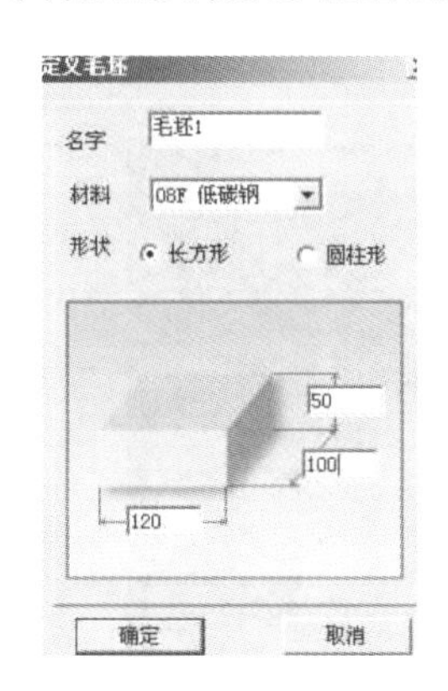

图 6.34　定义毛坯

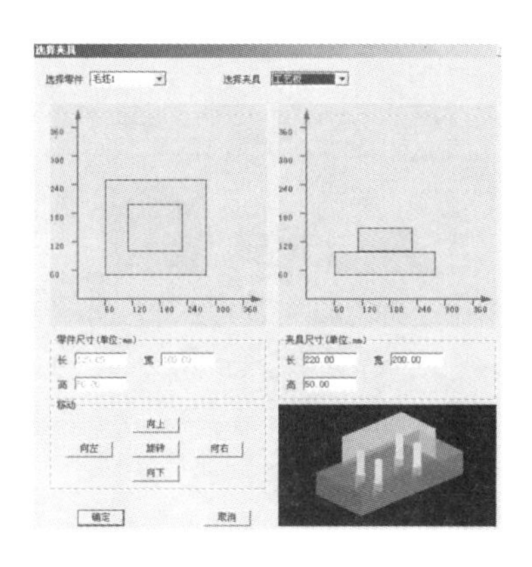

图 6.35　选择夹具

（4）依次点击【零件】、【放置零件】、【选择毛坯】、【安装零件】、【退出】后完成安装。

五、对刀

按图 6.30 所示，本零件的 G54 原点设置在毛坯下角的上表面，所以 G54 的 *X* 和 *Y* 均采用单向对刀法，*Z* 轴采用塞尺法对刀。

步骤：

（1）在 MDI 状态下输入“M03 S400；”让主轴转动。

（2）借助【工具栏】菜单中的动态旋转、动态放缩、动态平移等工具和操作面板上的按钮利用操作面板上的按钮 +X +Y +Z 、-X -Y -Z 调整好基准工具与零件的位置。

（3）首先进行 *X* 轴方向对刀。

将机床移动到大致位置，如图 6.36 所示。先点击 、再点击右下角回图标，采用手轮方式移动机床。

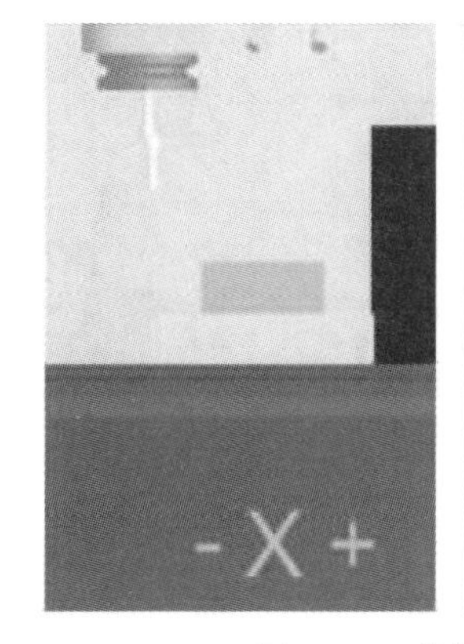

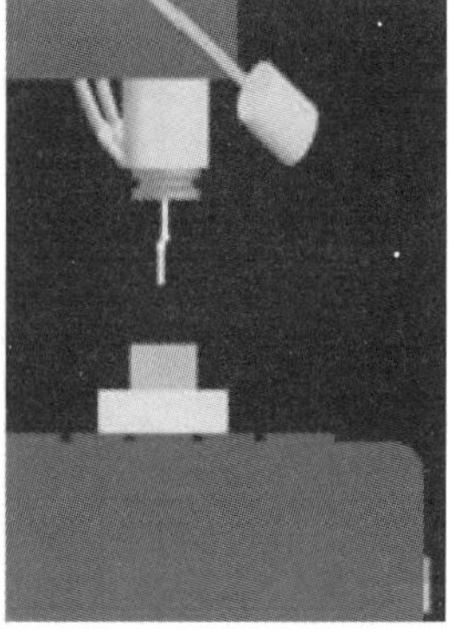

图 6.36　前视图和左视图

选择 Z 轴、选择倍率、在手轮点左键降 Z 轴至适当位置、选择 X 轴、选择倍率、在手轮点右键向 X 轴正方向移动、随着距离减小不断减小倍率，直到寻边器下端不再晃动为止，记录机械坐标系中的 X 值为 $X_1=-565$。

X 值处理方法：G54 中 X 值为：$X_1+5=-560$。

(4) 进行 Y 轴方向对刀。

将机床移动到大致位置，如图 6.37 所示。

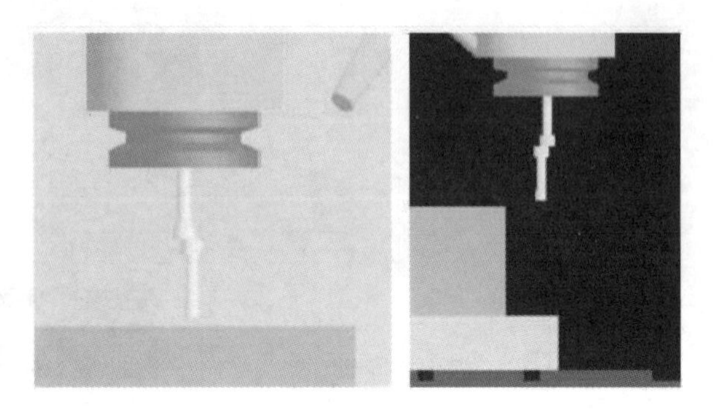

图 6.37 前视图和左视图

选择 Z 轴、选择倍率、在手轮点左键降 Z 轴至适当位置、选择 Y 轴、选择倍率、在手轮点右键向 Y 轴正方向移动、随着距离减小不断减小倍率，直到寻边器下端不再晃动为止，记录机械坐标系中的 Y 值为：$Y_1=-470$。

Y 值处理方法：G54 中 Y 值为：$Y_1+5=-465$。

(5) 采用塞尺检查法进行 Z 轴对刀。

点击菜单【机床】、【选择刀具】，按图 6.38 选择刀具。

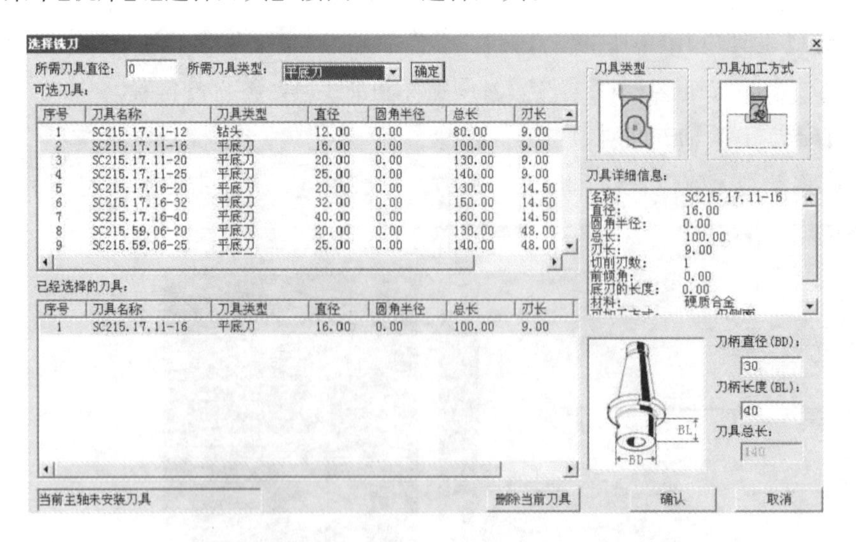

图 6.38 选择刀具

点击【确定】后，所选刀具就自动装到主轴上。调整好刀具与工件的位置，如图 6.39 所示。

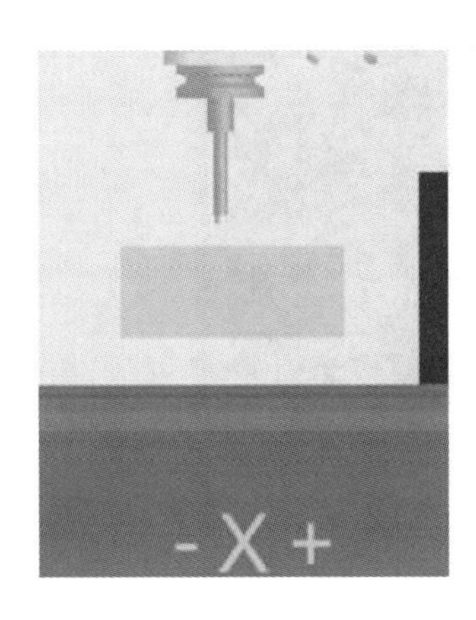

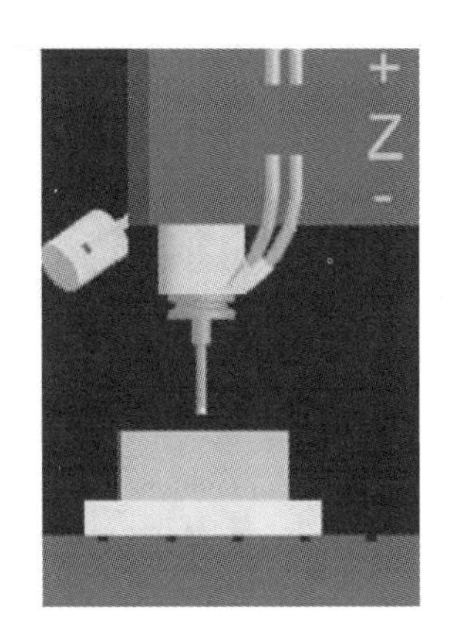

图 6.39　*Z* 向对刀时刀具的位置

点击菜单【塞尺检查/1 mm】，机床工作区显示如图 6.40 所示。采用手轮方式移动机床，选择 *Z* 轴、先选择倍率、在手轮点左键降 *Z* 轴至适当位置再不断减小倍率至提示信息区显示塞尺检查结果"合适"时为止，如图 6.41 所示，记录机械坐标系中的 *Z* 值为 $Z_1=-327$。

Z 值处理方法：G54 中 *Z* 值为：$Z_1-1=-328$。

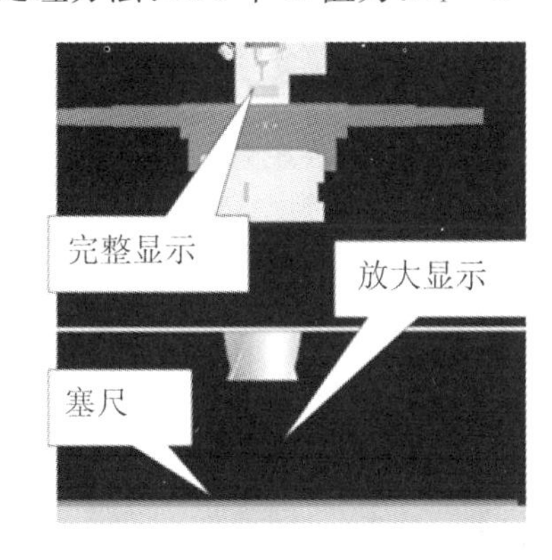

图 6.40　调用塞尺

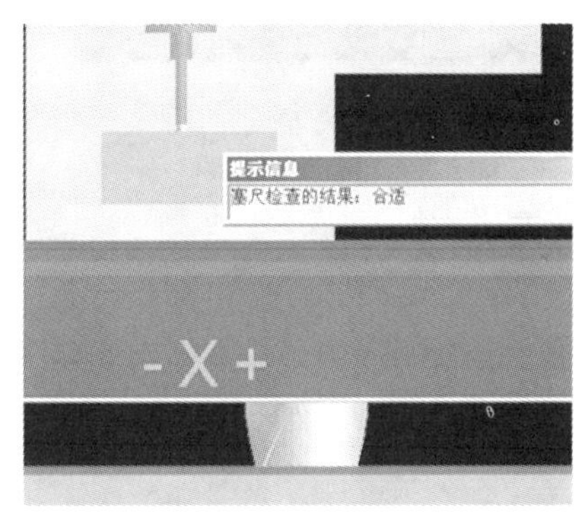

图 6.41　塞尺检查结果

六、设置工作坐标系参数

先按，再按，用中相应箭头移动白色光标到对应坐标轴位置上，将 $X=-560$、$Y=-465$、$Z=-328$ 对应输入后显示如图 6.42 所示。

七、输入程序

点击、PROG，在处输入"O1000"按 INSERT 键，再按 EOB、INSERT 后，显示如图 6.43 所示。按顺序输入全部程序内容后，显示如图 6.44 所示。

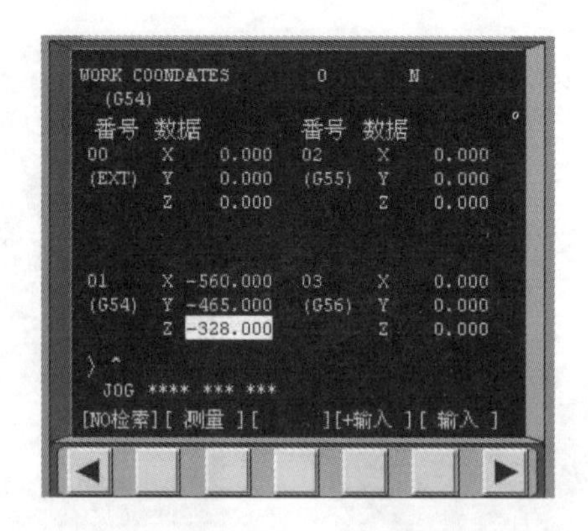

图 6.42 设置工作坐标系参数

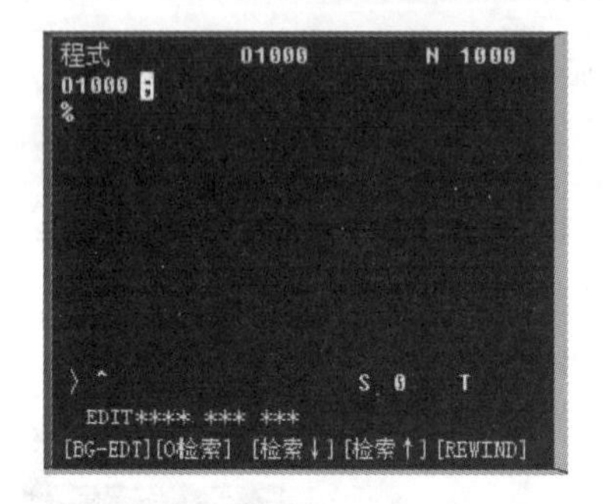

图 6.43 输入程序

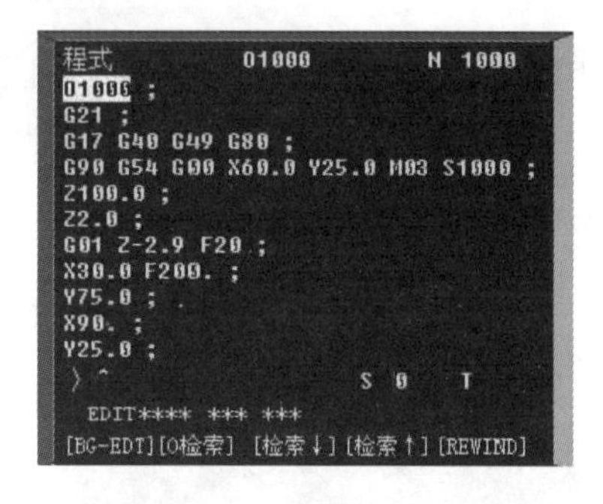

图 6.44 程序输入结束

八、仿真加工

在状态下选择好程序，调整好 S 和 F 的倍率，按、进行自动加工。图 6.45为粗加工阶段，图 6.46 为精加工阶段，图 6.47 为零件加工结束。

图 6.45 粗加工　　图 6.46 精加工　　图 6.47 加工结束

注：在实际加工中要注意以下几点：

(1) 一定要仔细观察所调出的程序是否为你所需要的程序。

(2) 在刀具切入零件之前要适当降低进给速度，在加工过程中再适当调整进给速度。

(3) 对于“首件试切”，最好采用“单节”加工方式。

(4) 在加工中，最好采用“程式检视”界面，注意观察“绝对坐标”、“余移动量”、S、F、T、D、H 等信息，如图 6.48 所示。

图 6.48　程式检视

任务评价

序号	能　力　点	掌握情况	序号	能　力　点	掌握情况
1	回零与手动操作能力		4	熟悉数控机床的操作过程	
2	MDI 方式操作能力		5	熟悉对刀及参数设置	
3	数控加工程序编制能力		6	掌握自动加工操作过程	

思考与练习

1. 试述 FANUC 0i 系统的对刀及步骤。
2. 试述 FANUC 0i 系统的程序管理的几种方法。
3. 还有哪些对刀方法?
4. 运用现有铣削仿真软件,仿真加工图 6.49 所示零件。

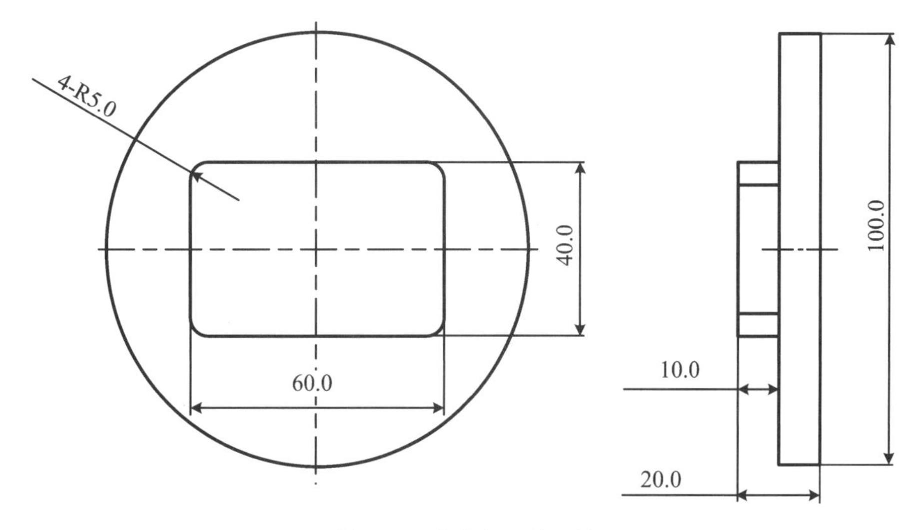

图 6.49　仿真加工练习件

任务二　SIEMENS 数控铣床系统仿真操作

(1) 熟悉 SIEMENS 数控铣床(加工中心)的操作面板及各按钮和按键的功能;
(2) 掌握 SIEMENS 数控铣床(加工中心)的各项基本操作方法和步骤;
(3) 能够利用 SIEMENS 数控铣床仿真软件对零件进行仿真加工。

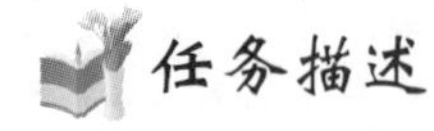

任务描述

观察与认识 SIEMENS 数控铣床仿真加工系统界面,熟练掌握操作面板和系统面板的基本操作。

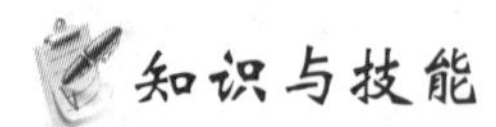

知识与技能

一、数控铣床(加工中心)仿真软件系统的进入和退出

(一) 进入数控铣床(加工中心)仿真软件

打开电脑,单击或双击图标 数控加工仿真系统 ,则屏幕显示如图 6.50 所示,再点击 快速登录 后就进入仿真操作界面,如图 6.51 所示。

图 6.50　宇龙软件主界面

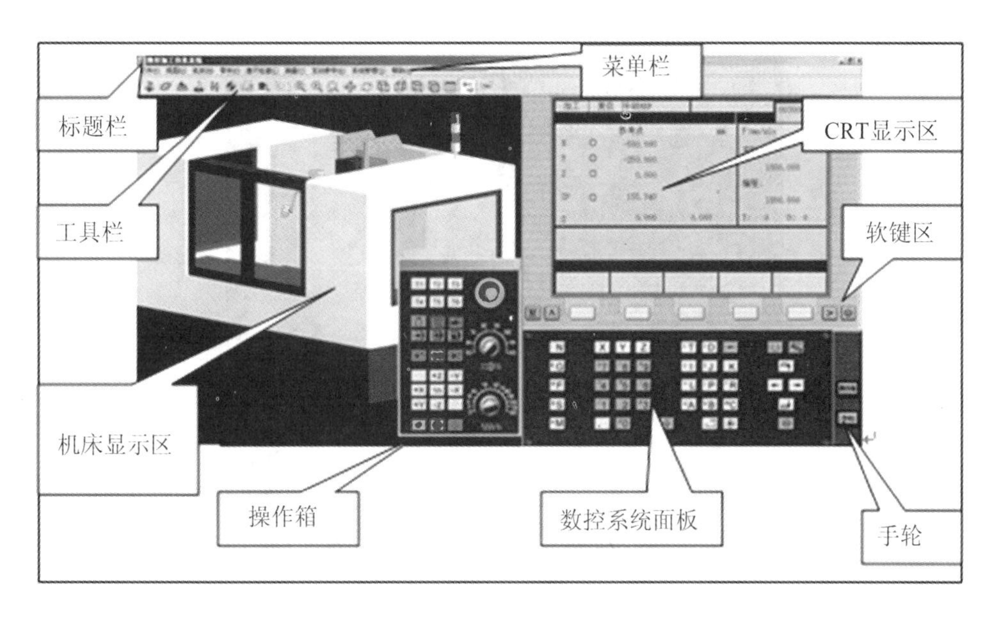

图 6.51　宇龙仿真软件 SIEMENS 802S 系统工作窗口

单击菜单栏【机床】，即进入机床选择界面，如图 6.52 所示，按图中所示选择机床后，点击【确定】。点击菜单栏【视图】→【选项】→将☑显示机床罩子中的☑去掉后，可以更清晰地看清机床运动和加工过程，所以建议不显示机床罩子，如图 6.53 所示。

选择机床

控制系统
FANUC　PA　SIEMENS　华中数控
广州数控　大森数控　MITSUBISH

SIEMENS 810D
SIEMENS 802D
SIEMENS 802S

机床类型
车床　铣床　卧式加工中心　立式加工中心

标准

工作台面尺寸	1700X470mm
工作行程	
x轴	1000mm
y轴	600mm
z轴	550mm
主轴中心到立柱距离	570mm
主轴端面到工作台面距离	50-600mm
主轴锥孔	ISO 40 7:24
最大工件尺寸	500x500x200mm

确定　取消

图 6.52　选择机床

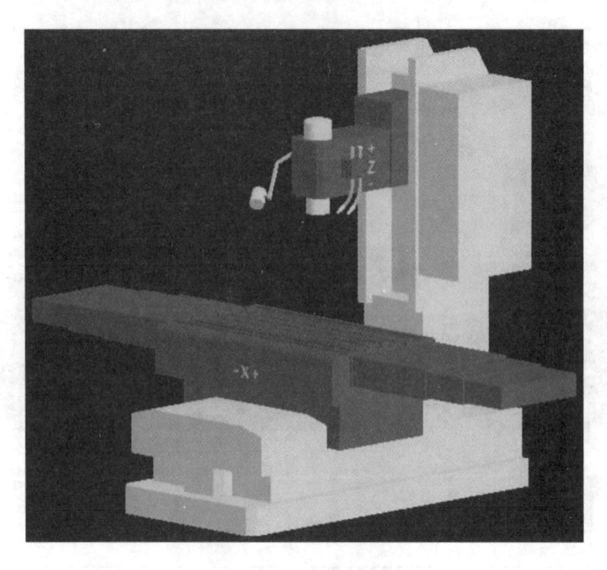

6.53 机床显示

(二) 退出数控铣床仿真软件

单击屏幕右上方的图标 ,则退出数控铣床仿真系统。

二、数控铣床仿真软件的工作窗口介绍

数控铣床仿真软件的工作窗口分为标题栏区、菜单区、工具栏区、机床显示区、数控系统面板操作区、手轮、操作箱、CRT 显示区、软键区,如图 6.51 所示。其中操作箱和手轮在需要时点击图标调出,在不需要时可再次点击图标将其隐藏。

三、各种主要菜单、工具、按钮、按键功能说明

(一) 操作箱

按钮功能如表 6.3 所示。

表 6.3 按钮功能

按钮	名称	功能简介
	紧急停止	按下急停按钮,使机床移动立即停止,并且所有的输出如主轴的转动等都会关闭
	点动距离选择按钮	在单步或手轮方式下,用于选择移动距离
	手动方式	手动方式,连续移动
	回零方式	机床回零;机床必须首先执行回零操作,然后才可以运行

续表

按　钮	名　　称	功　能　简　介
	自动方式	进入自动加工模式
	单段	当此按钮被按下时，运行程序时每次执行一条数控指令
	手动数据输入（MDA）	单程序段执行模式
	主轴正转	按下此按钮，主轴开始正转
	主轴停止	按下此按钮，主轴停止转动
	主轴反转	按下此按钮，主轴开始反转
	快速按钮	在手动方式下，按下此按钮后，再按下移动按钮则可以快速移动机床
+Z　-Z　+Y　-Y　+X　-X	移动按钮	
	复位	按下此键，复位 CNC 系统，包括取消报警、主轴故障复位、中途退出自动操作循环和输入、输出过程等
	循环保持	程序运行暂停，在程序运行过程中，按下此按钮运行暂停。按　恢复运行
	运行开始	程序运行开始
	主轴倍率修调	将光标移至此旋钮上后，通过点击鼠标的左键或右键来调节主轴倍率
	进给倍率修调	调节数控程序自动运行时的进给速度倍率，调节范围为 0～120%。置光标于旋钮上，点击鼠标左键，旋钮逆时针转动，点击鼠标右键，旋钮顺时针转动

（二）数控系统操作键及软键

数控系统操作键及软键功能如表 6.4 所示。

表 6.4 数控系统操作键及软键功能

	按 钮	名 称
软键		软件菜单
	M	加工显示
		区域转换键
	∧	返回键
	>	菜单扩展键
操作键	← →	光标左右移动键
		光标上下翻页键
	←	删除键
		垂直菜单键
		选择转换键
		取消警告
	⇧	上档键
	INS	空格键(插入键)
		回车\输入键
	I J K L P R A B C	字母键,上挡键转换相应字符
		数字键,上挡键转换相应字符

(三) 菜单栏

详见项目七中的任务一所述。

(四) 工具栏

详见项目七中的任务一所述。

四、数控铣床仿真软件各项基本操作

(一) 机床回参考点

1. 机床复位

进入仿真系统后,在 CRT 显示区右上角有 003000 报警信息,点击急停按钮,将其松开,再点击操作面板上的【复位】按钮,使得右上角的 003000 标志消失,此时机床完成加工前的准备。

2. 机床回参考点

依次点击按钮 和 使其呈按下状态，此时机床进入回零模式，CRT 界面的状态栏上将显示“手动 REF”。

(1) Z 轴回零：按住操作面板上的 +Z 按钮，直到 CRT 界面上的 Z 轴回零灯亮；

(2) X 轴回零：按住操作面板上的 +X 按钮，直到 CRT 界面上的 X 轴回零灯亮；

(3) Y 轴回零：按住操作面板上的 +Y 按钮，直到 CRT 界面上的 Y 轴回零灯亮；

(4) 主轴回零：先进入手动模式，点击操作面板上的【主轴正转】按钮 或【主轴反转】按钮 ，使主轴回零；当所有轴回零后，CRT 界面显示如图 6.54 所示。

加工	复位	手动REF	
		参考点	mm
X	●	0.000	
Y	●	0.000	
Z	●	0.000	
SP	●	0.000	°
S		0.000	0.000

图 6.54　机床回参考点

在坐标轴回零的过程中，如果还未到达零点按钮已松开，则机床不能再运动，同时 CRT 界面上出现警告框 020005 ，此时再点击操作面板上的【复位】按钮 ，警告被取消，可继续进行回零操作。

(二) JOG 手动模式

操作步骤：

(1) 选择 “JOG”模式，按方向键 +X -X +Y -Y -Z +Z 可以移动坐标轴。这时移动的速度由进给旋钮控制。

(2) 如果距离较远，可用鼠标点击 键，则轴快速移动，再点击一次取消快速移动。

(3) 连续按 键，在显示屏幕的右上方显示增量的距离：1INC，10INC，100INC，1000INC(1INC=0.001 mm)，坐标轴以增量移动。

(三) 手轮操作模式

手轮操作步骤：

(1) 在 状态下，点击 手轮 ，调出手轮图标。

(2) 点击 手轮方式 手轮方式下对应的软键，CRT 区显示如图 6.55 所示。根据需要点击相应坐标轴下的软键，选择要移动的轴后再点击【确认】键。

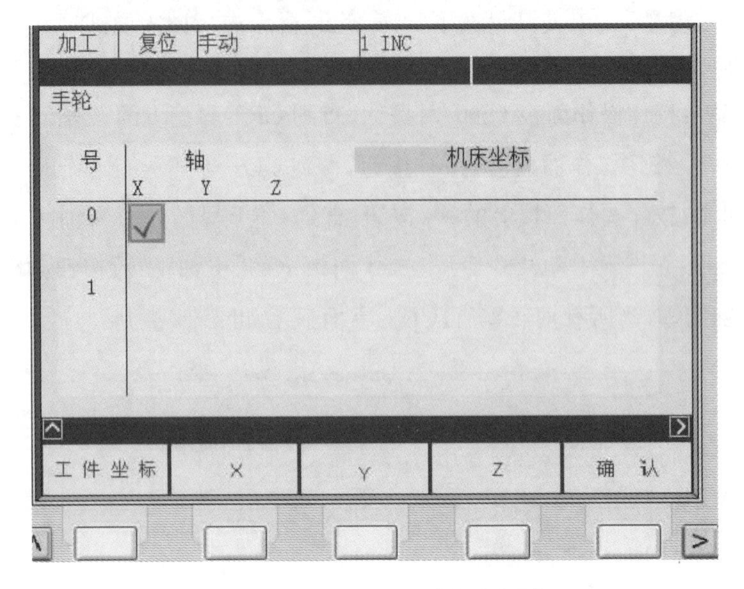

图 6.55　手轮方式下选择坐标轴

(3) 点击 图标，选择移动倍率。

(4) 在手轮图标上左键(负向)或右键(正向)移动机床。

当需要转换移动轴时，必须重复进行操作步骤中的(2)～(4)。

(四) MDA 模式

功能：在 MDA 模式下可以编制一段程序加以执行，但不能加工由多个程序段描述的轮廓，如图 6.56 所示。

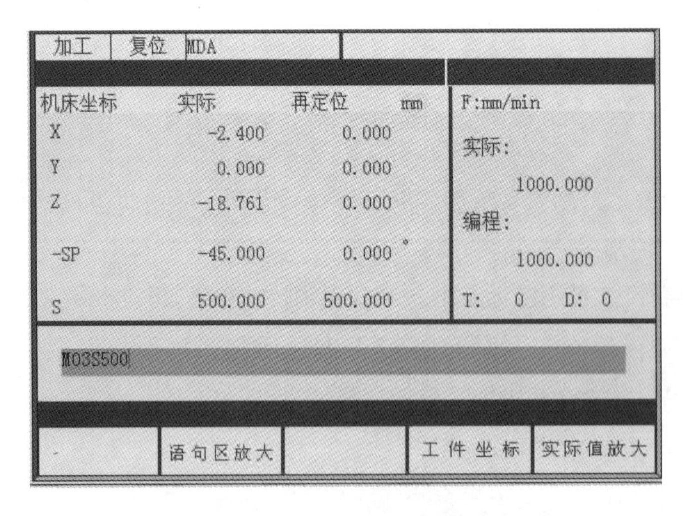

图 6.56　MDA 状态图

操作步骤：

(1) 选择机床操作面板上的 键；

(2) 通过操作面板在长条形空白区输入程序段；

(3) 按启动键 执行输入的程序段。

可按 停止,按 删除程序内容。

(五) 刀具补偿

1. 建立新刀具

操作步骤:

(1) 依次按软键 参 数 →刀具补偿 → > → 新 刀 具键,建立一个新刀具,出现输入窗口,如图 6.57 所示。

(2) 1 — 9 输入新的 T-号(1-32000);T-型(200-500)并定义刀具类型。

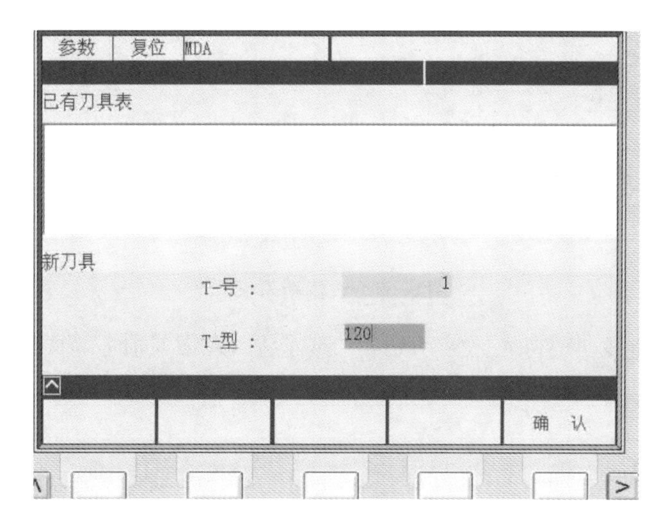

图 6.57　新刀具窗口

(3) 按 确 认 键,生成新刀具,并显示刀具补偿参数窗口,如图 6.58 所示。如果需要建立更多新刀具,再点击"新刀具"、输入 T-号和 T-型、点击【确认】即可。

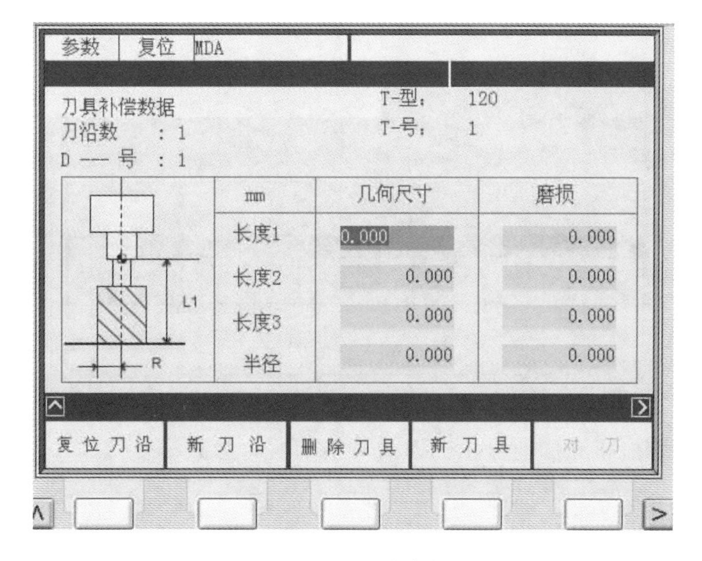

图 6.58　刀具补偿参数窗口

2. 刀具参数设置

一把刀具可以有多个刀沿号(D代号),点击【新刀沿】下的软键,CRT区显示如图6.57所示,点击【确认】后,显示如图6.59所示。对比图6.58和图6.59可以看出:图6.59中有了两个刀沿号。如果需要更多刀沿号,可用同样方法操作。

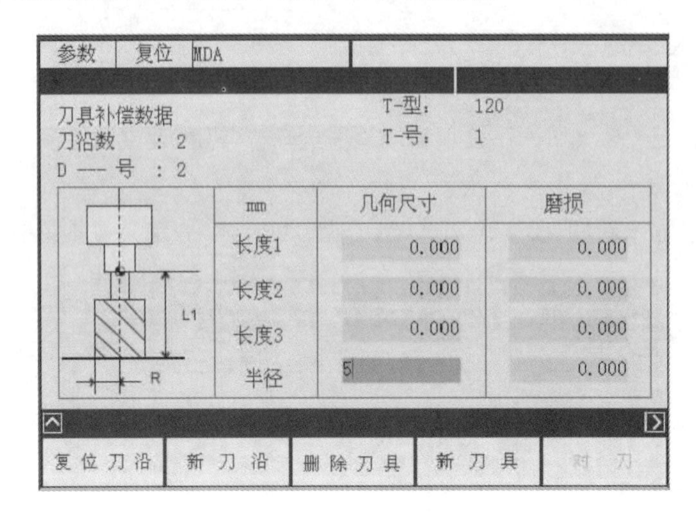

图6.59 设置新刀沿

通过软键和光标移动键将光标移动到相应位置后,在刀具补偿参数设定界面中设定了长度补偿和半径补偿后,在程序中可以直接调用这些参数。

3. 删除刀具

点击【删除刀具】后出现图6.60界面,在"T-号:"后的条形框中输入刀具号,点击【确认】就可删除该号刀具。

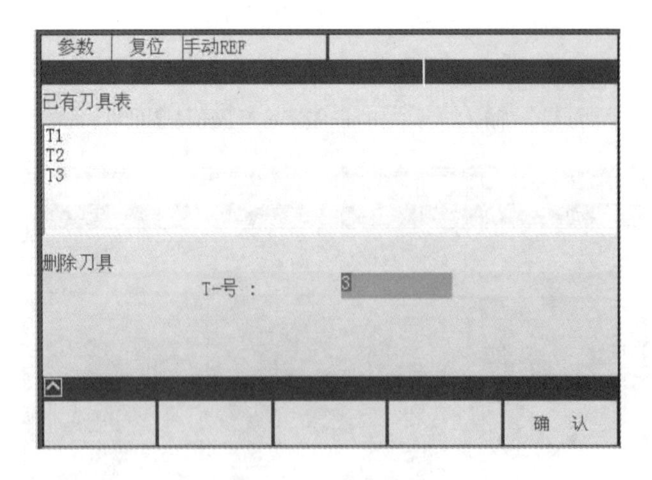

图6.60 删除刀具

4. 复位刀沿

点击【复位刀沿】可将界面所显示的刀沿号中的所有参数都复位为"0"。

(六) R参数设置

功能:在该窗口中列出系统所有的R参数,需要时可以修改这些参数,如图6.61所示。

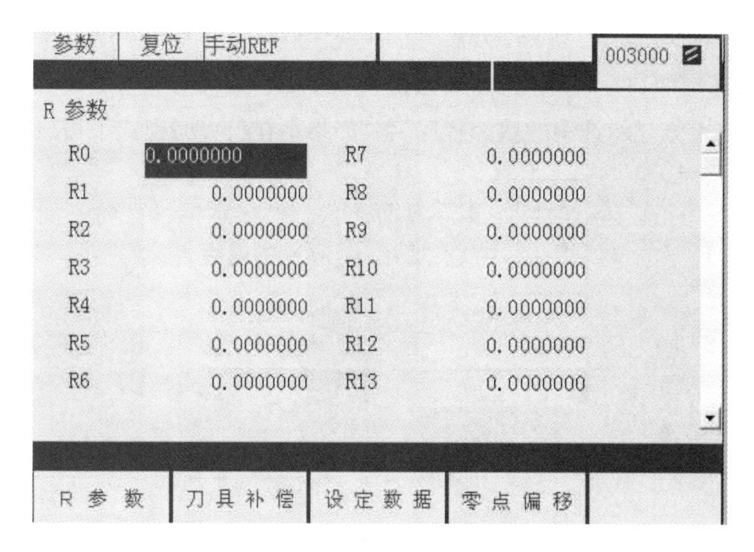

图 6.61　设置 R 参数

操作步骤：

（1）通过按 参 数 →R 参 数 ；

（2）用光标键，把光标移动到所要求的范围；

（3）使用数字键 1 — 9 ，输入数值；

（4）用输入键 清除，使用光标键移动光标。

（七）数控程序管理

1. 显示数控程序目录

依次点击按钮 、软键 程 序 进入如图 6.62 所示界面。

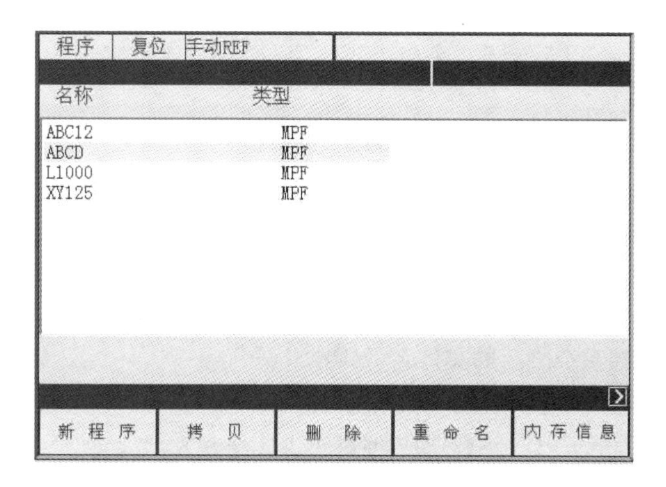

图 6.62　数控程序显示

2. 选择、打开、删除一个数控程序

（1）点击操作面板上的【自动】按钮 ，使其呈按下状态。

(2) 点击系统面板上的方位键，，光标在数控程序名中移动。

(3) 在所要选择的数控程序名上，按软键选择，数控程序被选中，可以用于自动加工。此时CRT界面右上方显示选中的数控程序名。如果不在【自动】模式下按【选择】，会出现图6.63所示的错误报告。

(4) 当数控程序正在运行时，即CRT界面的状态栏显示“运行”时不能选择程序，否则将弹出如图6.64所示的错误报告。按软键【确认】取消错误报告。

图6.63　非自动模式选择程序

图6.64　运行模式下选择程序

(5) 打开一个数控程序。

点击系统面板上的方位键，，光标在数控程序名中移动；点击软键打开，数控程序被打开，可以用于编辑。

(6) 删除程序。

在程序显示界面图6.62中通过，选择要删除的程序号，点击【删除】下的软键，再点击【确认】完成该程序的删除。

3. 输入新程序

(1) 按程序键，显示NC中已经存在的程序目录，如图6.62所示。

(2) 按>→新程序键，出现一对话窗口，在此对话窗口输入新程序名称，在名称后输入扩展名(.mpf为主程序，.spf为子程序)，系统默认为.mpf文件。

注意：数控程序名需以2个或2个以上英文字母开头，或以字母L开头，或跟不大于7位的数字。

(3) 按确认键，生成新程序，现在可以对新程序进行编辑。

(4) 按>键→关闭，结束程序的编辑，这样才能返回到程序目录的管理层。

4. 导入数控程序

先利用记事本或写字板方式编辑好加工程序并保存为文本格式文件，文本文件的头两行必须是如下的内容：

%_N_复制进数控系统之后的文件名_MPF

;$PATH=/_N_MPF_DIR

(1) 依次点击按钮、软键通讯、显示进入图6.65界面。

(2) 点击软件输入启动，等待程序的输入。

(3) 点击菜单“机床/DNC传送”，在图6.65的程序列表中选择需要导入的文件。

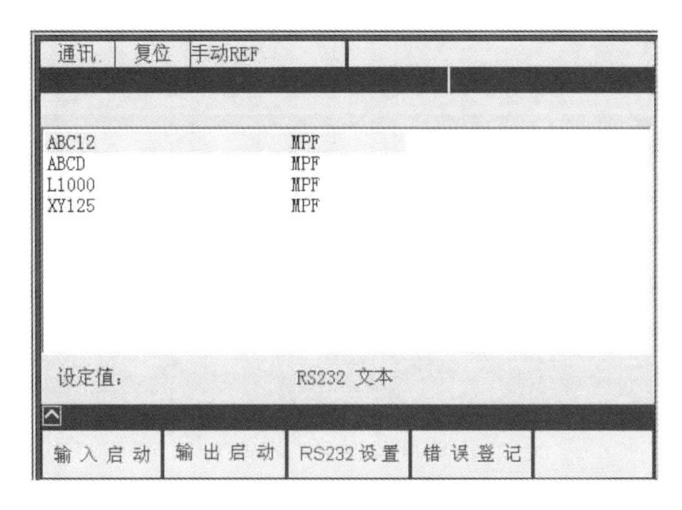

图 6.65　导入数控程序

(八) 自动加工操作模式

1. 自动加工操作流程

(1) 检查机床是否机床回零,若未回零,先将机床回零;

(2) 点击操作面板上的【自动模式】按钮,使其呈按下状态,机床进入自动加工模式;

(3) 选择一个供自动加工的数控程序;

(4) 点击操作面板上的【运行开始】按钮,数控程序开始运行。

2. 中断运行

数控程序在运行过程中可根据需要暂停、停止、急停和重新运行。数控程序在运行过程中,点击【循环保持】按钮,程序暂停运行,机床保持暂停运行时的状态。再次点击【运行开始】按钮,程序从暂停行开始继续运行。

数控程序在运行过程中,点击【复位】按钮,程序停止运行,机床停止,再次点击【运行开始】按钮,程序从暂停行开始继续运行。

数控程序在运行过程中,按【急停】按钮,数控程序中断运行,继续运行时,先将急停按钮松开,再点击【运行开始】按钮,余下的数控程序从中断行开始作为一个独立的程序执行。

注:在自动加工时,如果点击 切换机床进入手动模式,将出现警告框 016913 ,点击系统面板上的 可取消警告,继续操作。

一、对刀

(1) 安装好零件(圆柱,如图 6.66 所示)和基准工具(机械寻边器)。

（2）在 MDI 状态下让主轴转动。

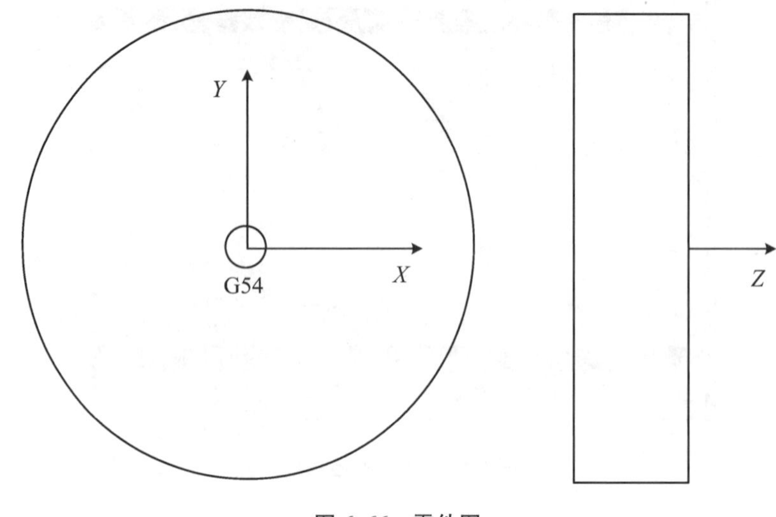

图 6.66 零件图

（3）借助【工具栏】菜单中的动态旋转、动态放缩、动态平移等工具和操作面板上的按钮利用操作面板上的按钮 +X +Y +Z 、-X -Y -Z 调整好基准工具与零件的位置。

（4）利用机械寻边器进行 X、Y 轴对刀。

根据图 6.67 中 G54 设置的位置，X 和 Y 轴都应该采用对称对刀法。

① X 轴对刀。

用 将机床移动到大致位置，如图 6.67 所示。

图 6.67 前视图和右视图

对刀步骤如下：

（a）在 方式下，先点击 手轮 、再点击【手轮方式】下的软键，选择 Z 轴，【确认】再点击 图标，采用 100 INC 的倍率，在手轮图标上左键下降 Z 轴到适当高度。

（b）点击【手轮方式】下的软键，选择 X 轴，【确认】再点击 图标，采用 100 INC 的倍率，在手轮图标上左键沿 X 轴负向移动到寻边器晃动减小时再点击 图标，采用 10 INC 、1 INC 倍率直到寻边器上、下端分开。记录机械坐标系中的 X 值为 X_1，如图 6.68 所示。

(c) 点击【手轮方式】下的软键，选择 Z 轴，【确认】再点击 图标，采用 100 INC 的倍率，在手轮图标上右键抬高 Z 轴到适当高度(Z 轴到高于工件上表面)。

(d) 点击【手轮方式】下的软键，选择 X 轴，【确认】再点击 图标，采用 100 INC 的倍率，在手轮图标上左键沿 X 轴负向移动到零件另一侧(要离零件边有一定距离)，如图 6.69 所示。

(e) 点击【手轮方式】下的软键，选择 Z 轴，【确认】再点击 图标，采用 100 INC 的倍率，在手轮图标上左键下降 Z 轴到适当高度。

(f) 点击【手轮方式】下的软键，选择 X 轴，【确认】再点击 图标，采用 100 INC 的倍率，在手轮图标上右键沿 X 轴正向移动到寻边器晃动减小时再点击 图标，采用 10 INC 、1 INC 倍率直到寻边器上、下端分开，如图 6.70 所示。记录机械坐标系中的 X 值为 X_2。

X 值处理方法：G54 中 X 值为：$(X_1+X_2)/2$。分析：因为是两侧对称对刀。

图 6.68　**X 轴正向对刀**

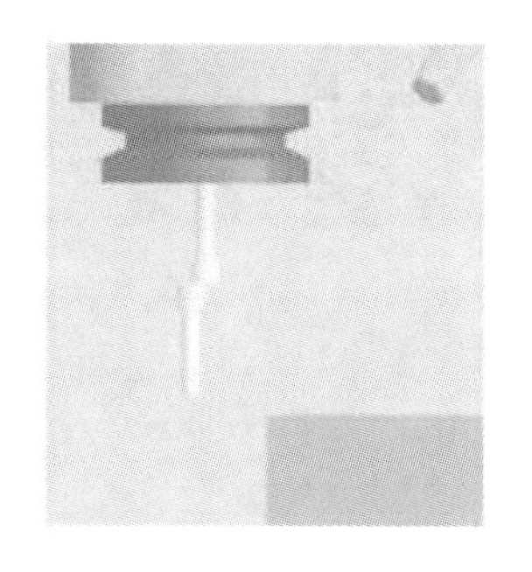

图 6.69　**移到 X 轴负向**

图 6.70　**X 轴负向对刀**

② Y 轴对刀。

采用类似方法得到 G54 中的 Y 值。

③ 采用塞尺检查法进行 Z 轴对刀。

点击菜单【机床/选择刀具】，选择所需刀具装到主轴上。调整好刀具与工件的位置，如图 6.71 所示。

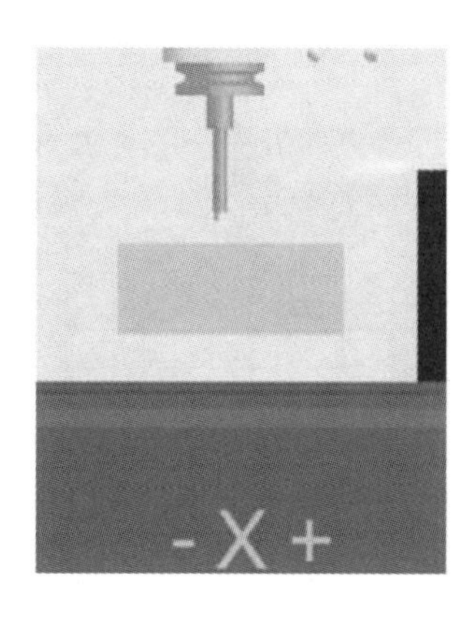

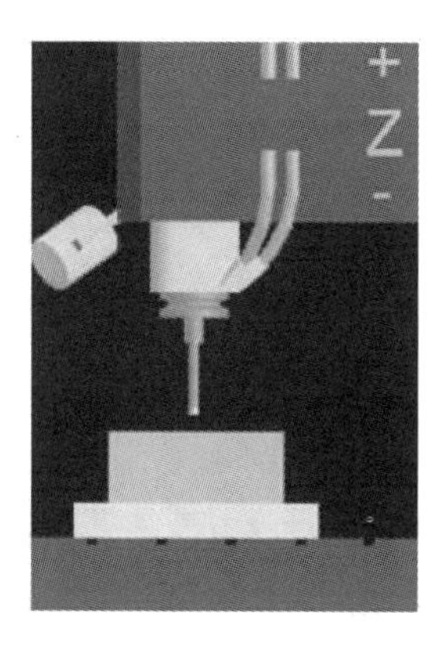

图 6.71　**Z 向对刀时刀具的位置**

点击菜单【塞尺检查/1 mm】，机床工作区显示如图 6.72 所示。采用手轮方式移动机床，点击 手轮 、再点击【手轮方式】下的软键，选择 Z 轴，【确认】再点击 图标，采用 100 INC 的倍率，在手轮图标上左键下降 Z 轴到适当高度适当位置再不断减小倍率为 10 INC 、1 INC 至提示信息区显示塞尺检查结果“合适”时为止，如图 6.73 所示，记录机床坐标系中的 Z 值为 $Z1$。

Z 值处理方法：G54 中 Z 值为：$Z1-1$。分析：因为刀具在此高度上还要下降一个塞尺的厚度（1 mm）才是 G54 中的 $Z0$ 高度。

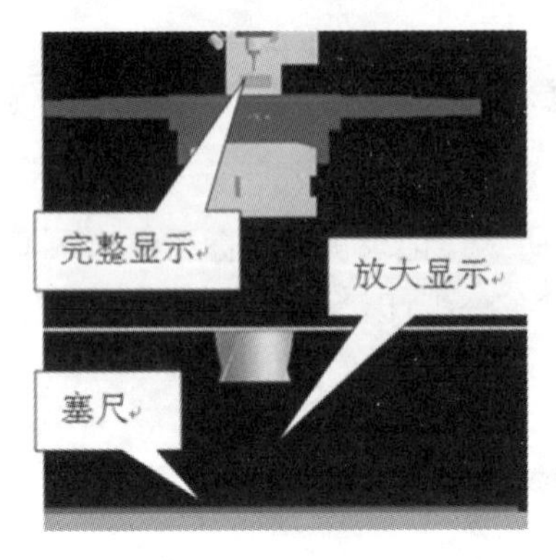

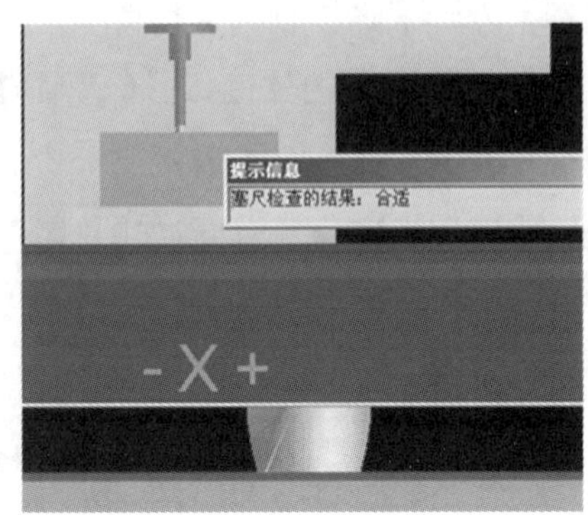

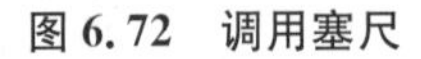

图 6.72　调用塞尺　　　　图 6.73　塞尺检查结果

二、参数输入操作

工作坐标系参数的输入有两种方法。

方法一：点击【参数】、【零点偏移】后出现图 6.74 所示界面，用光标移动键移动到对应轴后的条形框中输入数值后点击 键确认。

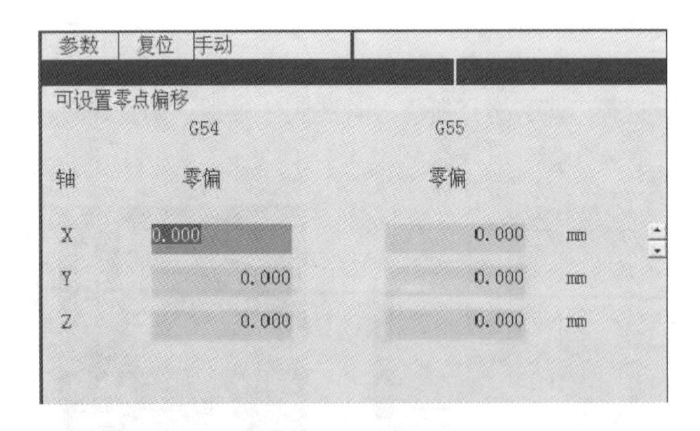

图 6.74　G54 输入

方法二：按 参数 → 零点偏移 → > → 测量 → 确认 。

(1) 出现对话框，用于测量零点偏置，按 下一个G平面 键，选择（G54～G59），如图 6.75 所示。

(2) 按 轴 + ，选择 X、Z、Y 坐标轴，移动光标到选择正、负、无，移动光标到“零偏”，输入当前所设定的工件坐标系位置。

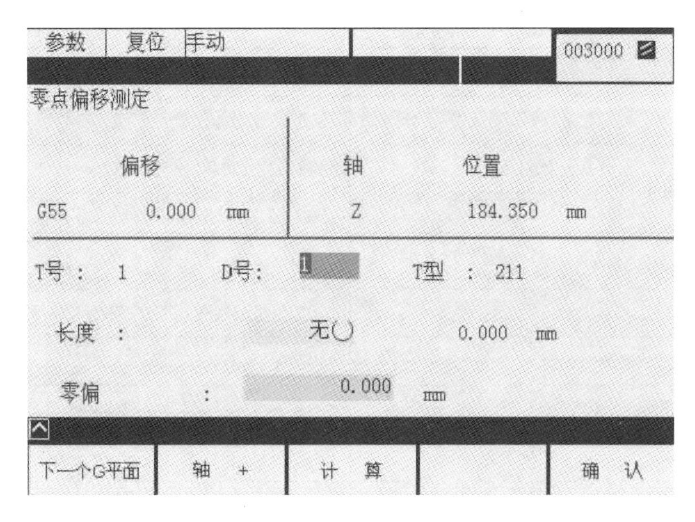

图 6.75　工件零点偏置输入

(3) 按 计 算 → 确 认，工件零点偏置被存储。

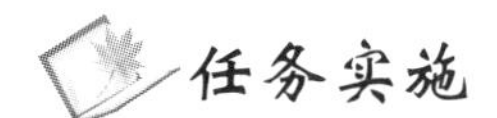

任务实施

(1) 熟悉数控系统主面板；

(2) 熟悉数控机床操作面板；

(3) 熟悉数控铣床操作方法和操作过程；

(4) 掌握数控加工的仿真操作过程。

本节以一个实例来介绍 SIEMENS 802S 数控铣床编程及模拟操作过程。

如图 6.76 所示零件，粗加工进给速度设为 $F=200$ mm/min、主轴转速 $S=1000$ r/min；精加工进给速度设为 $F=100$ mm/min、主轴转速 $S=2000$ r/min。侧面精加工余量为 0.2 mm，底面精加工余量为 0.1 mm。试编写数控加工程序并仿真加工。

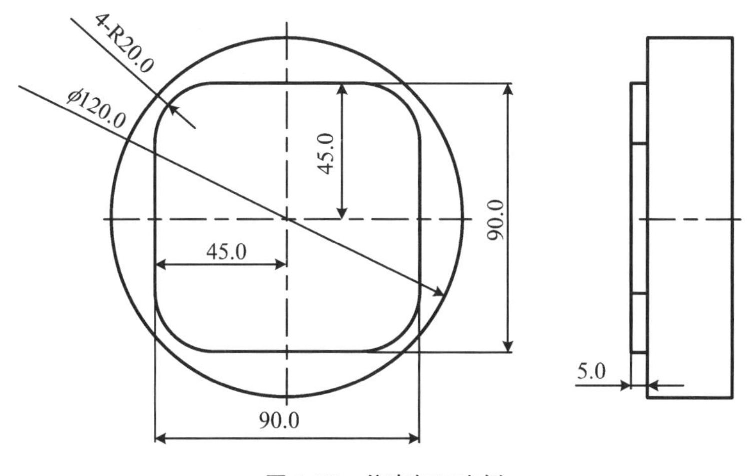

图 6.76　仿真加工实例

根据图形要求，选择工件尺寸为 120 mm×50 mm 的圆柱，刀具选 ϕ20 mm 的平铣刀，设置工件零点在圆柱中心的上表面。

其程序如下：

%	
T01 D01	G01 Z-5.0 F500.
G90 G54 G00 X0 Y-80.0 M03 S1000	G41D02 G00 X35.0
Z100.0	G03 X0 Y-45.0 CR=35 F100
Z2.0	G01 X-25.0
G01 Z-4.9 F500.	G02 X-45.0 Y-25.0 CR=20
G41 G00 X35.0	G01 Y25.0
G03 X0 Y-45.0 CR=35 F200	G02 X-25.0 Y45.0 CR=20
G01 X-25.0	G01 X25.0
G02 X-45.0 Y-25.0 CR=20	G02 X45.0 Y25.0 CR=20
G01 Y25.0	G01 Y-25.0
G02 X-25.0 Y45.0 CR=20	G02 X25.0 Y-45.0 CR=20
G01 X25.0	G01 X0
G02 X45.0 Y25.0 CR=20	G03 X-35.0 Y-80.0 CR=35
G01 Y-25.0	G00 G40 X0
G02 X25.0 Y-45.0 CR=20	G00 Z100.0
G01 X0	M05
G03 X-35.0 Y-80.0 CR=35	M30
G00 G40X0	%
M03 S2000	

仿真加工操作步骤：

一、启动宇龙仿真软件

单击或双击图标，再点击快速登录，进入仿真软件操作界面。

二、选择数控系统和机床生产厂家

单击【机床】、【选择机床】后，按图 6.77 所示选择机床。为了便于观察与操作，单击图标后，选择不【显示机床罩子】。

三、机床回零

1. 机床复位

进入仿真系统后，在 CRT 显示区右上角有 003000 报警信息，点击急停按钮，将其松开，再点击操作面板上的【复位】按钮，使得右上角的 003000 标志消失，此时机床完成加工前的准备。

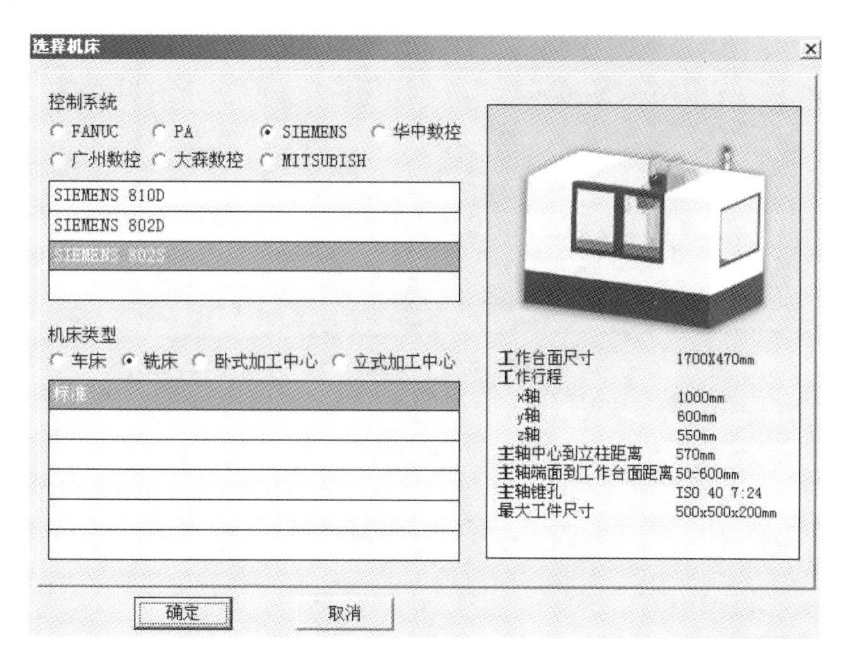

图 6.77　选择机床

2. 机床回参考点

依次点击按钮 和 使其呈按下状态，此时机床进入回零模式，CRT 界面的状态栏上将显示“手动 REF”。

(1) *Z* 轴回零：按住操作面板上的 +Z 按钮，直到 CRT 界面上的 *Z* 轴回零灯亮；

(2) *X* 轴回零：按住操作面板上的 +X 按钮，直到 CRT 界面上的 *X* 轴回零灯亮；

(3) *Y* 轴回零：按住操作面板上的 +Y 按钮，直到 CRT 界面上的 *Y* 轴回零灯亮；

(4) 主轴回零：先进入手动模式，点击操作面板上的【主轴正转】按钮 或【主轴反转】按钮 ，使主轴回零。

四、选择并安装基准工具、毛坯、夹具

(1) 点击【机床】、【基准工具】后，选择图 6.78 中的机械寻边器，其下端直径为 10 mm。点击“确定”后，机械寻边器自动装到主轴上。

(2) 点击【零件】、【定义毛坯】后，按图 6.79 定义毛坯。

(3) 点击【零件】、【安装夹具】后，按图 6.80 选择夹具。

(4) 依次点击【零件】、【放置零件】、【选择毛坯】、【安装零件】、【退出】后完成安装。

五、对刀

分析：如图 6.76 所示，本零件的 G54 原点设置在圆柱中心的上表面，所以 G54 的 *X* 和 *Y* 均采用双向对刀法，*Z* 轴采用塞尺法对刀。

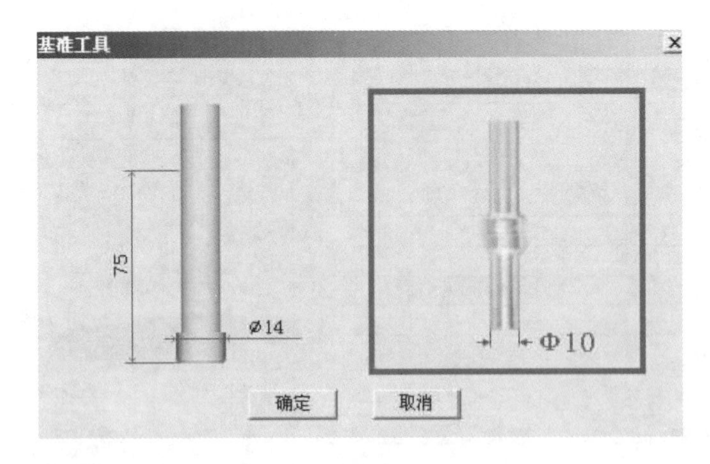

图 6.78　选择基准工具

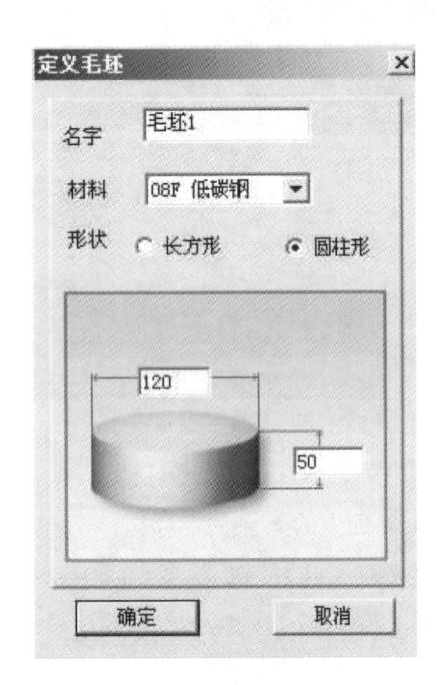

图 6.79　定义毛坯

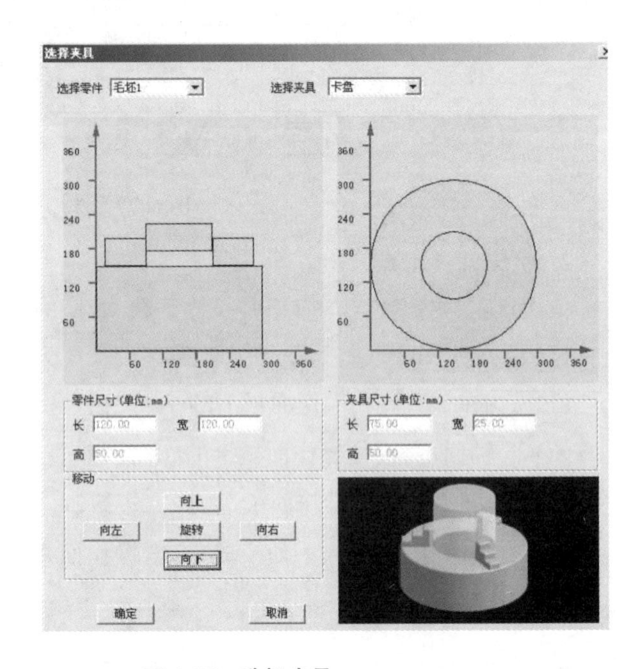

图 6.80　选择夹具

(一) X 轴对刀

(1) 在 方式下，先点击 手轮 、再点击【手轮方式】下的软键，选择 Z 轴，【确认】再点击 图标，采用 100 INC 的倍率，在手轮图标上左键下降 Z 轴到适当高度。

(2) 点击【手轮方式】下的软键，选择 X 轴，【确认】再点击 图标，采用 100 INC 的倍率，在手轮图标上左键沿 X 轴负向移动到寻边器晃动减小时再点击 图标，采用 10 INC 、1 INC 倍率直到寻边器上、下端分开。记录机械坐标系中的 X 值为 X_1，如图 6.78 所示。

(3) 点击【手轮方式】下的软键，选择 Z 轴，【确认】再点击 图标，采用 100 INC 的倍率，在手轮图标上右键抬高 Z 轴到适当高度(Z 轴到高于工件上表面)。

(4) 点击【手轮方式】下的软键，选择 X 轴，【确认】再点击 图标，采用 100 INC 的倍率，在手轮图标上左键沿 X 轴负向移动到零件另一侧(要离零件边有一定距离)，如图 6.79 所示。

(5) 点击【手轮方式】下的软键，选择 Z 轴，【确认】再点击 图标，采用 100 INC 的倍率，在手轮图标上左键下降 Z 轴到适当高度。

(6) 点击【手轮方式】下的软键，选择 X 轴，【确认】再点击 图标，采用 100 INC 的倍率，在手轮图标上右键沿 X 轴正向移动到寻边器晃动减小时再点击 图标，采用 10 INC、1 INC 倍率直到寻边器上、下端分开，如图 6.80 所示。记录机械坐标系中的 X 值为 X_2。

G54 中 X 值为：$(X_1+X_2)/2=-500$。

(二) Y 轴对刀

采用类似方法得到 G54 中的 Y 值，G54 中 Y 值为：$(Y_1+Y_2)/2=-415$。

(三) 采用塞尺检查法进行 Z 轴对刀

点击菜单【机床】、【选择刀具】，按图 6.81 选择刀具。

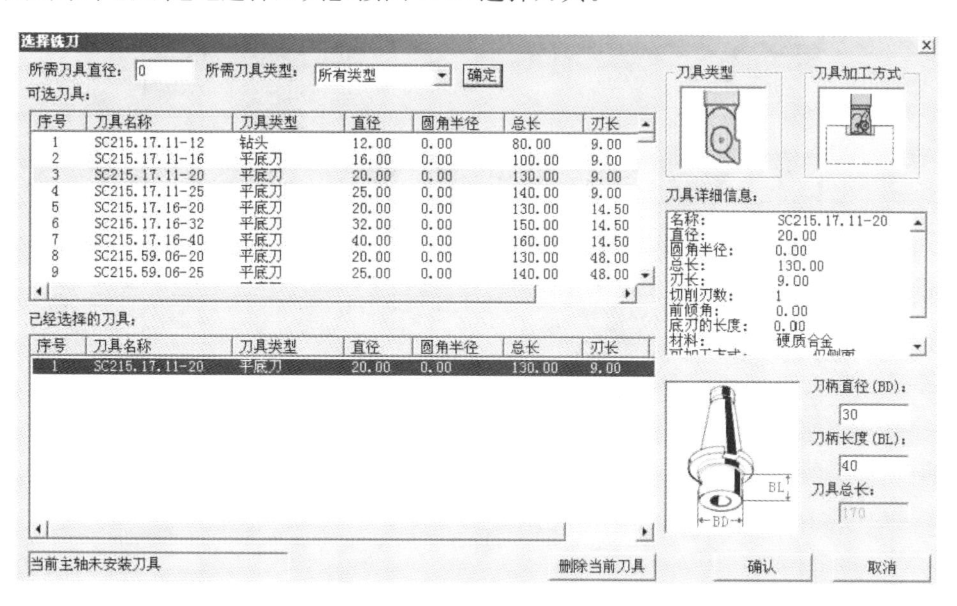

图 6.81　选择刀具

点击菜单【塞尺检查/1 mm】，机床工作区显示如图 6.82 所示。采用手轮方式移动机床，点击 手轮 、再点击【手轮方式】下的软键，选择 Z 轴，【确认】再点击 图标，采用 100 INC 的倍率，在手轮图标上左键下降 Z 轴到适当高度适当位置再不断减小倍率为 10 INC、1 INC 至提示信息区显示塞尺检查结果“合适”时为止，如图 6.83 所示，记录机床坐标系中的 Z 值为 Z_1。

Z 值处理方法：G54 中 Z 值为：$Z_1-1=-173$。

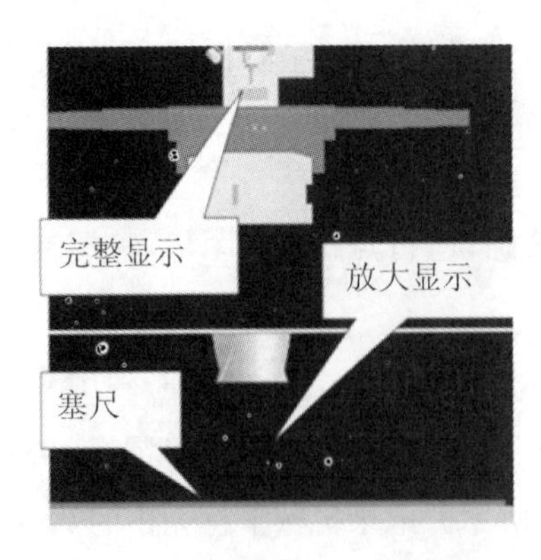

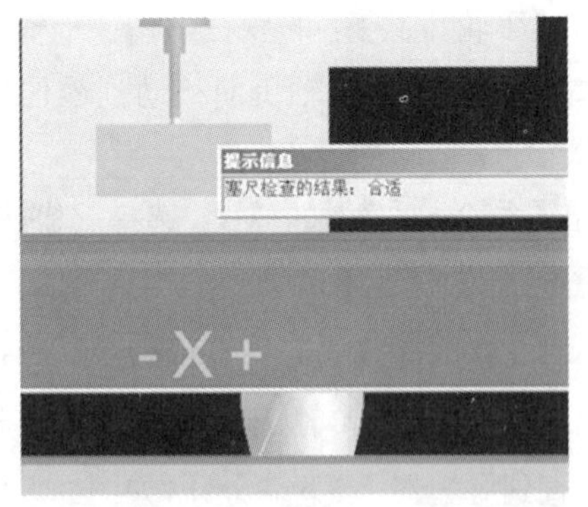

图 6.82　调用塞尺　　　　图 6.83　塞尺检查结果

六、输入参数

1. 设置工作坐标系参数

点击【参数】、【零点偏移】后出现图 6.84 所示界面，用光标移动键移动到对应轴后的条形框中输入数值后点击 键确认，显示如图 6.84 所示。

参数	复位	手动	100 INC	
可设置零点偏移				
	G54	G55		
轴	零偏	零偏		
X	-500.000	0.000	mm	
Y	-415.000	0.000	mm	
Z	-173.000	0.000	mm	
滚动按：Shift+PageDown/PageUp				
	测　量		可编程零点	零点总和

图 6.84　G54 输入后界面

2. 输入刀具补偿参数

因为采用了刀具半径补偿的手工编程，所以需要设置刀具半径补偿值。取 $D_{01}=10.2$，$D_{02}=10.0$。输入后，如图 6.85 所示。

七、输入程序

(1) 按程　序键，显示 NC 中已经存在的程序目录。

(2) 按 > → 新程序键，出现一对话窗口，在此对话窗口输入新程序名称：SMZ01. MPF。如图 6.86 所示。

(3) 按确认键，生成新程序，进入程序编辑界面，如图 6.87 所示，在光标处输入程序内容。

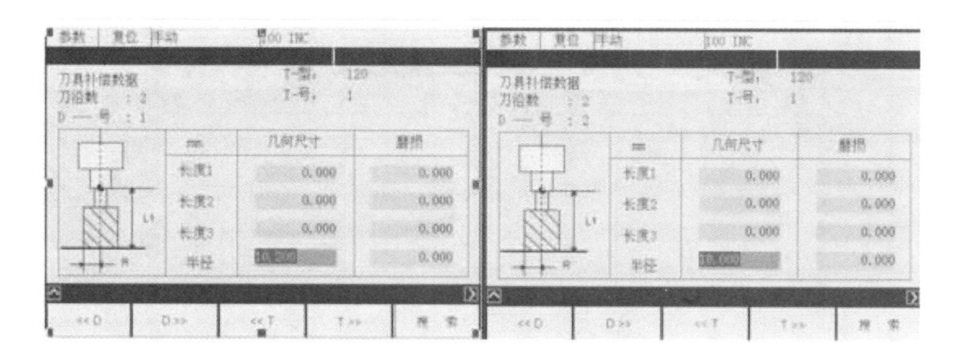

图 6.85　输入刀具半径补偿参数

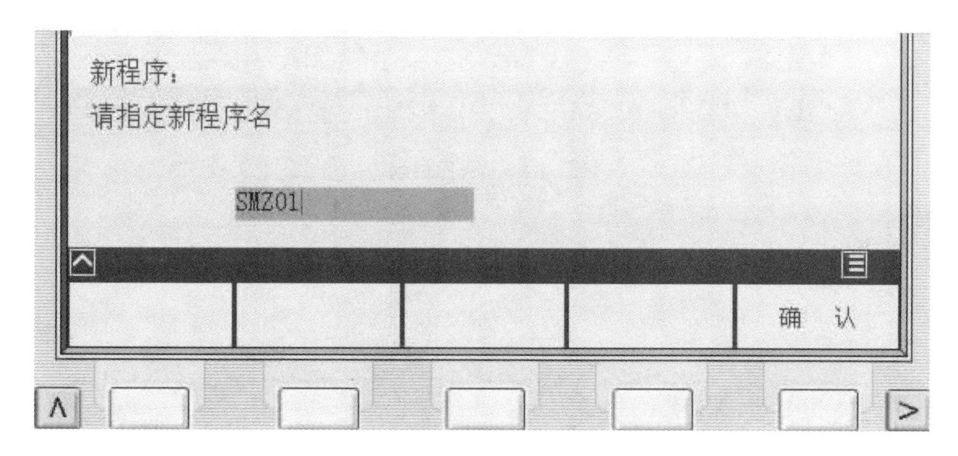

图 6.86　建立新程序

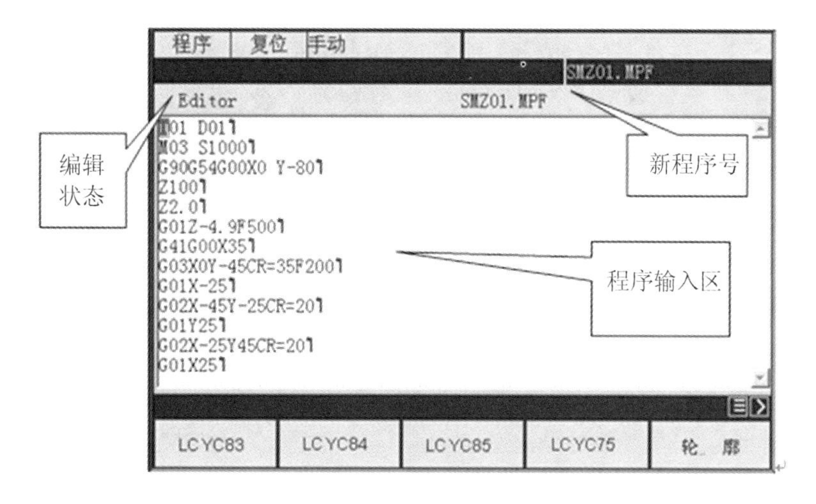

图 6.87　程序输入

(4) 按 > 键→关　闭，结束程序的编辑，返回到程序目录的管理层，如图 6.88 所示。

八、仿真加工

在 状态下进入程序目录用 、 选择好程序，点击【选择】、【打开】，调整好

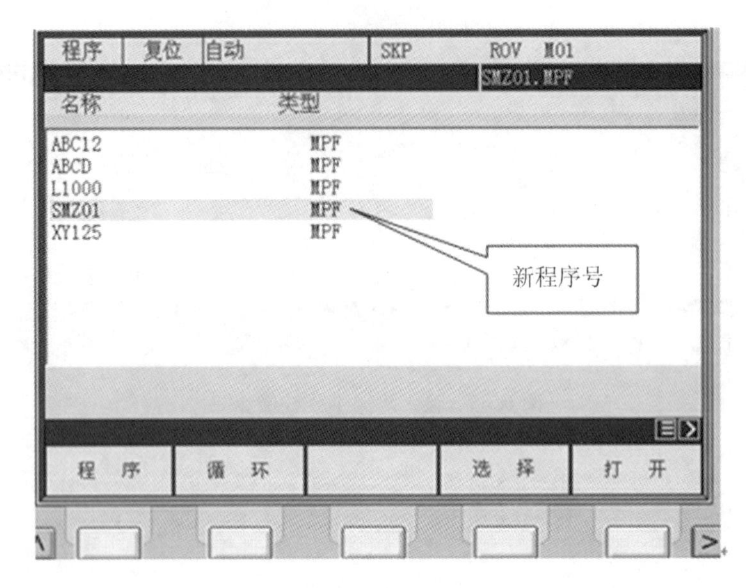

图 6.88　程序目录

和，按进入仿真加工，如图 6.89 所示，仿真加工结束，零件如图 6.90 所示。

图 6.89　仿真加工

图 6.90　加工结束

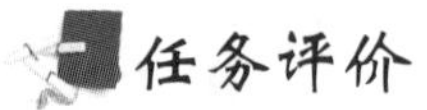

任务评价

序号	能　力　点	掌握情况	序号	能　力　点	掌握情况
1	回零与手动操作能力		4	熟悉数控机床的操作过程	
2	MDI 方式操作能力		5	熟悉对刀及参数设置	
3	数控加工程序编制能力		6	掌握自动加工操作过程	

思考与练习

1. 试述 SIEMENS 802S 系统的对刀及步骤。
2. 试述 SIEMENS 802S 系统的程序管理的几种方法。
3. 参数输入的方法有哪些?
4. 运用现有铣削仿真软件,仿真加工图 6.91 所示零件。

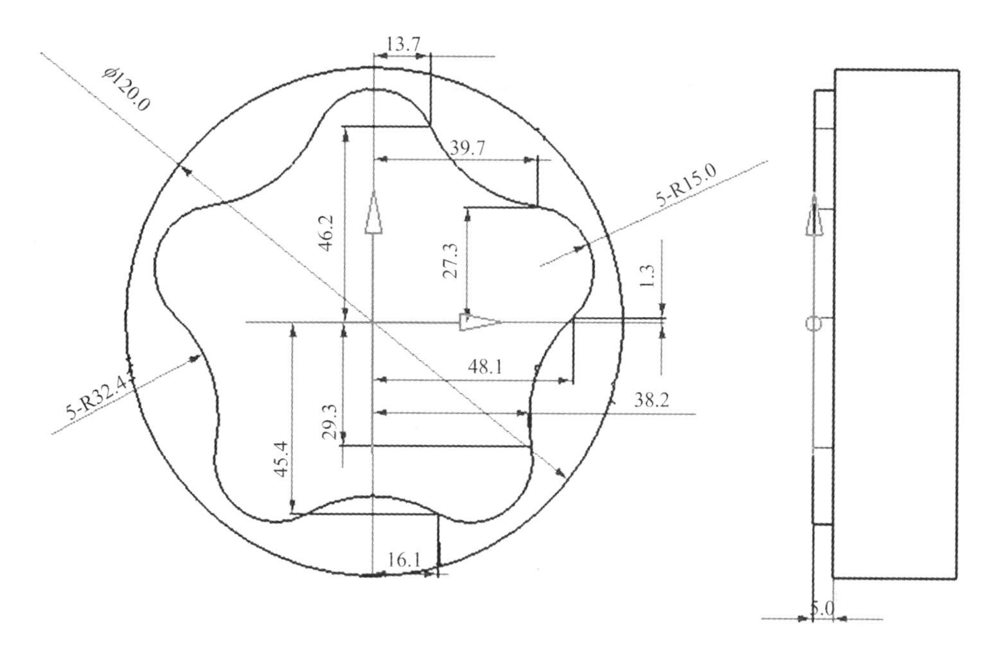

图 6.91　仿真加工练习

项目七　自动编程基础

任务　数控铣床自动编程

任务目标

(1) 了解 PRO/E 软件的 CAM 功能及使用；

(2) 熟悉与了解使用 PRO/E 软件进行数控铣床自动编程的一般操作步骤和方法；

(3) 了解 CAXA 软件及使用 CAXA 软件进行数控车床自动编程的方法。

任务描述

利用 PRO/E 软件，完成零件粗加工自动编程。毛坯尺寸 122 mm×122 mm×40 mm(见图 7.1)。

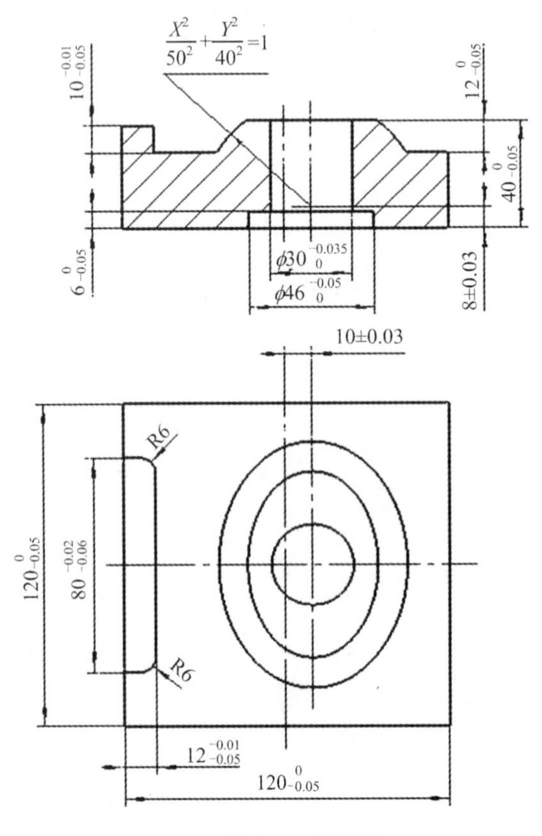

图 7.1　零件图

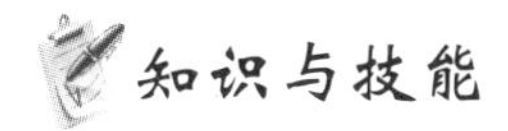

一、自动编程的步骤

1. 自动编程介绍

所谓的自动编程就是将零件加工过程中大部分的工作交给计算机来完成,不包括人工分析零件图纸和制定工艺方案。由于计算机能快速处理繁琐的计算,因此在自动编程过程中可以快速完成手工编程中无法解决的困难,体现自动编程高效、快速的特点。并且在自动编程过程中可以进行加工模拟,因此能及时地检查程序的正确性并及时地修改程序。

2. 自动编程的步骤

一般情况下自动编程的步骤可以分为如下几个方面:

(1) 构建零件的模型;

(2) 合理选择加工工艺与加工参数;

(3) 生成刀具轨迹;

(4) 加工仿真与修改;

(5) 后置处理生成程序。

二、Pro/E/CAM 基础知识

Pro/E 是 CAD/CAPP/CAM 集成的一体化软件,在 CAM 模块中先设置好加工的各项参数,就可直接生成 NC 代码,这个过程又称为自动编程。在 Pro/E 中,【Pro/NC】即 CAM 模块实现了 Pro/Engineer 数控加工功能,它是 Pro/E 数控加工的专用模块。适用于铣削、车削、线切割、孔加工以及加工中心等。

【Pro/NC】模块最终目的是要生成 CNC 控制器可以解读的 NC 代码。NC 代码的生成一般需要经过以下 3 个步骤:

1. 计算机辅助设计(CAD)

计算机辅助设计(CAD)主要用于生成数控加工中工件几何模型。

2. 计算机辅助制造(CAM)

CAM 的主要作用是生成一种通用的刀具路径数据文件(即 NCL 文件)。在加工模型建立后,利用 CAM 系统提供刀具轨迹生成功能,根据不同的工艺与精度要求,通过交互方式指定加工方式和加工参数等,生成刀具路径文件(即 NCL 文件)。

3. 后置处理(POST)

后置处理是为了将生成的 NCL 文件转换为数控系统可以识别的 NC 代码,一般简称后处理。通过后处理生成一个 *.tap 文件,这个文件就可以被机床识别的 G 代码文件,可以用记事本打开编辑,直接输入到数控机床上进行加工。

三、启动【Pro/NC】

在 Pro/E 主界面中,在工具条中单击【文件】按钮选择【新建】,新建【Pro/NC】工作文件,如图 7.2 所示。在打开的对话框中,选择类型栏中的【制造】选项,子类型栏中的【NC 组件】选项。按照新建文件的办法,取消【使用缺省模板】选项,设置为公制模式。

最后进入【Pro/NC】工作界面,同时打开【菜单管理器】,如图 7.3 所示。

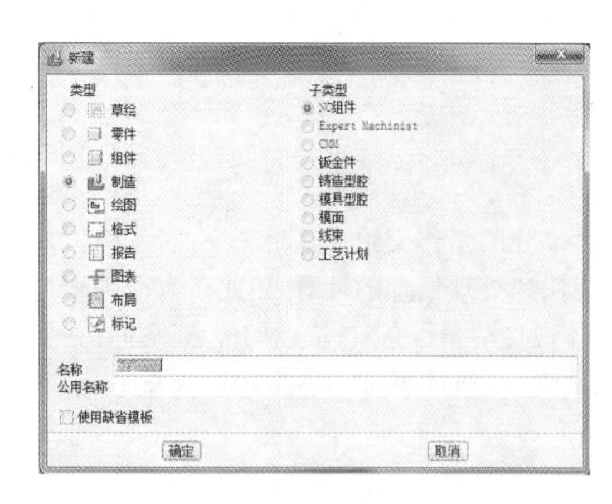

图 7.2　新建界面

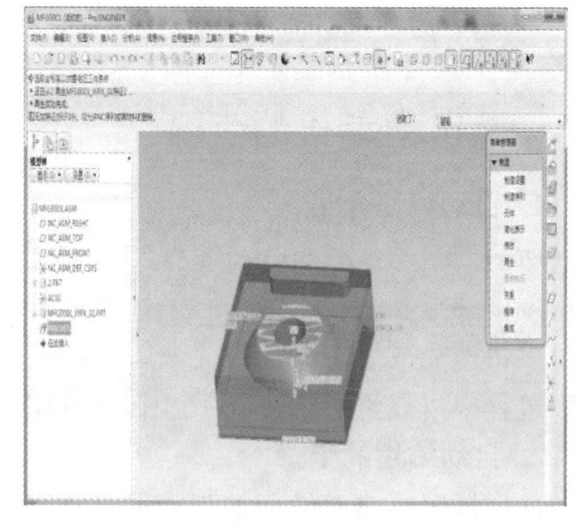

图 7.3　CAM 工作界面

（一）制造设置

制造设置主要完成加工工艺设置，比如机床、刀具以及参数设置等。如图 7.4 所示，选择图 7.4 中的【制造设置】选项，系统打开【制造设置】子菜单。

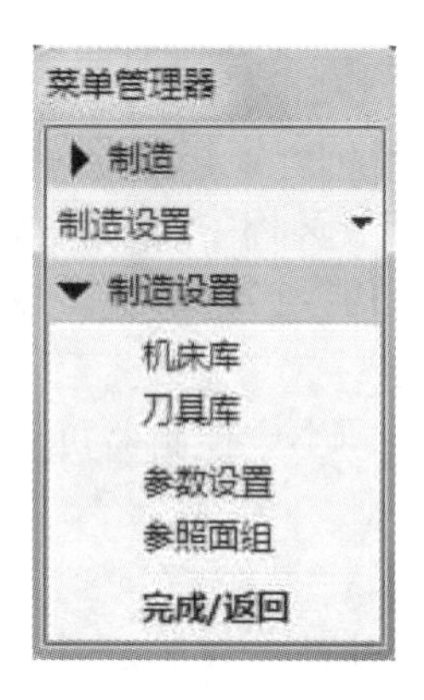

图 7.4　菜单管理器

主要有以下功能选项：

【机床库】：定义加工需采用的数控机床；

【刀具库】：定义和设置加工需采用的刀具；

【参数设置】：加工参数设置；

【参照面组】：添加、删除、显示加工面。

（二）CL 数据

主要对刀具路径数据进行操作，包括：输入刀具路径文件、输出刀具路径文件、编辑刀具路径文件、检验刀具路径文件、刀具路径文件后处理等。

（三）铣削窗口的建立

铣削窗口就是用户要定义的铣削加工的范围，在【Pro/NC】中提供了建立铣削窗口的新功能。

在三轴铣床中，铣削窗口一定是在垂直 Z 轴的平面内，用户使用刀具的切削运动轨迹完全被控制在该窗口范围内。这样可以避免产生加工范围外的刀具路径，提高刀具切削效率。

系统提供了如图 7.5 所示的快速定义铣削窗口的图标。

铣削窗口	车削轮廓
铣削曲面	坯件边界
铣削体积块	钻孔组

图 7.5　图标

体积铣削：创建出要切除的坯料部分，它以等高线的方式生成刀具轨迹，从而切除毛坯材料。

曲面铣削：当加工模型曲面形状比较复杂时的零件做半精加工或精加工，一般采用球头铣刀。

局部铣削：这种加工方式主要用来做局部加工，针对已经完成的加工过程中一些未能被切除的局部加工，采用的刀具一般比上一道工序较小一些，保证下一道工序有比较均匀的切削余量。

轮廓铣削：这种加工方式主要用于工件的轮廓加工，它以等高线的方式沿轮廓向下加工。

腔槽铣削：这种加工方式主要用于凹槽加工。

轨迹铣削：这种加工方式是让刀具沿所选定的轨迹进行加工。

孔加工：这种加工方式是【Pro/NC】专门加工孔的一种方式。

螺纹：这种加工方式是【Pro/NC】专门加工螺纹的一种方式。

刻模：雕刻加工，主要针对沟槽特征，如果没有这种特征，则不能进行这种加工。

陷入：插削加工。将零件上大余量部位用插削加工进行切除。

（四）创建制造模型

制造模型，通常又称为加工模型，是在 Pro/NC 中进行加工制造的第一步。制造模型由若干个参考模型和工件模型组成，它们也被称为组件模型。参考模型是通常所说的零件，是加工达到的最终形状。工件是毛坯，是加工操作的对象。

步骤：

点击图标 ，弹出打开界面（见图 7.6），选择已经建模的制造模型点击【打开】，约束类型选择【缺省】（见图 7.7），点击 ，完成制造模型创建。

（五）创建工件

步骤：

点击自动工件图标 ，打开界面如图 7.8 所示，在此界面中设置毛坯的放置位置和毛坯尺寸，设置完成之后点击 ，完成工件的创建。

图 7.6 打开界面

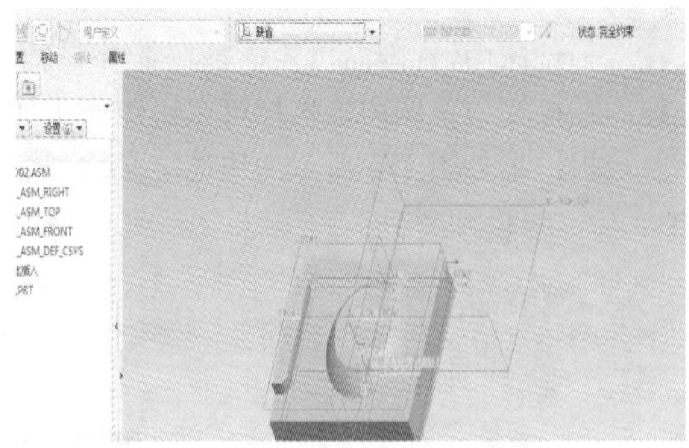

图 7.7 约束类型选择

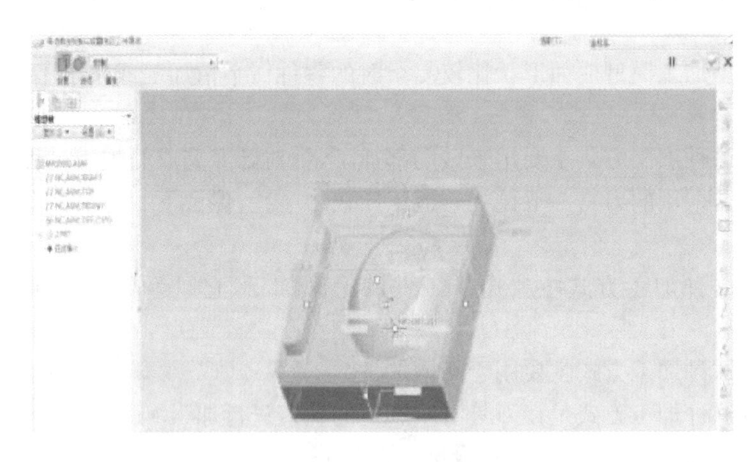

图 7.8 创建工件

（六）参数

定义加工工艺参数。系统默认打开如图 7.9 所示的参数树，在该对话框中只列出了最简单的制造参数定义，主要包括：切削速度、切削深度、加工余量、主轴转速等。主要选项如下：

【CUT_FEED】：用于设置切削进给的速度，单位通常为 mm/min。

【步长深度】：设置分层铣削中，每一层的切削深度值，单位通常为 mm。

【跨度】：用于设置相邻两条刀具轨迹间的重叠部分，该数值一定要小于刀具直径值，通常设为刀具半径值的 50%～80%，单位为 mm。

【PROF_STOCK_ALLOW】：用于设置侧向表面的加工余量。

【允许的底部线框】：用于设置工件底面加工预留量。

【切割角】：用于设置刀具路径与 X 轴的夹角。通常设为 0°、45°、90°等角度。

【扫描类型】：用于设置加工区域时轨迹的拓扑结构。

【ROUGH_OPTION】：对加工时刀具清除表面状况进行设置。

【间隙_距离】：用于设置退刀的安全高度。

【SPINDLE_SPEED】：用于设置主轴的旋转速度。

【COOLANT_OPTION】：用于设置冷却液的流出类型。主要包括：充溢、喷淋雾、攻丝、穿孔、关闭、打开等选项。

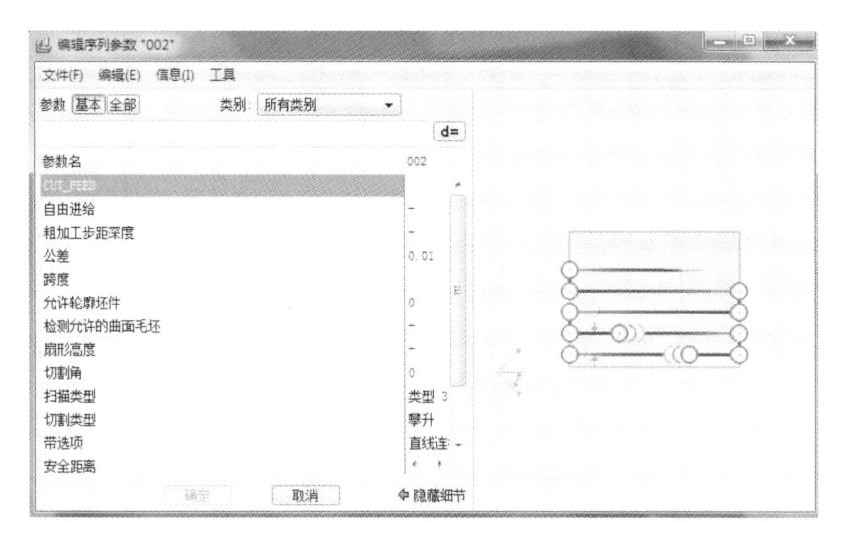

图 7.9　参数表

（七）查看后处理文件

后处理文件是以 *.tap 为后缀名，使用被处理的刀具路径文件的名称，如 0001.tap。后处理文件可以用写字板打开，对其进行查看和编辑。打开资源管理器，在当前的工作目录下，找到后处理文件，用写字板打开，如图 7.10 所示。

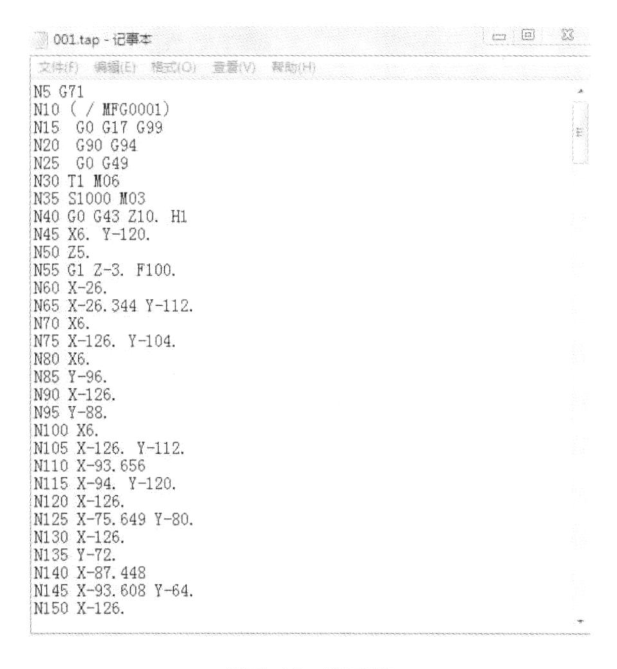
001.tap - 记事本

文件(F)　编辑(E)　格式(O)　查看(V)　帮助(H)

```
N5 G71
N10 ( / MFG0001)
N15  G0 G17 G99
N20  G90 G94
N25  G0 G49
N30 T1 M06
N35 S1000 M03
N40 G0 G43 Z10. H1
N45 X6. Y-120.
N50 Z5.
N55 G1 Z-3. F100.
N60 X-26.
N65 X-26.344 Y-112.
N70 X6.
N75 X-126. Y-104.
N80 X6.
N85 Y-96.
N90 X-126.
N95 Y-88.
N100 X6.
N105 X-126. Y-112.
N110 X-93.656
N115 X-94. Y-120.
N120 X-126.
N125 X-75.649 Y-80.
N130 X-126.
N135 Y-72.
N140 X-87.448
N145 X-93.608 Y-64.
N150 X-126.
```

图 7.10　程序单

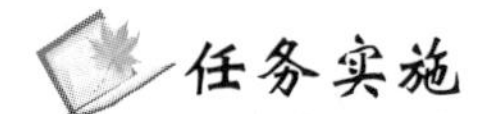

(1) 完成零件的工艺分析及椭圆部分粗加工自动编程;

(2) 完成零件的椭圆部分精加工自动编程。

一、工艺分析

从零件图纸的总体来看,此零件结构形状并不复杂,但其轨迹曲线有着严格的几何精度要求,加工难度大,而且轨迹精度要求高,必须要保证椭圆斜台的尺寸和位置要求。

加工前准备工作:

配备零件毛坯一件,材料:HT200.122 mm×122 mm×40 mm;配备心轴、螺栓、虎钳等相关装夹辅具;配备:ϕ12 mm 的立铣刀、ϕ20 mm 的立铣刀、ϕ12 mm 的球头铣刀、ϕ125 mm 硬质合金端面铣刀。

一般轮廓加工用圆柱形铣刀的侧刀刃来进行切削工作,形成一定尺寸和形状的轮廓。在切削加工工件的外轮廓时,刀具切入和切出时要注意避让夹具,并使刀具切入点的位置和方向尽可能选择在切削轮廓的延长线上或在切线方向进刀,以利于刀具切入时受力平稳。

1. 结构分析

零件铣削加工轨迹的形状并不复杂,但是零件的尺寸精度和几何精度的要求较高。

2. 精度分析

由零件图可知,在零件数控铣削加工前,公差为 0.035 mm 的 ϕ30 mm 沉孔与零件的下平面,是零件的装配基准和数控铣削加工的定位基准,必须保证。

在数控铣削加工中主要的加工部位有:零件周边的长和宽为 120 mm,公差+0.05 mm,对称度 0.8 mm,圆角为 6 mm,长 80−0.02 −0.06 (mm),宽 12−0.01 −0.05 (mm),高 120 −0.05 (mm)的凸台,方程 $X^2/50^2+Y^2/40^2=1$,高 10−0.01 −0.05 mm 与 ϕ30 mm 基准孔同轴的椭圆台,必须保证椭圆台的周边轨迹是连续的,无阻碍的圆滑过度面。

3. 加工刀具分析

在零件的数控铣削加工中,使用 ϕ20 mm 普通立铣刀进行零件周边加工,使用 ϕ12 的球头铣刀进行椭圆台的加工,使用 ϕ12 mm 的立铣刀进行零件椭圆台以外的型腔的加工,就可以达到其加工要求。

4. 结构工艺性分析

毛坯件为铣削成型,所以工件轮廓的切削余量不大。被加工表面的最大高度为 40 mm,加工高度为 12 mm,由零件结构可知,其铣削工艺性较好。

5. 定位基准分析

零件可以利用 ϕ30 mm 沉孔及其端面作为定位基准,使用定位心轴装夹零件,并定位心轴及其零件直接固定在铣床工作台上,这种装夹方式保证了铣削加工基准、装夹定位基准与设计基准重合的同时,敞开了加工中铣刀发展空间。

二、工艺处理及刀具

数控加工工件前的零件预加工其目的是去除零件大部分余量,并为数控铣削加工工序提供可靠的装夹工艺基准,其工艺内容是:用三爪自动定心卡盘装夹零件毛坯,铣削加工此零件 ϕ30 mm 的通孔及其毛坯端面达加工要求,即后续铣削装夹的工艺基准。

数控铣加工工序：

1. 粗铣四周加工

使用 ϕ20 mm 的立铣刀，加工工件周边，留精加工 0.5 mm（单边）。

2. 精铣四周加工

使用 ϕ12 mm 的立铣刀，加工工件周边成型达加工要求。

3. 粗铣加工

使用 ϕ10 mm 的立铣刀，加工型腔轮廓，留精加工 0.5 mm（单边）。

4. 精铣加工

使用 ϕ10 mm 的立铣刀，加工型腔轮廓，成型达加工要求。

5. 粗精铣椭圆台加工

使用 ϕ12 mm 的球头铣刀，加工椭圆台面成型达加工要求。

三、数控编程加工建模过程

（1）打开 Pro/E 软件，设置好自己的工作目录，新建文件选用公制单位零件模板，选择拉伸命令，选择 front 面作为基准平面，进入草绘界面，画出如图 7.11 所示图形。下一步点击 ✓ 拉伸高度为 28，完成如图 7.12 所示图形。

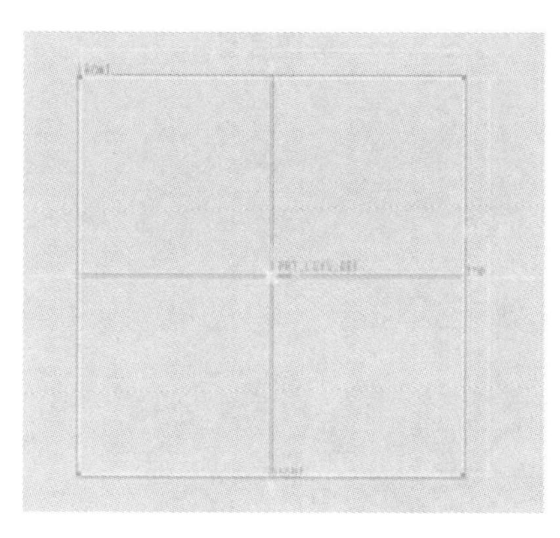

图 7.11　草绘图

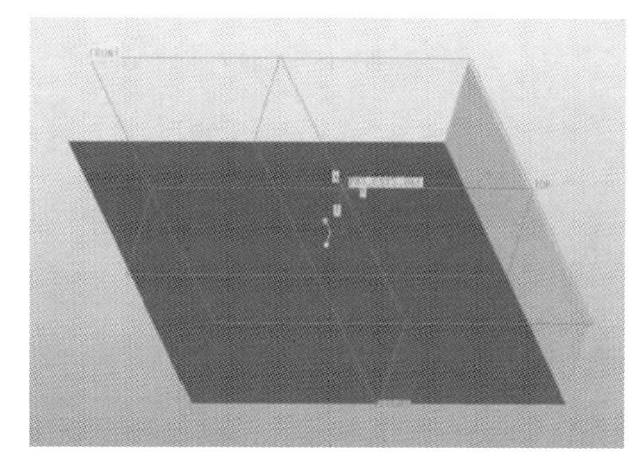

图 7.12　拉伸图

（2）点击 ▱ 新建基准平面 dtm1 如图 7.13 所示。

（3）点击旋转按钮，选择 dtm1 面为基准面，画出如图 7.14 所示草图，点击 ✓，旋转角度为 360°，完成旋转命令如图 7.15 所示旋转。

（4）利用拉伸命令把图 7.15 修剪成如图 7.16 所示图形（尺寸参照工件外形图）。

（5）点击拉伸命令按钮，选择工件上端面为基准面，画出如图 7.17 所示草图。点击 ✓ 完成按钮，拉伸高度为 10，完成拉伸命令，生成如图 7.18 所示图形，到此完成铣削工件 Pro/E 建模过程。

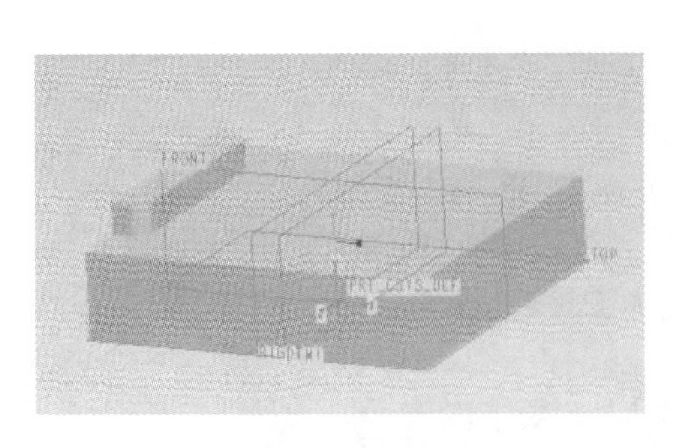

图 7.13 基准平面

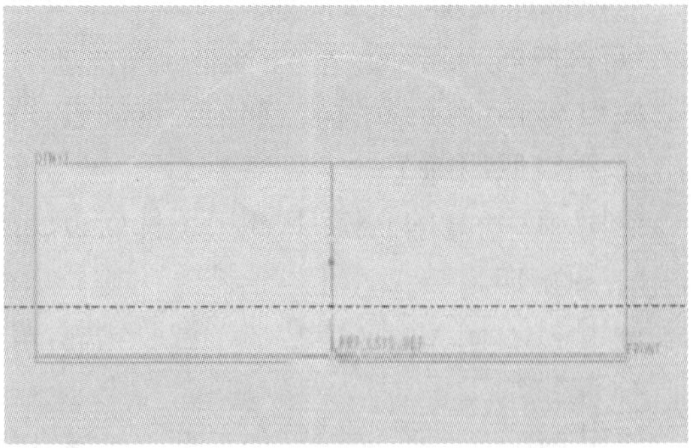

图 7.14 草绘

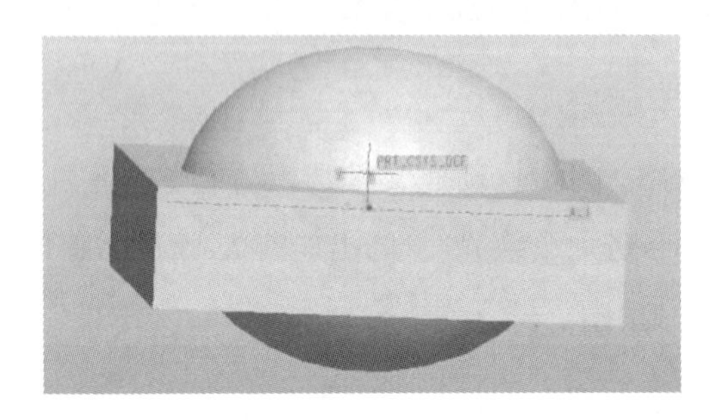

图 7.15 旋转

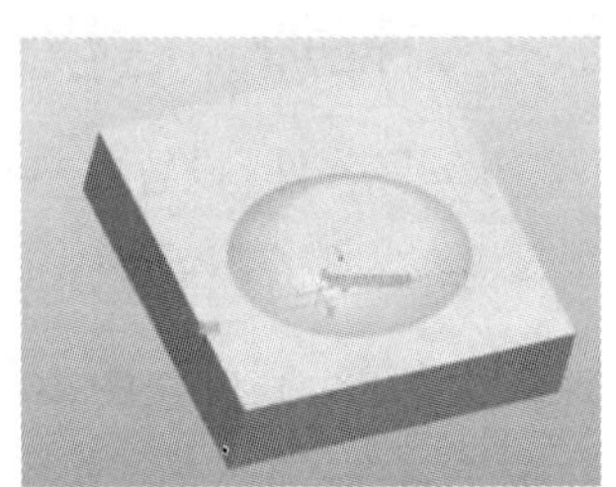

图 7.16 剪切后图

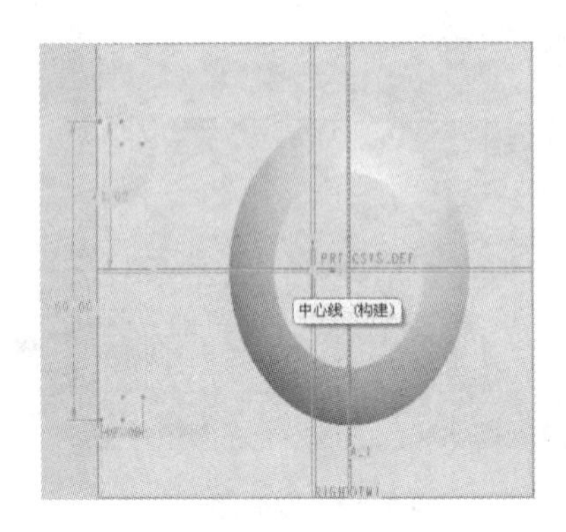

图 7.17 草绘

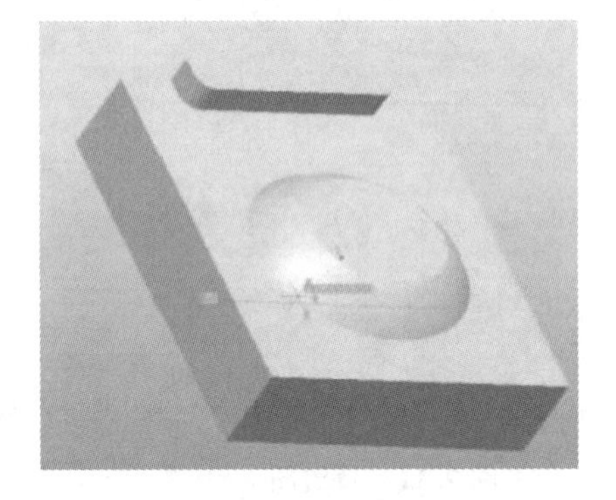

图 7.18 拉伸

四、铣削粗加工

利用 Pro/E 软件，对所建铣件模型进行数控程序的导出。

(1) 打开 Pro/E 软件，选择【制造】，选择【使用缺省模板】，公制的制造模板，新建文件，如图 7.19 所示。

(2) 点击 装配参照模型，选择打开所建的铣件模型，选择【缺省】放置。点击 创建自动工件，系统自动定义合适工件毛坯，也可手动调整尺寸大小。如图 7.20、图 7.21、图 7.22所示。

(3) 点击 基准坐标系工具，创建坐标系(工件原点的建立)，参考平面选择如图 7.23

所示三项,建立好新坐标系后,注意调整坐标系的 X、Y、Z 轴的方向,应与铣床的 X、Y、Z 轴的方向一致,Z 轴向上,X 轴向右,Y 轴水平向内。

图 7.19　新建文件

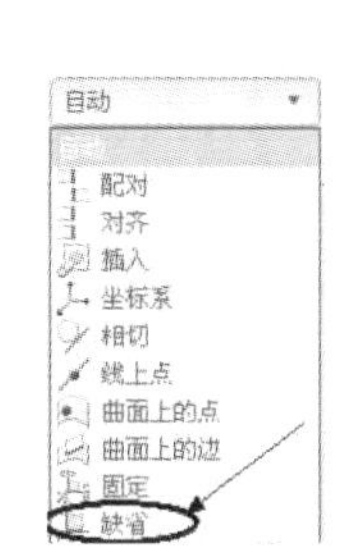

图 7.20　放置类型

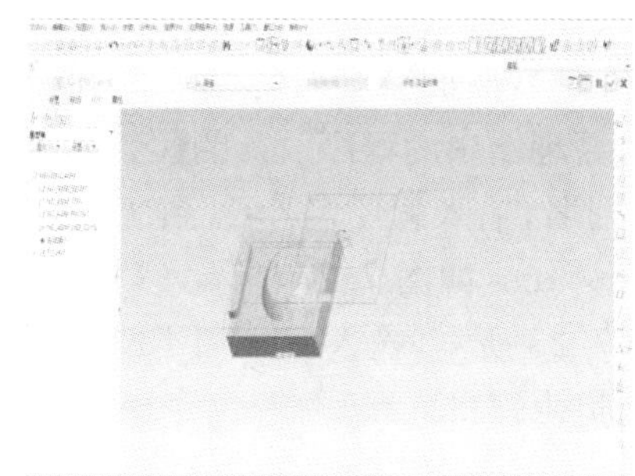

图 7.21　创建工件

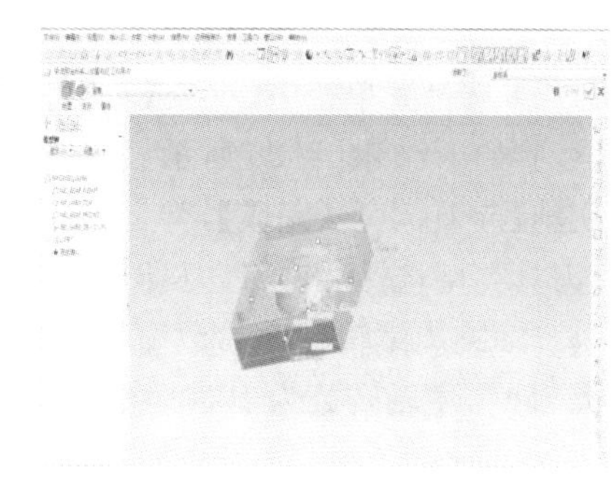

图 7.22　定义毛坯

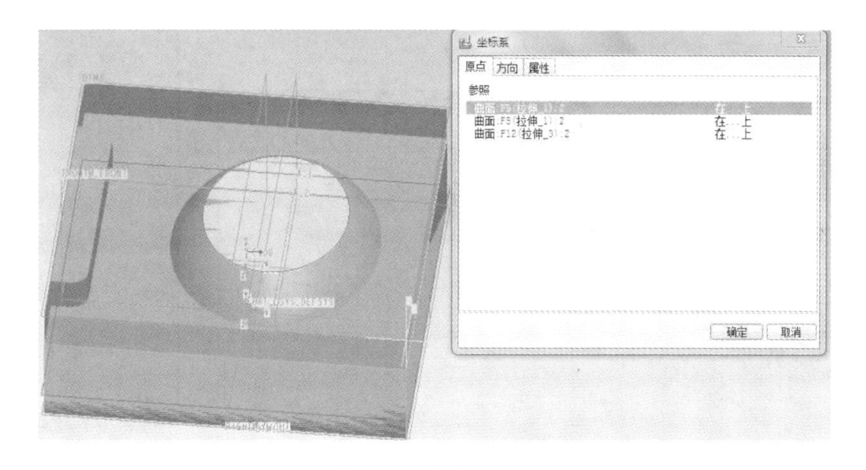

图 7.23　创建坐标系

(4) 点击菜单栏【步数】→【操作】,如图 7.24 所示,然后系统自动跳出机床设置界面,接下来设置机床设置里一系列参数。

点击图 7.25 中 1 处,NC 机床设置:机床名称—铣床,轴数 3;点击 2 处,夹具设置;点击

3 处，加工零点设置：选择新建的基准坐标系为加工零点；点击 4 处，设置退刀曲面；选择零件毛坯上端面为推戴曲面，退刀距离为 5；最后点击【应用】→【确定】。

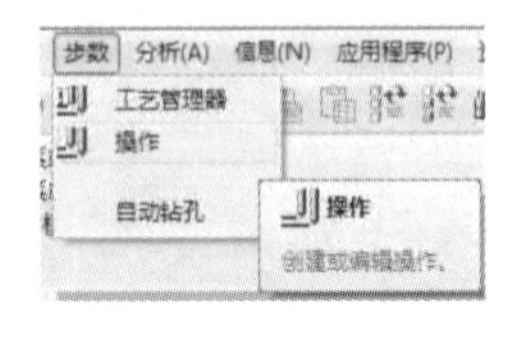

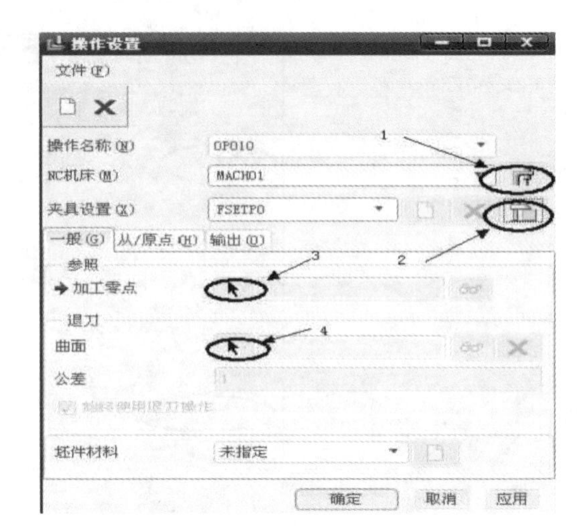

图 7.24　步数下拉菜单　　　　图 7.25　机床设置界面

(5) 选择菜单栏中【步数】→【曲面铣削】，曲面铣削对此铣件椭圆台以外的型腔进行铣削，步骤如下：如图 7.26 所示，勾选菜单管理器中的程序设置的【名称】、【参数】、【曲面】、【定义切削】选项，点击【完成】，弹出 NC 序列名，输入程序名 001，系统将自动跳出刀具设定窗口，刀具类型选择端铣刀，刀具直径为 ϕ10 mm，如图 7.27 所示，然后点击【应用】→【确定】，系统自动跳出编辑程序参数窗口，如图 7.28 所示，输入 CUT-FEED 为 300，跨度为 4，安全距离为 10，主轴转数为 1000，点【确定】，退出窗口。

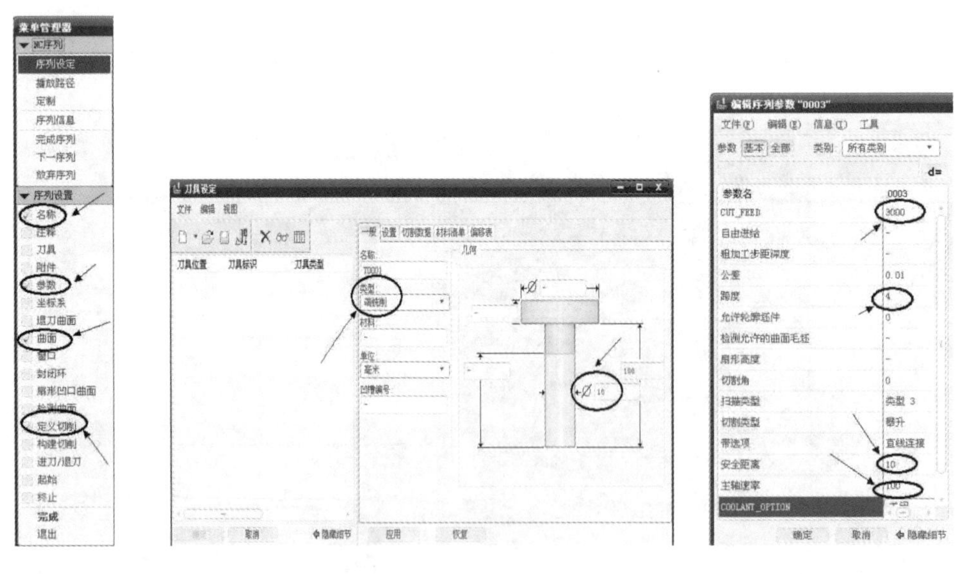

图 7.26　序列设置　　　　图 7.27　刀具　　　　图 7.28　序列参数

(6) 如图 7.29 所示，点击【菜单管理器】→【曲面拾取】→【模型】，点击【完成】。按 Ctrl 键拾取椭圆台以外的型腔需铣削加工的平面或曲面，点击选取【确定】→【选取曲面】→【确定】，完成曲面拾取。

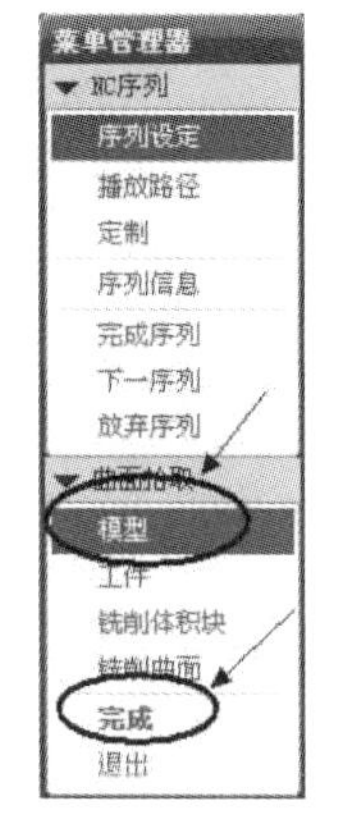

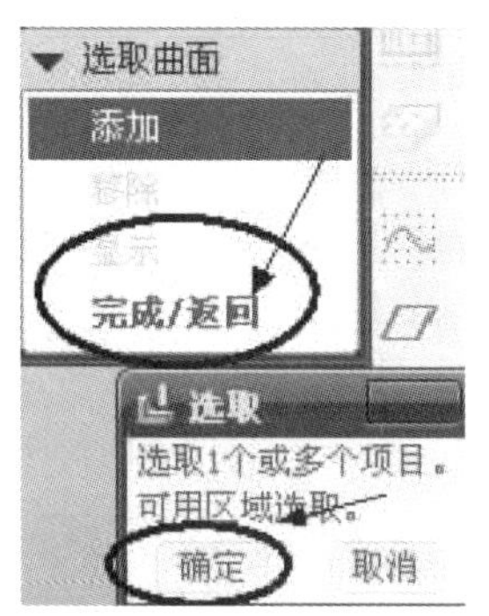

图 7.29 曲面拾取

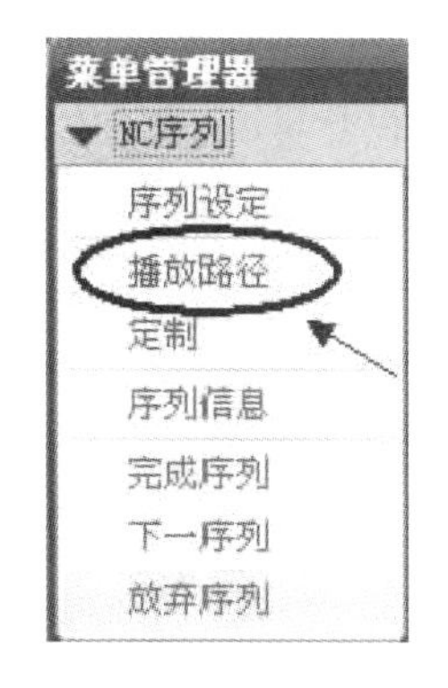

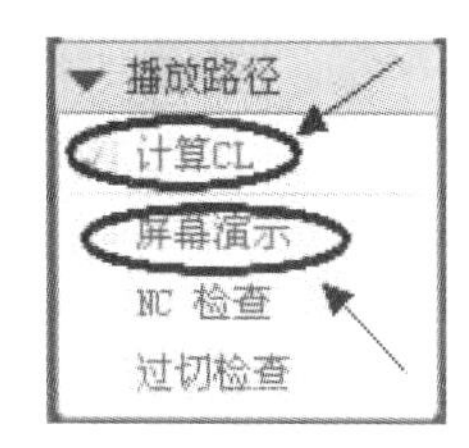

图 7.30 播放路径

(7) 数控加工仿真及其过切检查。

如图 7.30 所示,点击【菜单管理器】→【播放路径】,勾选【计算 CL 选项】,点击【屏幕演示】,演示仿真,如图 7.31 所示。

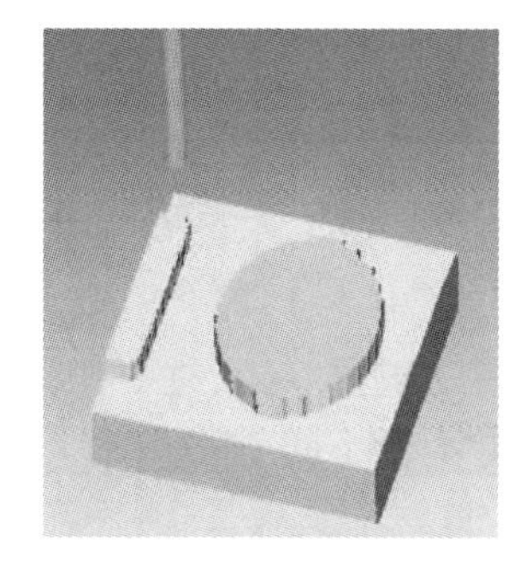

图 7.31 加工仿真

再点击【播放路径】→【过切检查】,对零件进行过切检查;选取要过切检查的曲面或端面,进行过切检查。点击【菜单管理器】→【完成序列】。

(8) 后处理。

如图 7.32 所示,选择菜单栏中【工具】→【CL 数据】→【编辑】,选择【NC 序列】,在 NC 列表中选取与程序名相应的 NC 序列,点击【确定】,将 001.ncl 文件副本保存到工作目录之中。

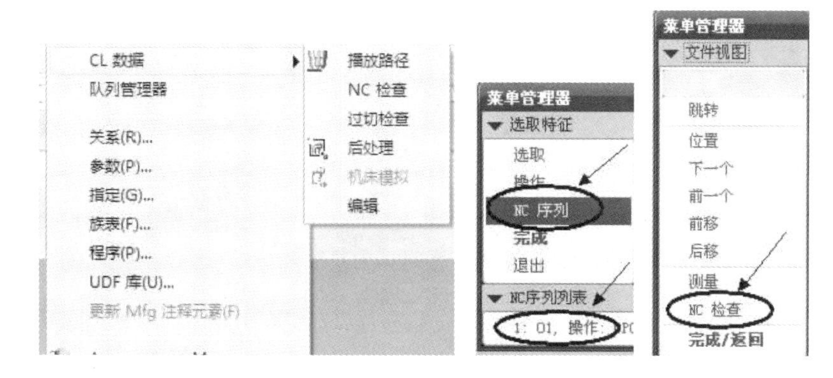

图 7.32 后处理

接着点击菜单管理器【NC 检查】,点击【完成】,退出菜单管理器。

接着选择菜单栏中【工具】→【CL 数据】→【后处理】,在弹出窗口中,打开上面储存的 001. ncl 文件,在菜单管理器中勾选【详情】、【跟踪】两选项,如图 7.33 所示。

图 7.33　后处理与机床选择

接着在弹出的菜单管理器窗口中,在后置处理列表中选择【UNCX01:P12】;最后按回车键,数控程序导出完成。在工作目录中找到 001. tap 文件,用记事本打开,可看见导出的程序。

椭圆台的程序导出过程,与其过程相似,选择铣削方式为轮廓铣削,其他的只有刀具的选择和编程程序参数有所不同,如图 7.34 所示。椭圆台的仿真数控加工如图 7.35 所示。

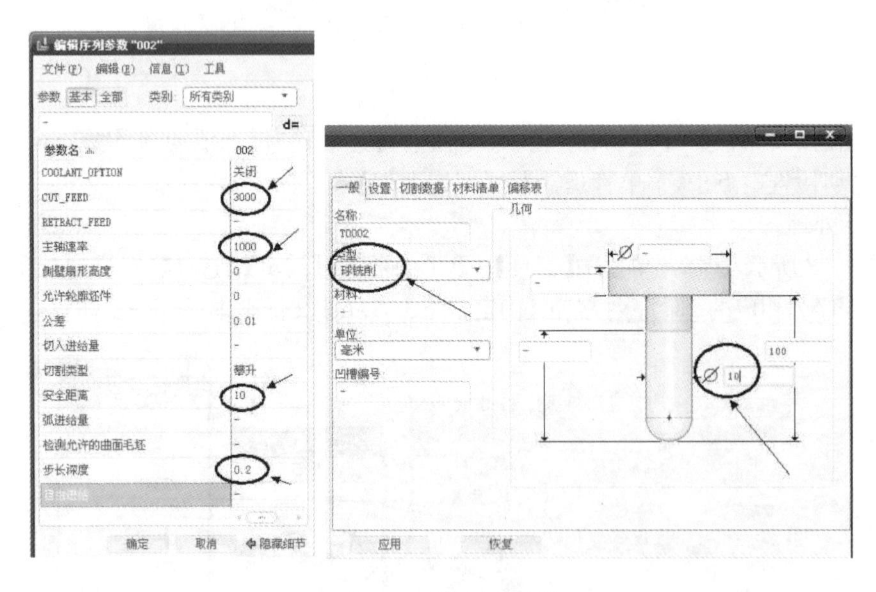

图 7.34　参数即刀具表

图 7.35　椭圆台的仿真数控加工

知识拓展

数控车床自动编程如下。

一、CAXA 数控车软件介绍

界面和菜单如图 7.36 所示。

图 7.36　界面与菜单

1. 主菜单

主菜单如图 7.37 所示。按功能分类，主菜单包括的内容，如表 7.1 所示。

文件(F)　编辑(E)　视图(V)　格式(S)　幅面(P)　绘图(D)　标注(N)　修改(M)　工具(T)　数控车(L)　通信(C)　帮助(H)

图 7.37　主菜单

表 7.1　CAXA 数控车软件的主菜单

菜单项	说　明
文件	管理系统文件，如文件的打开、保存、另存为等功能
编辑	编辑已有的图像，如粘贴、清除、选择所有等
视图	视图显示的设置，包括全屏显示与否，显示工具、视角等
幅面	图幅、图框、标题栏设置等
格式	层控制、文本格式、样式等控制
绘图	绘制图形，各种曲线及其编辑等
标注	尺寸、公差等标注
数控车	加工方法选择、机床设置、后置处理、生成代码、仿真轨迹等
修改	绘图修改的工具
工具	查询图形的要素，包括坐标、距离、角度等
通信	软件的数控程序与机床间的传输

2. 弹出菜单

子命令是在 CAXA 数控车软件中按鼠标右键弹出菜单的。不同的子命令组在执行不同命令时使用。子状态的设置使用子命令，会在状态栏中显示提示命令，如图 7.38 所示。

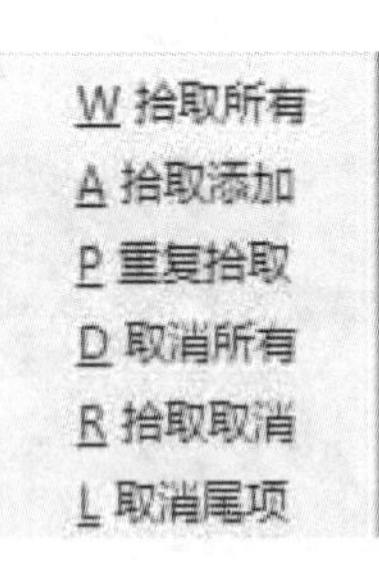

图 7.38　弹出菜单

3. 工具条

CAXA 数控车软件中的工具条有标准工具条、标注工具条、数控车工具条和绘图工具条等。工具条中图标的含义，如图 7.39 所示。

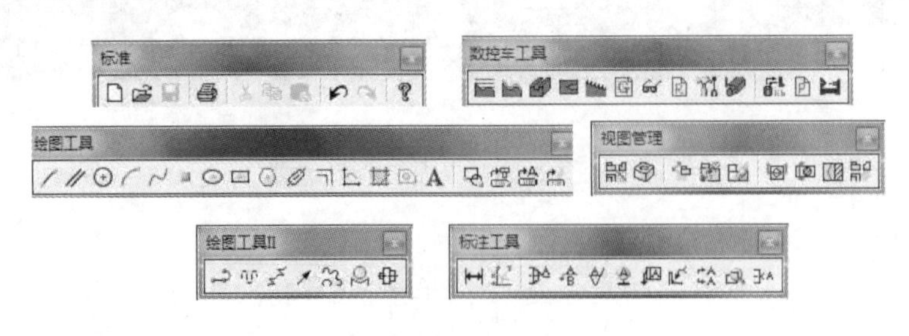

图 7.39　工具条

4. 热键

CAXA 数控车的热键操作有以下几种。

F5 键、F6 键、F7 键，将当前面切换至 *XOY* 面、*YOZ* 面、*XOZ* 面，同时显示该平面并将图形投影到切换面内进行显示。

F8 键:显示轴侧图,按轴侧图方式显示图形。

F9 键:在不改变显示平面的前提下切换当前面,将当前面在 *XOY*、*YOZ*、*XOZ* 之间进行切换。

二、CAXA 数控车的 CAD 功能

CAXA 数控车与 CAXA 电子图板采用相同的几何内核具有强大的二维绘图功能和丰富的数据接口,可以完成复杂的工艺造型任务。数控车的绘图操作和电子图板相像,可以参照电子图板的操作方法进行绘图。

三、CAXA 数控车的 CAM 功能

(一) 机床类型设置

数控机床类型各不相同,数控系统也各不相同,数控程序的格式也有差别。因此,在生成配置文件之前要对数控代码等参数进行设置的过程就是所谓机床设置(即机床类型设置)。通过机床设置,用户就可以灵活地设置系统配置。设置系统配置参数之后,后置处理所生成的数控程序输入到机床中进行加工,而无须修改程序。

选择【数控车】→【机床设置】,在这个对话框中,可以对机床的各种指令地址,根据所用数控系统的代码规则进行设置,机床设置菜单如图 7.40 所示。

机床配置参数中的“说明”、“程序头”、“换刀”和“程序尾”,须按照使用数控系统的编程规则(参看所用机床的编程手册)并使用宏指令格式书写,否则生成的数控加工程序可能无法使用。

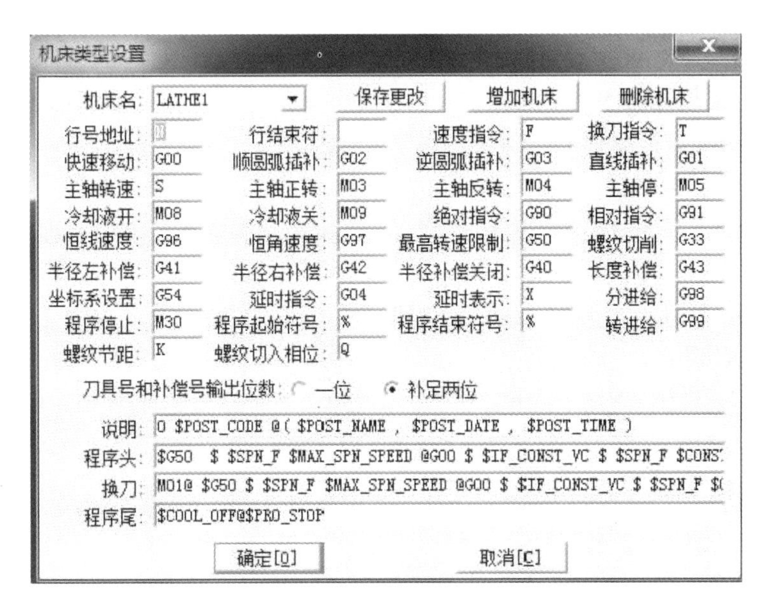

图 7.40　机床设置菜单

(二) 后置处理

后置处理是针对已经设置好的机床参数,针对某一种机床,对要输出的数控程序进行格

式的设置。在【数控车】菜单中选择【后置设置】功能项，系统弹出“后置处理设置”对话框，如图 7.41 所示，用户可按自己的需要更改已有机床的后置设置。

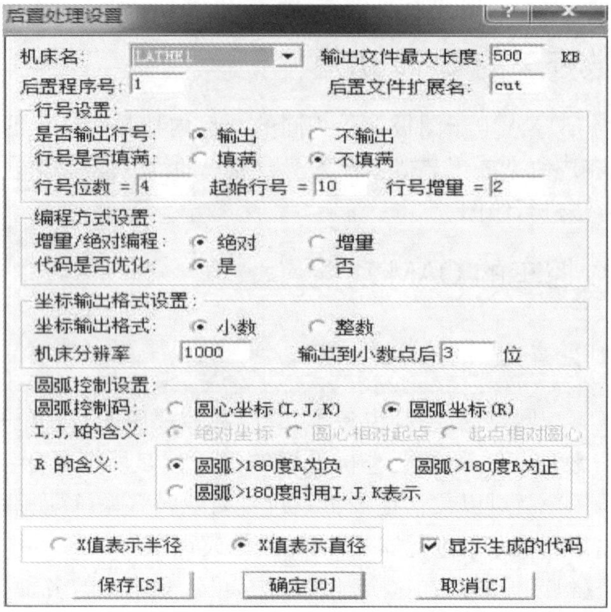

图 7.41　后置处理设置菜单

（三）轮廓粗车功能

轮廓粗车功能主要是用于工件的内、外轮廓和端面的粗加工。使用轮廓粗车时首先要绘制出被加工轮廓和毛坯轮廓，所谓被加工轮廓就是加工结束后的工件表面轮廓，毛坯轮廓就是加工前毛坯的表面轮廓。需要注意的是被加工轮廓和毛坯轮廓共同构成一个封闭的加工区域，在此区域的材料将被加工去除。

（1）几何建模

轮廓粗加工前，首先要在绘图区域绘制出被加工轮廓和毛坯轮廓的二维图。

（2）选择刀具

根据零件的工艺要求选择所需要的刀具并确定刀具参数。

（3）加工参数设置

在【数控车】菜单中选择【轮廓粗车】菜单项或单击数控车功能工具条中的图标，弹出【粗车参数表】对话框，如图 7.42 所示。根据机床性能和生产需要设置加工参数值。

（4）拾取轮廓

拾取被加工的轮廓和毛坯轮廓，此时系统会提供轮廓的拾取工具。拾取箭头方向与实际的加工方向无关。

（5）确定进退刀点

指定一点为加工前后刀具所在的位置。右键点击忽略该点的输入。

（6）生成代码

完成上述步骤后，在【数控车】菜单中选择【生成代码】菜单项，拾取刚生成的刀具轨迹，即可生成加工指令。

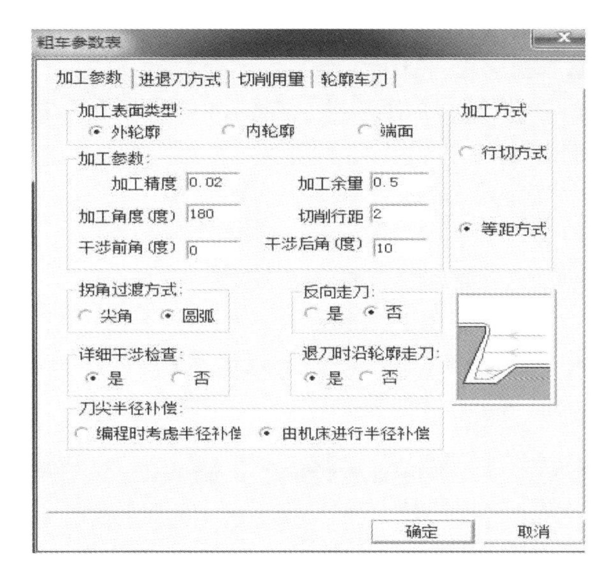

图 7.42　粗车参数表

注意:被加工轮廓与毛坯轮廓必须构成一个封闭区域,不能单独闭合或自相交。

(四) 轮廓精车

实现对工件内、外轮廓和端面的精车加工。

操作步骤:

(1) 在应用菜单区中选择【数控车】菜单中【轮廓精车】菜单项,或直接点取图标,系统弹出加工参数表,如图 7.43 所示。

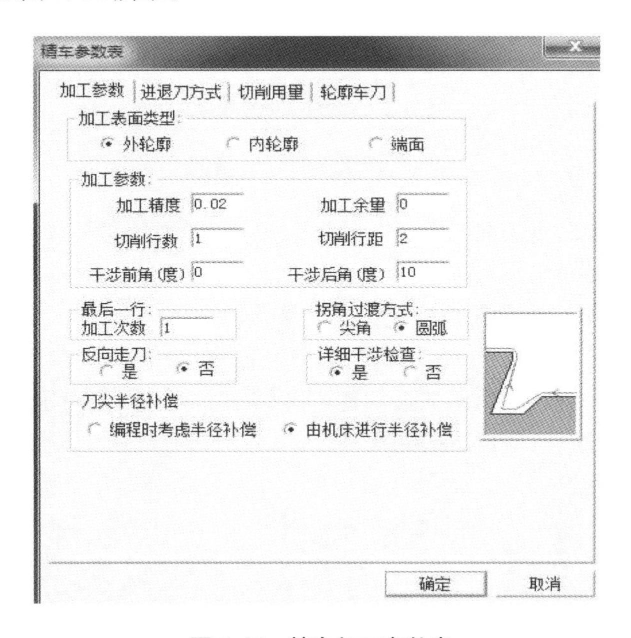

图 7.43　精车加工参数表

在参数表中首先要确定加工表面类型,接着按加工要求确定其他各加工参数。

（2）拾取被加工轮廓，拾取方法同轮廓粗车。

（3）选择进退刀点，选择同轮廓粗车。

完成上述步骤后即可生成精车加工轨迹。在【数控车】菜单区中选取【生成代码】功能项，拾取刚生成的刀具轨迹，即可生成加工指令。

（五）车槽

车槽功能用于在工件内、外轮廓表面和端面切槽。

操作步骤：

（1）在应用菜单区中的【数控车】菜单区中选取【车槽】菜单项，或直接点击图标，系统弹出加工参数表，如图 7.44 所示。

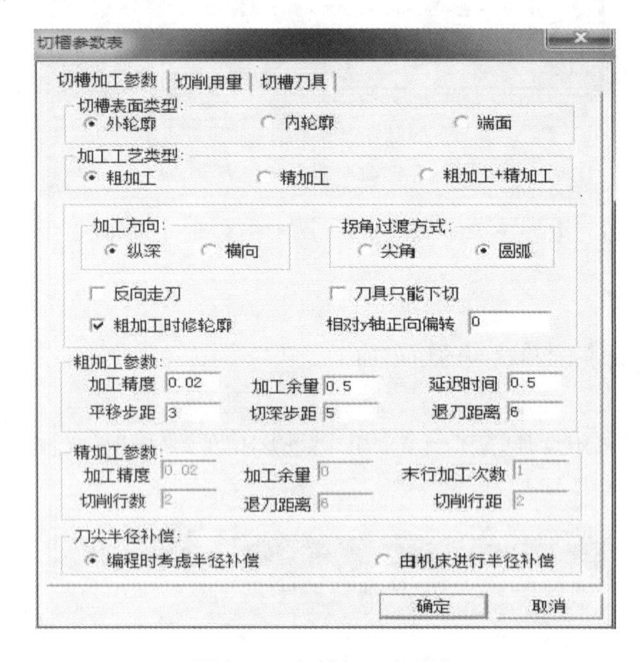

图 7.44　切槽加工参数表

在参数表中首先要确定被加工的是外轮廓表面或端面，接着按加工要求确定其他各加工参数。

（2）拾取被加工轮廓，可使用系统提供的轮廓拾取工具。

（3）选择进退刀点。指定一点为刀具加工前、后所在的位置。

完成上述步骤后即可生成切槽加工轨迹。在【数控车】菜单区中选取【生成代码】功能项，拾取刚生成的刀具轨迹，即可生成加工指令。

（六）车螺纹

操作步骤：

（1）在【数控车】菜单区中选取【车螺纹】功能项或直接点击图标。然后拾取螺纹起始点、终点。

（2）弹出加工参数表，如图 7.45 所示。在该参数表对话框中确定各加工参数。

（3）选择退刀点，然后即生成螺纹车削刀具轨迹。

（4）点击图标“生成代码”，拾取刚生成的刀具轨迹，生成螺纹加工指令。

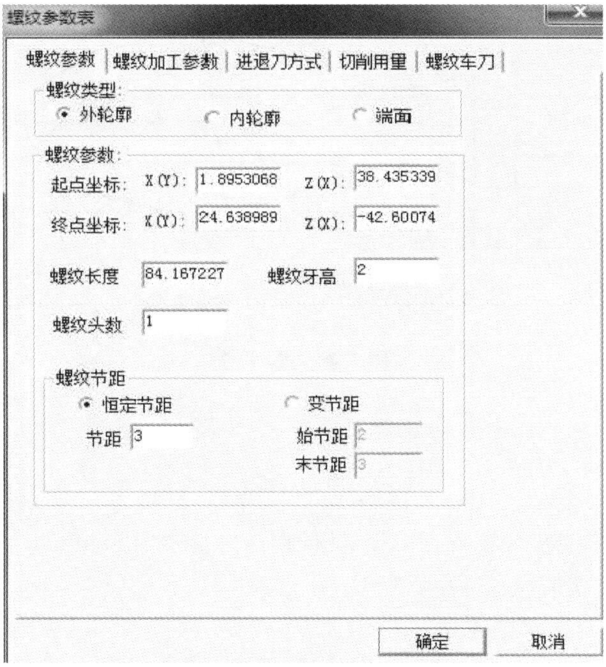

螺纹参数表
螺纹参数 | 螺纹加工参数 | 进退刀方式 | 切削用量 | 螺纹车刀
螺纹类型：
外轮廓　内轮廓　端面
螺纹参数：
起点坐标：X(Y)：1.8953068　Z(X)：38.435339
终点坐标：X(Y)：24.638989　Z(X)：-42.60074
螺纹长度 84.167227　螺纹牙高 2
螺纹头数 1
螺纹节距
恒定节距　变节距
节距 3　始节距 2
末节距 3
确定　取消

图 7.45　螺纹车削参数表

（七）生成代码

生成代码就是生成 CNC 数控程序，所生成的数控程序可以直接输入机床进行数控加工。

操作步骤：

（1）点击图标，则弹出一个需要用户输入文件名的对话框，要求用户填写后置程序文件名。此外还在信息提示区给出当前生成的数控程序、数控系统、机床系统信息。

（2）输入文件名后选择保存按钮，信息提示区提示拾取加工轨迹。当拾取到加工轨迹后，系统即生成数控程序。

（八）轨迹仿真

是对已存在的加工轨迹进行加工过程模拟仿真，以检查加工过程的正确性。轨迹仿真的操作步骤如下：

（1）在【数控车】菜单中，选择【轨迹仿真】菜单项，或点击图标。

（2）拾取加工轨迹，在结束拾取前设置仿真的类型或仿真的步长。

（3）拾取结束，系统即开始仿真。仿真过程中可按【Esc】键结束仿真。

编程举例：利用 CAXA 数控车软件，完成手柄的自动编程。零件毛坯尺寸为 ϕ32 mm×150 mm，圆棒料，材料为 45＃钢。零件如图 7.46 所示。

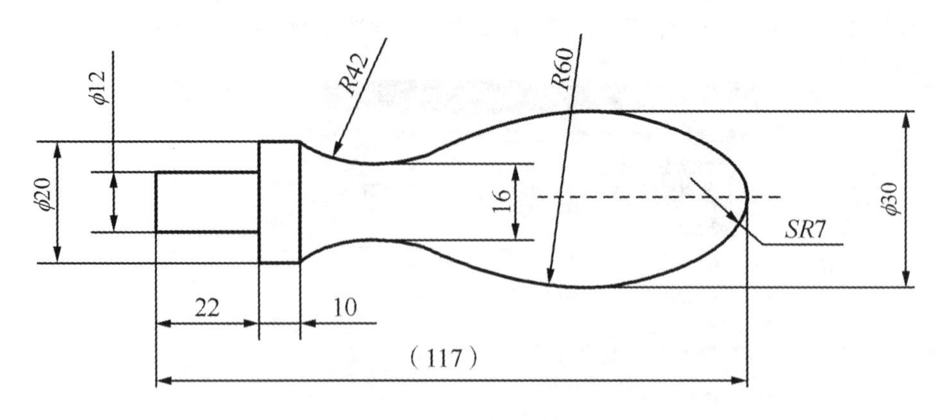

图 7.46 零件图

1. 手柄的粗加工

(1) 确定毛坯及装夹方式

根据零件图选毛坯为 ϕ32 mm×150 mm 的圆棒料,材料为 45#钢。该零件为实心轴类零件,使用普通三爪卡盘夹紧工件,并且轴的伸出长度适中(120 mm)。以工件的圆弧 R7 的右端点为工件原点建立编程坐标系。

(2) 确定数控刀具及切削用量

根据手柄零件特殊外轮廓的加工要求,选择刀具及切削用量如表 7.2 所示。

表 7.2 外轮廓加工的刀具及切削用量

加工内容	刀 具 规 格	刀具及刀补号	主轴转速(r/min)	进给速度(mm/r)
外轮廓的粗加工	主偏角 $Kr=90°$ 的硬质合金车刀	T0101	500	0.5
外轮廓的精加工	55°的外圆精车刀	T0202	800	0.1

(3) 轮廓建模

生成粗加工轨迹时,只需绘制要加工部分的外轮廓和毛坯轮廓,组成封闭的区域(须切除部分)即可,其余线条不必画出,如图 7.47 所示。

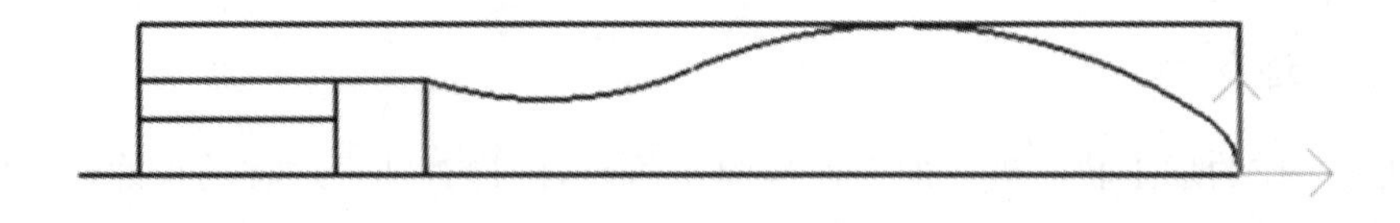

图 7.47 毛坯及轮廓

(4) 粗加工

单击 CAXA 数控车中图标 弹出粗车参数表,根据被加工零件的工艺要求加工表面类型选择【外轮廓】,切削用量中主轴转速设定为 500,根据机床刀具情况设置轮廓车刀,如图 7.48所示。

(5) 拾取被加工的轮廓和毛坯轮廓,采用【链拾取】和【限制链拾取】时的拾取箭头方向与实际的加工方向无关。当拾取第一条轮廓线后,此轮廓线变成红色的虚线,系统给出提示:选择方向,如图 7.49 所示。若被加工轮廓与毛坯轮廓首尾相连,则采用链拾取会将被加工轮廓与毛坯轮廓混在一起,采用限制链拾取或单个拾取则可将加工轮廓与毛坯轮廓区分开。拾取毛坯轮廓拾取方法与拾取被加工轮廓类似。先拾取加工轮廓如图 7.49 中右图点线部分,再拾取毛坯轮廓图 7.49 右图中直线 OB、直线 BA。

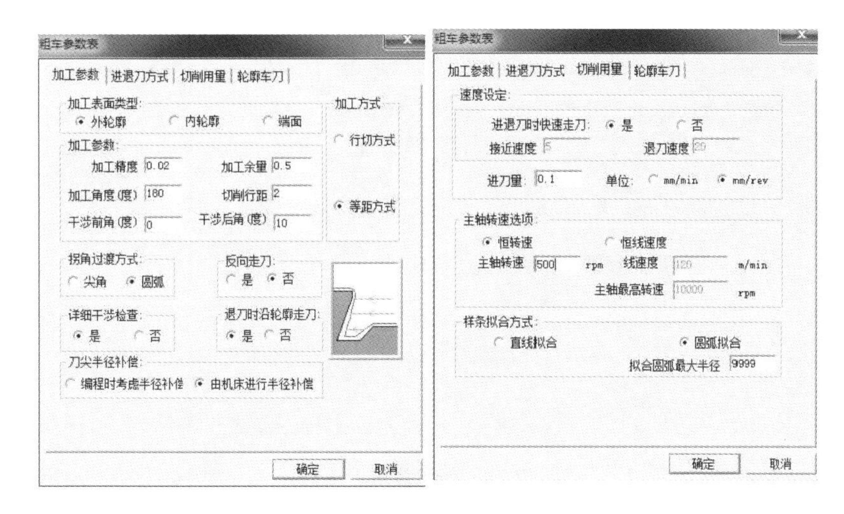

图 7.48　粗车参数对话框

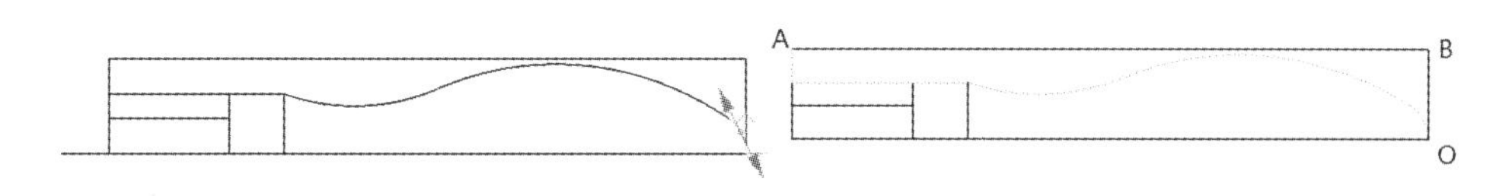

图 7.49　轮廓选取

(6) 确定进退刀点。指定一点为刀具加工前和加工后所在的位置。单击鼠标右键可忽略该点的输入。

(7) 生成刀具轨迹。当确定进退刀点之后,系统生成刀具轨迹。可以在【数控车】菜单中选择【轨迹仿真】菜单项,模拟加工过程。如图 7.50 所示。

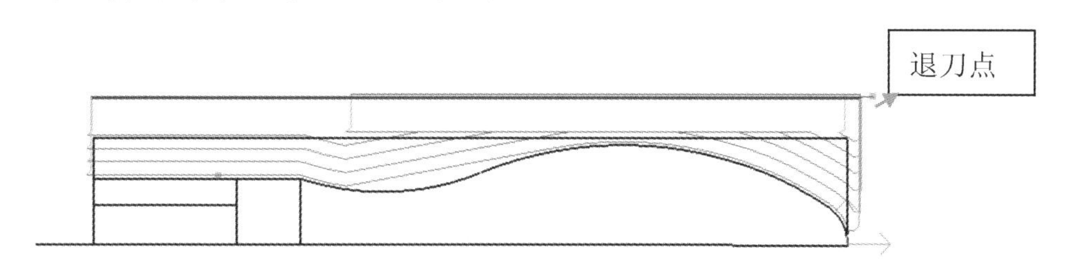

图 7.50　刀具轨迹

(8) 点击图标代码生成 ,拾取刚生成的刀具轨迹,即可生成加工指令。

2. 手柄的精加工自动编程

(1) 在【数控车】菜单中选择【轮廓精车】菜单项,系统弹出【精车参数表】对话框,如图 7.51所示。然后按加工要求确定其他各加工参数。需要注意的是精加工主轴转速为 1000 r/min。刀具选择 55°尖刀。

(2) 确定参数后拾取被加工轮廓,同粗车。

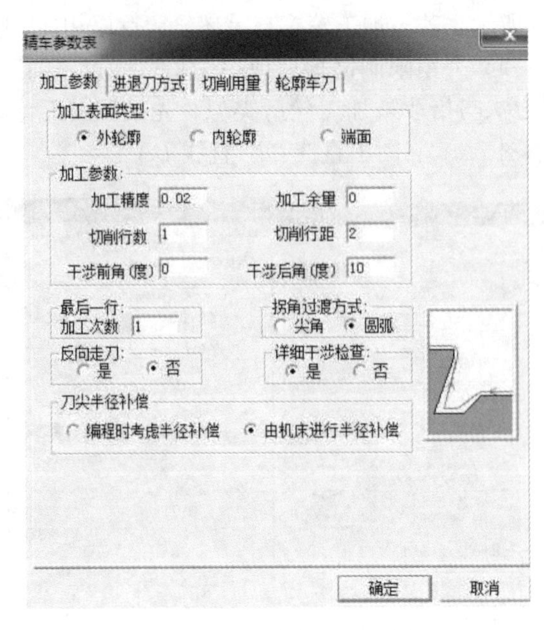

图 7.51　精车参数对话框

(3) 选择完轮廓后确定进退刀点,同粗车。

(4) 完成上述步骤后即可生成精车加工轨迹。【生成代码】菜单项,拾取刚生成的刀具轨迹,即可生成加工指令。

3. 切槽

(1) 在【数控车】菜单中选择【切槽】菜单项或单击数控车功能工具条的图标,系统弹出【切槽参数表】对话框。然后按加工要求确定各加工参数(切槽刀参数根据实际加工条件选择),如图 7.52 所示。

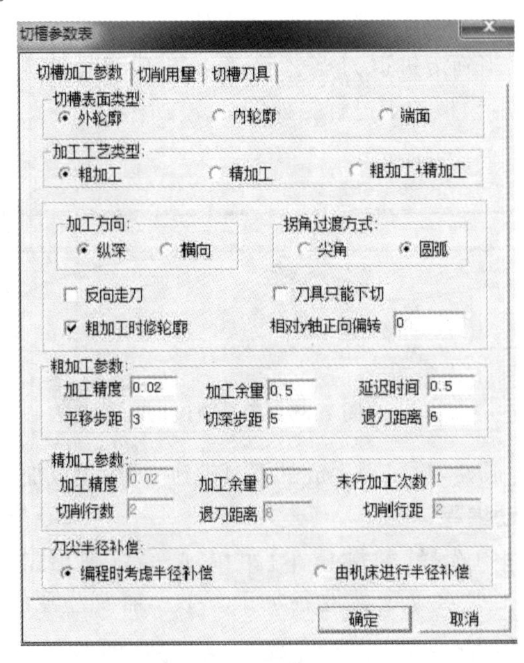

图 7.52　切槽参数表

（2）确定参数后拾取被加工轮廓。被拾取的切槽轮廓如图 7.53 所示。

（3）选择完轮廓后确定进退刀点。

（4）生成刀具轨迹，生成加工指令。切槽粗加工刀具轨迹如图 7.54 所示，切槽精加工刀具轨迹如图 7.55 所示，切槽粗加工＋精加工刀具轨迹如图 7.56 所示。

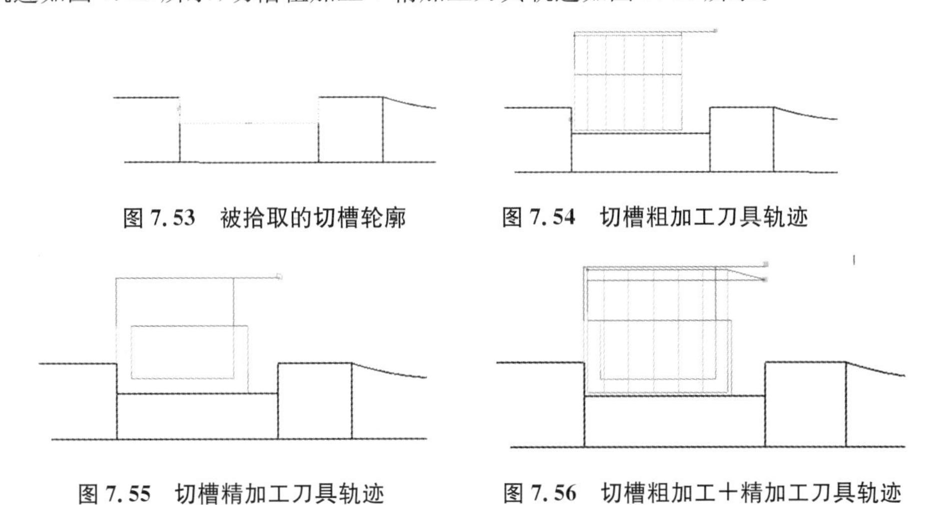

图 7.53　被拾取的切槽轮廓　　图 7.54　切槽粗加工刀具轨迹

图 7.55　切槽精加工刀具轨迹　　图 7.56　切槽粗加工＋精加工刀具轨迹

思考与练习

1. 加工如图 7.57 所示的零件，完成零件的工艺分析和自动编程。毛坯尺寸 122 mm×122 mm×45 mm。

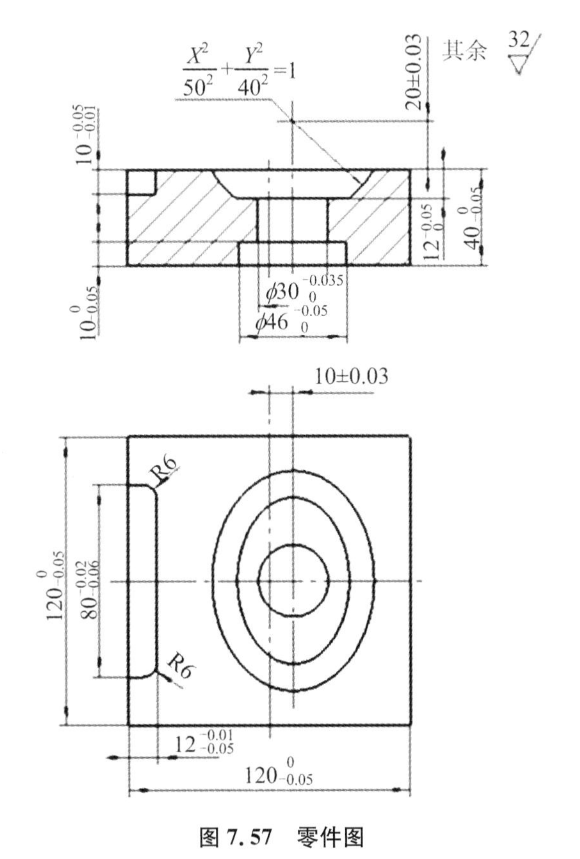

图 7.57　零件图

2. 用 ϕ40 mm 的尼龙棒料加工如图 7.58 所示的零件，完成零件的工艺分析和加工程序的编制。

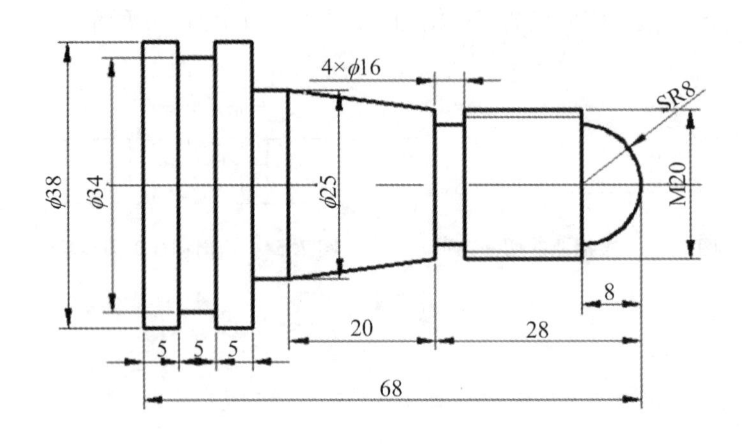

图 7.58　零件图

参考文献

[1] 李进生.数控编程与加工项目化教程[M].西安:西北工业大学出版社,2013.

[2] 孙明江.数控机床编程与仿真操作[M].西安:西北工业大学出版社,2010.

[3] 顾京.数控加工编程与操作[M].北京:高等教育出版社,2003.

[4] 刘虹.数控设备与编程[M].北京:机械工业出版社,2011.

[5] 周虹.数控加工工艺与编程[M].北京:人民邮电出版社,2004.

[6] 赵华.数控机床编程与操作模块化教程[M].北京:清华大学出版社,2011.

[7] 单岩,夏天,赵雅杰.数控线切割加工[M].北京:机械工业出版社,2008.

[8] 高长银,黎胜容.数控线切割编程 100 例[M].北京:机械工业出版社,2011.

[9] 徐伟.数控机床仿真实训[M].北京:电子工业出版社,2004.

[10] 陈洪涛.数控加工工艺与编程[M].北京:高等教育出版社,2003.

[11] 上海宇龙股份有限公司.数控加工仿真系统 FANUC 系统使用手册,2003.

[12] 上海宇龙股份有限公司.数控加工仿真系统 SIEMENS 系统使用手册,2003.